新编应用型系列技能丛书

U0668168

Android 应用程序设计

（第2版）

王英强　陈绥阳　张文胜　主编

清华大学出版社

北　京

内 容 简 介

本教材介绍了 Android 程序的开发设计，以培养学生的"工程应用能力"为目标，从基础知识到实际开发应用，由浅入深，通俗易懂，案例丰富，着重提高学生智能手机软件开发能力。每一个章节在讲述理论知识点后，都配有相应案例供学生实践练习。本书包含的主要内容有 Android 环境的搭建、布局管理、常用控件介绍、菜单与消息提示、Android 程序调试、数据存储、广播和服务、网络编程，最后提供一个综合案例，提高学生的综合应用开发能力。

本书既可以作为高等院校 Android 程序设计课程的教材，也可以作为高职高专院校相应课程的教材。

图书在版编目（CIP）数据

Android 应用程序设计/王英强，陈绥阳，张文胜主编．—2 版．—北京：清华大学出版社，2016（2019.12重印）

（新编应用型系列技能丛书）

ISBN 978-7-302-45729-9

I. ①A…　II. ①王…　②陈…　③张…　III. ①移动终端-应用程序-程序设计　IV. ①TN929.53

中国版本图书馆 CIP 数据核字（2016）第 288777 号

责任编辑：苏明芳
封面设计：刘　超
版式设计：魏　远
责任校对：王　云
责任印制：李红英

出版发行：清华大学出版社
　　　　　网　　　址：http://www.tup.com.cn，http://www.wqbook.com
　　　　　地　　　址：北京清华大学学研大厦 A 座　　　邮　　编：100084
　　　　　社 总 机：010-62770175　　　　　邮　　购：010-62786544
　　　　　投稿与读者服务：010-62776969，c-service@tup.tsinghua.edu.cn
　　　　　质量反馈：010-62772015，zhiliang@tup.tsinghua.edu.cn
　　　　　课件下载：http://www.tup.com.cn，010-62788903
印 装 者：清华大学印刷厂
经　　销：全国新华书店
开　　本：185mm×260mm　　　印　　张：19.5　　　字　　数：459 千字
版　　次：2013 年 10 月第 1 版　2016 年 12 月第 2 版　印　　次：2019 年 12 月第 4 次印刷
定　　价：49.80 元

产品编号：071309-02

前　言 ✎

随着我国 4G 网络的发展，智能手机以其强大、丰富的娱乐功能以及访问网络的便捷迅速普及，已经完全替代了以前的功能机。近年，很多手机 APP 例如微信、地图等，已经成为手机最流行的软件之一。同时，对于企业来说，以前的 PC 办公、管理系统已经不能完全满足实际的需求，随时随地的办公、交流沟通、访问公司的业务系统的需求愈发强烈。因此，智能手机 APP 的开发设计越来越受到软件公司的重视，开发人员的需求量也越来越大。

本书以培养学生的"工程应用能力"为目标，以提高学生智能手机软件开发能力为目的，从工程实际需求出发，合理安排知识结构，由浅入深，通俗易懂，循序渐进，案例丰富，以缩小高等院校人才培养与软件公司人才需求差距。

针对 Android 平台版本的更新以及读者反馈的意见，本次修订进行了相应的调整与修改，但本书的基本原则与风格不变，保持第 1 版以实际开发应用为主的特点，第 2 版主要的修改有：

❑　第 2 版的 Android 开发平台版本从原来的 2.2 更新为 4.4。

❑　增加了网络编程、线程处理方面的内容。

❑　删除了第 1 版中手机通信与设置相应的内容。

❑　更新了本书最后的综合案例，由原来单机版的游戏更新为网络访问 APP，更符合目前手机 APP 的开发模式。

❑　根据知识结构，对内容安排进行了相应调整。

本书具有以下特色：

❑　本书讲述从 Android 的基础知识到实际开发应用，结构清晰。以学生为主体，理论联系实际，每一章节都配有案例供学生练习、实践，最后以一个实际综合案例，来提高学生的实际动手能力，同时熟悉 Android 手机软件开发的过程。

❑　本书在教学方法上采用案例驱动与综合实训相结合的方式，由案例程序得到基本知识点，再进行知识拓展，并以学生实际动手写程序来完成一个知识单元的学习和任务。最后由案例实训，将分散知识点的小案例综合起来，有利于学生把知识点贯穿起来，形成系统性、完整性的项目体系。

❑　提供立体化教材，提供下载教学用课件 PPT、课程案例源代码等，方便学生学习。

本书共有 12 章，主要内容如下。

第 1 章　Android 概述：介绍 Android 平台的发展历史。

第 2 章　Android 开发平台搭建与设置：介绍创建 Android 程序的方法、掌握 Android 开发平台的搭建、Android 应用程序构成。

第 3 章　Android 布局管理：介绍 Android 中线性布局、相对布局、表格布局、帧布局、绝对布局的使用，了解布局之间的嵌套。

第 4 章　Activity 组件介绍：介绍 Activity 的生命周期、掌握 Activity 之间的调用及数据传送。

第 5 章　常用基本控件：介绍 TextView、EditText、Button、RadioButton、CheckBox 等基本控件的使用。

第 6 章　高级控件：介绍 AutoCompleteTextView、Spinner、ListView、GridView、ProgressBar、Gallery 等高级控件的使用。

第 7 章　菜单与消息提示：介绍选项菜单、上下文菜单、Alert 对话框、Toast、Notification 的使用方法。

第 8 章　Android 程序调试：介绍 Android 程序的调试方法、DDMS 的使用。

第 9 章　Android 数据存储与处理：介绍首选项、文件、数据库的访问方法，ContentProvider 类的使用方法。

第 10 章　网络编程：介绍线程处理及 http 网络访问。

第 11 章　广播和服务：介绍广播的发送、接收及服务的使用。

第 12 章　基于高德地图的物流车辆轨迹 APP：介绍物流轨迹跟踪 APP 的开发及设计。

在学时设计上，总量控制为 96 学时，其中 64 学时为教学时数，可分为教学 48 学时，实验 16 学时（或教学 40 学时，实验 24 学时），本书按 64 学时进行内容选取，另有 32 学时的综合实训，其源程序代码通过立体化教材在网站上提供，不在本书内反映。

本书图文并茂，条理清晰，内容丰富，每个案例都提供相应的实例代码，并且对代码进行了详细的解释，方便读者学习、联系。本书由王英强、陈绥阳、张文胜主持编写，同时也得到了其他教师的大力支持。第 1 章和第 2 章由王征风编写，第 3 章和第 4 章由王红刚编写，第 5 章～第 7 章、第 12 章由王英强编写，第 8 章～第 9 章由王振铎编写，第 10 章和第 11 章由张文胜编写，最后由陈绥阳教授进行统稿。

在编写本书的过程中，清华大学出版社的苏明芳老师也提出了很多宝贵的意见，为这本书的出版付出了很多的努力。在此，编者对他们表示衷心的感谢。由于编者水平有限，本书难免有不足之处，欢迎广大读者批评指正。

编　者

2016 年 10 月

第 1 版前言

随着我国 3G 网络的发展，智能手机也逐渐进入人们的日常生活。智能手机之所以能受到人们的欢迎，在于其高速的网络宽带、强大的功能以及随心所欲的个性化设置。在诸多的移动平台中，Android 是基于 Linux 平台开源的手机操作系统，是由 Google 公司和开放手机联盟共同开发的，以其优越的性能及开放性，受到了各手机厂商与通信运营商的推崇，迅速地占领了很大的市场份额。

本书从教学实际需求出发，合理安排知识结构，由浅入深，循序渐进，以应用为主，目的是提高学生的动手实践能力，缩小高等学校在人才培养上和软件公司在人才需求上的差距。

本书具有以下特色：

❑ 讲述由浅入深，从 Android 的基础知识到实际开发应用，结构清晰。本书以学生为主体，理论联系实际，每一个章节除了讲述知识点外，都配有相应实例供学生实践，从而提高学生的动手实践能力。

❑ 本书面向高等学校，目标是培养学生的工程应用能力，在教学方法上采用案例驱动与综合实训相结合的方式，本书的写作特点是基于任务的认知过程，由实例程序得到基本知识点，再进行知识拓展，并以学生实际动手写程序来完成一个知识单元的学习。最后一章是一个综合实训，将分散知识点的小实例综合为实训，有利于学生把知识点贯穿起来，形成系统性、完整性的项目体系。

❑ 提供立体化教材，提供下载教学用课件 PPT、课程案例源代码等，方便学生学习。

本书共有 12 章，主要内容及各章节要求如下。

第 1 章　Android 概述：要求了解 Android 平台的发展历史。

第 2 章　Android 开发平台的搭建与设置：要求了解创建 Android 程序的方法，掌握 Android 开发平台的搭建、Android 应用程序构成。

第 3 章　Activity 组件：要求了解 Activity 的生命周期，掌握 Activity 之间的调用及数据传送。

第 4 章　Android 布局管理：要求掌握 Android 中线性布局、相对布局、表格布局、帧布局、绝对布局的使用，了解布局之间的嵌套。

第 5 章　常用基本控件：要求掌握 TextView、EditText、Button、RadioButton、CheckBox 等基本控件的使用。

第 6 章　高级控件：要求掌握 AutoCompleteTextView、Spinner、ListView、GridView、ProgressBar、Gallery 等高级控件的使用。

第 7 章　菜单与消息提示：要求掌握选项菜单、上下文菜单、Alert 对话框、Toast、

Notification 的使用方法。

第 8 章　Android 程序调试：要求掌握 Android 程序的调试方法、DDMS 的使用。

第 9 章　Android 数据存储与处理：掌握首选项、文件、数据库的访问方法，以及 Content Provider 类的使用方法。

第 10 章　网络通信与服务：掌握消息广播、Service 的使用，了解 HTTP 网络通信、WebView 控件、E-mail 的发送。

第 11 章　手机通信与设置：掌握拨打电话、收发短信的方法，了解手机声音与手机闹钟的设置方法。

第 12 章　Android 游戏制作：为了提升读者对 Android 的学习，本章介绍了一个综合实例，从项目的系统需求分析开始，然后进行系统设计和模块划分，最后进行代码的设计，让读者熟悉一个项目完整的开发过程。

在学时设计上，总量控制为 94 学时，其中 64 学时为教学时数，可分为教学 48 学时、实验 16 学时（或教学 40 学时、实验 24 学时），本书按 64 学时进行内容选取，另有 30 学时的综合实训，其源程序代码通过立体化教材在网站上提供，不在本书内反映。

本书由王英强、陈绥阳、张文胜主编。第 1~11 章由王英强编写，第 12 章由张文胜编写，由陈绥阳教授统稿并审稿。此外，在编写本书的过程中，很多同事给予了很大的帮助，其中王征风、王红刚、王振铎等为本书实例的编写提供了大量的素材，清华大学出版社的苏明芳老师也提出了很多意见，为本书的出版付出了很多努力。在此，编者对他们表示衷心的感谢。由于编者水平有限，本书难免有不足之处，欢迎广大读者批评指正。读者对本书有任何建议，可发送 E-mail 至 y_q_wang@163.com。

编　者

目 录

Contents

第1章
Android 概述

【本章内容】
- ❏ Android 简介
- ❏ Android 平台
- ❏ Android 发展
- ❏ Android 基本组件

Android 是一款以 Linux 为基础的开放源代码的操作系统，主要使用于便携设备，是由 Google（谷歌）与开放手机联盟（Open Handset Alliance）共同提供的软件平台，有望为全球手机市场带来革命性的变化。2011 年第一季度，Android 在全球的市场份额首次超过塞班系统，跃居全球第一。2014 年第二季度，Android 占据全球智能手机操作系统市场 85%的份额。随着 Android 手机的普及，Android 应用软件的需求势必会越来越大，这将是一个潜力巨大的市场，吸引着广大的软件开发厂商和开发者投身其中。

1.1 Android 简介

Android 一词来源于法国作家利尔亚当（Auguste Villiers de l'Isle-Adam）在 1886 年发表的科幻小说《未来夏娃》，本意是"机器人"。虽然 Android 平台是由 Google 公司推出的，但更贴切的说法应该是开放手机联盟的产品。开放手机联盟是由 30 多家高科技公司和手机公司组成的，包括 Google、HTC（宏达电子）、T-Mobile、高通、摩托罗拉、三星、LG 以及中国移动等。开放手机联盟表示，Android 是本着成为第一个开放、完整、免费、专门针对移动设备开发平台这一目标，完全从零开始创建的，因此 Android 是第一个完整、开放、免费的手机平台。

Android 系统具有以下特点：

（1）开放性。Google 通过与运营商、设备制造、开发商等结成深层次的合作伙伴，通过建立标准化、开放式的移动电话软件平台，形成一个开放式的产业系统。

（2）平等性。在 Android 平台上，系统提供的软件和个人开发的应用程序是平等的。例如可以使用第三方开发的拨打电话程序来替代系统提供的相应程序。

（3）应用程序之间的沟通很方便。在 Android 平台下开发的应用程序，可以很方便地实现应用程序之间数据的共享，只需要进行简单的声明和操作，应用程序就可以访问或者调用其他应用程序的数据，或者将自己的数据提供给其他应用程序使用。

1.2 Android 发展历史

2005 年 Google 收购了仅 22 个月的高科技企业 Android，2007 年正式向外界展示了 Android 操作系统，2008 年 9 月 23 日，谷歌发布 Android 1.0，从此就有了今天风靡全球的 Android。

Android 用甜点作为它们系统版本的代号的命名方法开始于 Andoird 1.5 发布时。作为每个版本代表的甜点的尺寸越变越大，然后按照 26 个字母顺序：纸杯蛋糕，甜甜圈，松饼，冻酸奶，姜饼，蜂巢，冰激凌三明治，果冻豆，奇巧，棒棒糖。

Android 发行的各版本及其特征如表 1-1 所示。

表 1-1 Android 发行版本及其特征

版 本	备 注
Android 1.1	2008 年 9 月发布的 Android 第 1 版
Android 1.5	2009 年 4 月 30 日，官方发布 Android1.5 版本（Cupcake 纸杯蛋糕），主要的更新如下： （1）拍摄/播放影片，并支持上传到 Youtube （2）支持立体声蓝牙耳机，同时改善自动配对性能 （3）最新的采用 WebKit 技术的浏览器，支持复制/贴上和页面中搜索 （4）GPS 性能大大提高 （5）提供屏幕虚拟键盘 （6）主屏幕增加音乐播放器和相框 Widgets （7）应用程序自动随着手机旋转 （8）短信、Gmail、日历、浏览器的用户接口大幅改进，如 Gmail 可以批量删除邮件 （9）相机启动速度加快，拍摄图片可以直接上传到 Picasa （10）来电照片显示
Android 1.6	2009 年 9 月 15 日，发布 Android 1.6（Donut 甜甜圈）版本，主要的更新如下： （1）重新设计的 Android Market 手势 （2）支持 CDMA 网络 （3）文字转语音系统（Text-to-Speech） （4）快速搜索框 （5）全新的拍照接口 （6）查看应用程序耗电 （7）支持虚拟私人网络（VPN） （8）支持更多的屏幕分辨率 （9）支持 OpenCore2 媒体引擎 （10）新增面向视觉或听觉困难人群的易用性插件

版　　本	备　　注
Android 2.0/2.0.1/2.1	2009 年 10 月 26 日，发布 Android 2.0（Eclair 松饼）版本，主要的更新如下： （1）优化硬件速度 （2）Car Home 程序 （3）支持更多的屏幕分辨率 （4）改良的用户界面 （5）新的浏览器的用户接口和支持 HTML 5 （6）新的联系人名单 （7）更好的白色/黑色背景比率 （8）改进 Google Maps 3.1.2 （9）支持 Microsoft Exchange （10）支持内置相机闪光灯 （11）支持数码变焦 （12）改进的虚拟键盘 （13）支持蓝牙 2.1 （14）支持动态桌面的设计
Android 2.2/2.2.1	2010 年 5 月 20 日，发布 Android 2.2（Froyo 冻酸奶）版本，主要的更新如下： （1）整体性能大幅度的提升 （2）3G 网络共享功能 （3）Flash 的支持 （4）App2SD 功能 （5）全新的软件商店 （6）更多的 Web 应用 API 接口的开发
Android 2.3	2010 年 12 月 7 日，发布 Android 2.3（Gingerbread 姜饼），主要的更新如下： （1）增加了新的垃圾回收和优化处理事件 （2）原生代码可直接存取输入和感应器事件、EGL/OpenGL ES、OpenSL ES （3）新的管理窗口和生命周期的框架 （4）支持 VP8 和 WebM 视频格式，提供 AAC 和 AMR 宽频编码，提供了新的音频效果器 （5）支持前置摄像头、SIP/VOIP 和 NFC（近场通信） （6）简化界面、速度提升 （7）更快更直观的文字输入 （8）一键文字选择和复制/粘贴 （9）改进的电源管理系统 （10）新的应用管理方式
Android 3.0	2011 年 2 月 2 日，发布 Android 3.0（Honeycomb 蜂巢）版本，主要更新如下： （1）仅供平板电脑使用 （2）Google eBooks 上提供数百万本书 （3）支持平板电脑大荧幕、高分辨率 （4）新版 Gmail （5）Google Talk 视讯功能 （6）3D 加速处理

续表

版　　本	备　　注
Android 3.0	（7）网页版 Market（Web Store）详细分类显示，依个人 Android 分别设定安装应用程序 （8）新的短消息通知功能 （9）专为平板电脑设计的用户界面（重新设计的通知列与系统列） （10）加强多任务处理的界面 （11）重新设计适用大屏幕的键盘及复制/粘贴功能 （12）多个标签的浏览器以及私密浏览模式 （13）快速切换各种功能的相机 （14）增强的图库与快速滚动的联系人界面 （15）更有效率的 Email 界面 （16）支持多核心处理器
Android 4.0	2011 年 10 月 19 日，发布 Android 4.0（Ice Cream Sandwich 冰激凌三明治）版本，主要更新如下： （1）全新的 UI （2）全新的 Chrome Lite 浏览器，有离线阅读、16 标签页、隐身浏览模式等 （3）截图功能 （4）更强大的图片编辑功能 （5）自带照片应用堪比 Instagram，可以加滤镜、加相框，进行 360 度全景拍摄，照片还能根据地点来排序 （6）Gmail 加入手势、离线搜索功能，UI 更强大 （7）新功能 People：以联系人照片为核心，界面偏重滑动而非点击，集成了 Twitter、Linkedin、Google+等通信工具。有望支持用户自定义添加第三方服务 （8）新增流量管理工具，可具体查看每个应用产生的流量 （9）正在运行的程序可以像电脑一样的互相切换 （10）人脸识别功能 （11）系统优化、速度更快 （12）支持虚拟按键，手机可以不再拥有任何按键 （13）更直观的程序文件夹 （14）平板电脑和智能手机通用 （15）支持更大的分辨率 （16）专为双核处理器编写的优化驱动 （17）全新的 Linux 内核 （18）增强的复制/粘贴功能 （19）语音功能 （20）全新通知栏 （21）更加丰富的数据传输功能 （22）更多的感应器支持 （23）语音识别的键盘 （24）全新的 3D 驱动，游戏支持能力提升 （25）全新的谷歌电子市场 （26）增强的桌面插件自定义

版　　本	备　　注
Android 4.1 Jelly Bean（果冻豆）	2012 年 6 月 28 日，发布 Android 4.1（Jelly Bean 果冻豆）版本，主要更新如下： （1）基于 Android 4.0 改善 （2）"黄油"性能（Project Butter），意思是可以让 Jelly Bean 的体验像"黄油般顺滑"（锁定提升用户页面的速度与流畅性） （3）Google Now 可在 Google 日历内加入活动举办时间、地点，系统就会在判断当地路况后，提前在"适当的出门时间给予通知"，协助用户在准时时间抵达 （4）新增脱机语音输入 （5）通知中心显示更多消息 （6）更多的平板优化（主要针对小尺寸平板） （7）强化 Voice Search 语音搜索，与 S Voice 类近，相当于 Apple Siri （8）Google Play 增加电视视频与电影的购买 （9）提升反应速度 （10）强化默认键盘 （11）大幅改变用户界面设计 （12）更多的 Google 云集成 （13）恶意软件的保护措施，强化 ASLR （14）Google Play 采用智能升级，更新应用只会下载有改变的部分，以节约时间、流量、电量，平均只需下载原 APK 文件的三分之一 （15）不会内置 Flash Player，并且 Adobe 声明停止开发，但可自行安装 APK
Android 4.4 KitKat（奇巧）	2013 年 9 月 3 日，发布 Android 4.4（KitKat 奇巧）版本，主要更新如下： （1）支持语音打开 Google Now（在主画面说出 OK Google） （2）在阅读电子书、玩游戏、看电影时支持全屏模式（Immersive Mode） （3）优化存储器使用，在多任务处理时有更佳工作的表现 （4）新的电话通信功能 （5）旧有的 SMS 应用程序集成至新版本的 Hangouts 应用程序 （6）Emoji Keyboard 集成至 Google 本地的键盘 （7）支持 Google Cloud Print 服务，让用户可以利用家中或办公室中连接至 Cloud Print 的打印机，印出文件 （8）支持第三方 Office 应用程序直接打开及存储用户在 Google Drive 内的文件，实时同步更新文件 （9）支持低电耗音乐播放 （10）全新的原生计步器 （11）全新的 NFC 付费集成 （12）全新的非 Java 虚拟机运行环境 ART（Android Runtime） （13）支持 Message Access Profile（MAP） （14）支持 Chromecast 及新的 Chrome 功能 （15）支持隐闭字幕

Note

续表

版 本	备 注
Android 5.0 Lollipop（棒棒糖）	2014 年 10 月 15 日，发布 Android 5.0（Lollipop 棒棒糖）版本： （1）采用全新 Material Design 界面 （2）支持 64 位处理器 （3）全面由 Dalvik 转用 ART（Android Runtime）编译，性能可提升四倍 （4）改良的通知界面及新增优先模式 （5）预载省电及充电预测功能 （6）新增自动内容加密功能 （7）新增多人设备分享功能，可在其他设备登录自己的账号，并获取用户的联系人、日历等 Google 云数据 （8）强化网络及传输连接性，包括 Wi-Fi、蓝牙及 NFC （9）强化多媒体功能，例如支持 RAW 格式拍摄 （10）强化 OK Google 功能 （11）改善 Android TV 的支持 （12）提供低视力的设置，以协助色弱人士 （13）改善 Google Now 功能

本书所有实例均在模拟器上进行过测试，完全兼容于 Android SDK 中 Android 4.2 以上版本。

1.3 Android 平台架构

在 1.2 节介绍了 Android 平台的发展历史及其特征，本节将对 Android 内部的系统框架进行介绍。Android 平台框架如图 1-1 所示，各组成部分介绍如下。

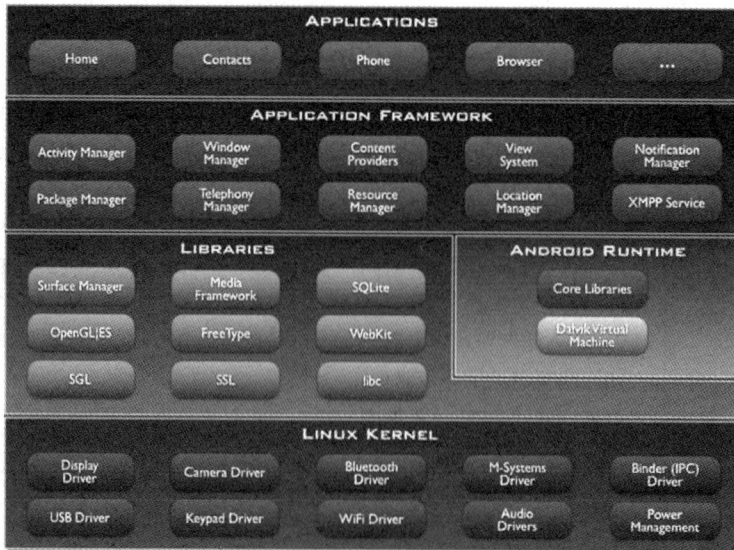

图 1-1　Android 平台应用程序框架图

1. Linux Kernel（Linux 内核）

Android 基于 Linux 提供核心系统服务，例如安全、内存管理、进程管理、网络堆栈、驱动模型。Linux Kernel 也作为硬件和软件之间的抽象层，它隐藏具体硬件细节而为上层提供统一的服务。如果只是进行应用程序开发，则不需要深入了解 Linux Kernel 层。

2. Libraries（库）

Android 包含一个 C/C++库的集合，供 Android 系统的各个组件使用。这些功能通过 Android 的应用程序框架（Application Framework）展现给开发者。下面列出一些核心库。

- Libc：标准 C 系统库的 BSD 衍生，并为基于嵌入式 Linux 设备进行了优化。
- Media Framework：基于 PacketVideo 的 OpenCORE，该库支持播放和录制许多流行的音频和视频格式，以及静态图像文件，包括 MPEG4、H.264、MP3、AAC、AMR、JPG、PNG 等。
- Surface Manager：管理访问显示子系统和无缝组合多个应用程序的二维和三维图形层。
- WebKit：新式的 Web 浏览器引擎，驱动 Android 浏览器和内嵌的 Web 视图。
- SGL：基本的 2D 图形引擎。
- OpenGL | ES：基于 OpenGL ES 1.0 APIs 实现，使用硬件 3D 加速，包含高度优化的 3D 软件光栅。
- FreeType：位图和矢量字体渲染。
- SQLite：所有应用程序都可以使用的强大而轻量级的关系数据库引擎。
- SSL：为网络通信提供安全及数据完整性的一种安全协议。

3. Android Runtime（Android 运行时）

Android 是包含一个核心库的集合，提供大部分在 Java 编程语言核心类库中可用的功能。每一个 Android 应用程序都在它自己的进程中运行，都拥有一个独立的 Dalvik 虚拟机实例。Dalvik 虚拟机依赖于 Linux 内核提供基本功能，来实现进程、内存和文件系统管理等各种服务，可以在一个设备中高效地运行多个虚拟机，可执行文件格式是.dex。.dex 格式是专为 Dalvik 设计的一种压缩格式，占用内存非常小，适合内存和处理器速度有限的系统。

大多数虚拟机包括 JVM 都是基于栈结构的，而 Dalvik 虚拟机则是基于寄存器的。两种架构各有优劣，一般而言，基于栈的机器需要更多指令，而基于寄存器的机器指令更大。dx 是一套工具，可以将 Java 的.class 转换成.dex 格式。一个 dex 文件通常会有多个.class。由于 dex 有时必须进行优化，会使文件大小增加 1~4 倍。

Google 于 2014 年 10 月 15 日发布了全新 Android 操作系统 Android 5.0。Android 5.0 系统彻底从 Dalvik 转换到 ART，为开发者和用户带来了有史以来最流畅的安卓。

4. Application Framework（应用程序框架）

通过提供开放的开发平台，Android 使开发者能够编制极其丰富和新颖的应用程序。开发者可以自由地利用设备硬件优势、访问位置信息、运行后台服务、设置闹钟、向状态栏添加通知等。

应用程序的体系结构简化了组件之间的重用，任何应用程序服从框架执行的安全限制，都能发布自己的功能。通过应用程序框架，开发人员可以自由地使用核心应用程序所使用的框架 API，来实现自己程序的功能，替换系统应用程序。

所有的应用程序其实是一组服务和系统，包括以下内容。

- 视图提供者（View Providers）：丰富的、可扩展的视图集合，可用于构建一个应用程序。包括列表、网格、文本框、按钮，甚至是内嵌的网页浏览器。
- 内容提供者（Content Providers）：使应用程序能访问其他应用程序（如通讯录）的数据，或共享自己的数据。
- 资源管理器（Resource Manager）：提供访问非代码资源，如本地化字符串、图形和布局文件。
- 通知管理器（Notification Manager）：使所有的应用程序能够在状态栏显示自定义信息。
- 活动管理器（Activity Manager）：管理应用程序生命周期，提供通用的导航回退功能。

5．Application（应用程序）

Android 提供了一系列核心应用程序，包括电子邮件客户端、SMS 程序、拨打电话、日历、地图、浏览器、联系人和其他设置。这些应用程序都是用 Java 编程语言写的，而应用程序的开发人员可以开发出更多有创意、功能更强大的应用程序。

1.4　Android 基本组件

Android 的一个主要特点是，一个应用程序可以利用其他应用程序的元素（假设这些应用程序允许）。相反，当需求产生时它只是启动其他应用程序块。

对于这个工作，当应用程序的任何部分被请求时，系统必须能够启动一个应用程序的进程，并实例化该部分的 Java 对象。因此，与其他大多数系统的应用程序不同，Android 应用程序没有一个单一的入口点（例如，它没有 main()函数）。相反，系统能够实例化和运行需要几个必要的组件。有 4 种类型的组件如下：

- 活动（Activity）。
- 服务（Service）。
- 广播接收者（Broadcast Receiver）。
- 内容提供者（Content Provider）。

然而，并不是所有的应用程序都必须包含上面的 4 个部分，一个应用程序可以由上面的一个或几个来组建。本节将介绍 Android 平台下的上面几个基本组件。

1．活动（Activity）

Activity 是 Android 中最常用的组件，是应用程序的表示层，一般通过 View 来实现用户界面。一个活动表示一个可视化的用户界面，关注一个用户活动的事件。

一个应用程序可能只包含一个活动，也可能包含几个活动。这些活动是什么，以及有多少，取决于应用程序的设计。虽然他们一起工作形成一个整体的用户界面，但是每个活动是独立于其他活动的，每一个都是作为 Activity 类的一个子类。一般来讲，当应用程序被启动时，被标记为第一个的活动应该展示给用户，从一个活动移动到另一个活动由当前的活动完成。

窗口的可视内容是由继承自 View 类的一个分层视图对象提供，每个视图控件是窗口内的一个特定的矩形空间。一个视图是活动与用户交互发生的地方，例如，一个视图可能显示一个小的图片以及当用户单击图片时发起一个行为。Android 提供了一些现成的视图可以使用，例如按钮（Button）、文本域（TextView、EditText）、复选框（CheckBox）、列表视图（ListView）等。

2．服务（Service）

一个服务没有一个可视化用户界面，而是在后台无期限地运行，例如一个服务可能是播放背景音乐而用户做其他一些事情，或者从网络获取数据，或者计算一些东西并提供结果给需要的活动（Activity）。每个服务都继承自 Service 类。

一个典型的例子是一个媒体播放器播放列表中的歌曲，该播放器应用程序将可能有一个或多个活动，允许用户选择歌曲和开始播放。然而，音乐播放本身不会被一个活动处理，因为当用户离开播放器时去做其他事情，用户希望保持音乐继续播放。为了保持音乐继续播放，媒体播放器活动可以启动一个服务在后台运行，甚至当媒体播放器离开屏幕时，系统仍将保持音乐播放服务运行。

与活动和其他组件一样，服务（Service）运行在应用程序进程的主线程中。因此，它们将不会阻止其他组件或用户界面，而是产生其他一些耗时的任务（如音乐播放）。

Service 从启动到销毁的过程会经历如下 3 个阶段：创建服务（onCreate()）、开始服务（onStart()）、销毁服务（onDestroy()）。Service 的启动有两种方式：开始服务（context.startService()）和绑定服务（context.bindService()）。

（1）开始服务（startService()）：在同一个应用任何地方调用 startService()方法就能启动 Service，然后系统会回调 Service 类的 onCreate()以及 onStart()方法。这样启动的 Service 会一直运行在后台，直到 Context.stopService()或者 selfStop()方法被调用。另外，如果一个 Service 已经被启动，其他代码再试图调用 startService()方法，是不会执行 onCreate()的，但会重新执行一次 onStart()。

（2）绑定服务（bindService()）：把这个 Service 和调用 Service 的客户类绑起来，如果调用这个客户类被销毁，Service 也会被销毁。用这个方法的一个好处是，bindService()方法执行后 Service 会回调上边提到的 onBind()方法，从这里返回一个实现了 IBind 接口的类，在客户端操作这个类就能和这个服务通信了，例如得到 Service 运行的状态或其他操作。如果 Service 还没有运行，使用这个方法启动 Service 就会调用 onCreate()方法而不会调用 onStart()。

3. 广播接收者（Broadcast Receiver）

一个广播接收者接受广播公告时可以做出相应的反应。许多广播源自于系统代码，例如公告时区的改变、电池电量低、已采取图片、用户改变了语言设置。应用程序也可以发起广播，例如通知其他程序数据已经下载到设备且可以使用这些数据。

一个应用程序可以有任意数量的广播接收者去反应它认为重要的任何公告。所有的接收者继承自 BroadcastReceiver 基类。广播接收者不显示一个用户界面，然而，它们可以启动一个活动去响应收到的信息，或者使用 NotificationManager 通知用户。通知可以使用多种方式获得用户的注意，如闪烁的背光、振动设备、播放声音等，典型的方式是放置一个持久的图标在状态栏，用户可以打开获取信息。

4. 内容提供者（Content Provider）

内容提供者（Content Provider）可以使一个应用程序的指定数据集提供给其他应用程序，这些数据可以存储在文件系统中、SQLite 数据库或者其他任何合理的方式。内容提供者继承自 ContentProvider 类并实现一个标准的方法集合，使得其他应用程序可以检索和操作数据。

内容提供者是 Android 应用程序的主要组成部分之一，它们封装数据且通过 ContentResolver 接口提供给应用程序。只有需要在多个应用程序间共享数据时才使用内容提供者。例如，通讯录数据被多个应用程序使用，且必须存储在一个内容提供者中。如果不需要在多个应用程序间共享数据，可以直接使用 SQLite 数据库或者文件来保存数据。

1.5 习   题

1. 简述 Android 平台的特点。
2. 简述 Android 4 个基本组件及其作用。
3. 简述 Android 平台架构的各组成部分及其作用。
4. 简述服务启动的两种方式。

第2章
Android 开发平台搭建与设置

【本章内容】

- ❑ Android 开发工具介绍
- ❑ Android 平台搭建
- ❑ 创建 HelloAndroid 项目
- ❑ Android 应用程序构成介绍

本章主要介绍 Android 开发平台的软硬件要求及搭建与配置，然后通过一个 Hello Android 项目向读者演示 Android 平台下应用程序的创建过程，并且对 Android 应用程序的构成进行介绍，主要目的是让读者了解 Android 平台的搭建及 Android 应用程序的构成。

2.1 Android 开发工具介绍

进行 Android 应用程序开发，主要使用的工具有 JDK、Eclipse、Android SDK 及 Android 的支持插件 ADT，下面对上述工具进行介绍。

1. JDK

Android 平台下应用程序的开发主要采用 Java 语言，所以进行 Android 软件开发，需要安装 JDK。JDK（Java Development Kit）是 Java 语言的软件开发工具包，主要用于移动设备、嵌入式设备上的 Java 应用程序。自从 Java 推出以来，JDK 已经成为使用最广泛的 Java SDK。JDK 是整个 Java 的核心，包括了 Java 运行环境、Java 工具和 Java 基础的类库。Sun Microsystems 于 2009 年 4 月被 Oracle 公司收购，所以现在 JDK 的获取可以从 Oracle 公司的官方网站上获取。

2. Eclipse

Eclipse 是一种基于 Java 的可扩展开源开发平台。就其自身而言，它只是一个框架和一组服务，通过插件组件构建开发环境。幸运的是，Eclipse 附带了一个标准的插件集，包括许多为人熟知的 Java 开发工具 JDT（Java Development Tools）。

虽然大多数用户很乐于将 Eclipse 当作 Java 集成开发环境（IDE）来使用，但 Eclipse 的目标却不仅限于此。Eclipse 还包括插件开发环境（Plug-in Development Environment，PDE），这个组件主要针对希望扩展 Eclipse 的软件开发人员，因为它允许构建与 Eclipse

环境无缝集成的工具。由于 Eclipse 中的每样东西都是插件，对于给 Eclipse 提供插件，以及给用户提供一致和统一的集成开发环境而言，所有工具开发人员都具有同等的发挥场所。

这种平等和一致性并不仅限于 Java 开发工具。尽管 Eclipse 是使用 Java 语言开发的，但它的用途并不限于 Java 语言，例如，支持诸如 C/C++和 COBOL 等编程语言的插件已经可用，或预计将会推出。Eclipse 框架还可作为与软件开发无关的其他应用程序类型的基础，例如内容管理系统。

下面是目前已发布的版本代号，如表 2-1 所示。

表 2-1 已发布的 Eclipse 版本

版 本 代 号	平 台 版 本	主要版本发行日期
N/A	3.0	2004 年 6 月 21 日
IO	3.1	2005 年 6 月 28 日
Callisto	3.2	2006 年 6 月 30 日
Eruopa	3.3	2007 年 6 月 29 日
Ganymede	3.4	2008 年 6 月 25 日
Galileo	3.5	2009 年 6 月 24 日
Helios	3.6	2010 年 6 月 23 日
Indigo	3.7	2011 年 6 月 22 日
Juno	4.2	2012 年 6 月 27 日
Kepler	4.3	2013 年 6 月 26 日
Lun	4.4	2014 年 6 月 25 日

3. Android SDK

Android SDK（Software Development Kit）是 Android 专属的软件开发工具包，提供了在 Windows/Linux/Mac 平台上开发 Android 应用的开发组件，包含了在 Android 平台上开发移动应用的各种工具集。工具集不仅包括了 Android 模拟器和用于 Eclipse 的 Android 开发工具插件（ADT），而且包括了各种用来调试、打包和在模拟器上安装应用的工具。Android SDK 可以从 Android 的官方网站上或者其他的开源网站上免费下载。

4. ADT

Eclipse ADT 是 Eclipse 平台下用来开发 Android 应用程序的插件。在 Eclipse 编译 IDE 环境中，安装 ADT，为 Android 开发提供开发工具的升级或者变更，可以简单理解为在 Eclipse 下开发工具的升级下载工具。

2.2 Android 开发平台的搭建与设置

2.1 节中介绍了 Android 应用程序开发的常用工具，在按照上述方法获取到各开发工具的安装文件之后，就可以进行 Android 应用程序开发平台的搭建。

1. 安装 JDK

双击并运行下载好的 JDK 安装文件，根据安装提示，将 JDK 安装到指定位置，本书中将其安装到 C:\Program Files\Java\jdk1.6.0_20 目录下面。

在安装完毕后，检查系统的环境变量。方法是：右击"我的电脑"，在弹出的快捷菜单中选择"属性"命令，在打开的"属性"对话框中选择"高级"选项卡，单击"环境变量"按钮，打开"环境变量"对话框，如图 2-1 所示。增加 CLASSPATH 变量，值为 C:\Program Files\Java\jdk1.6.0_20\demo; C:\Program Files\Java\jdk1.6.0_20\lib；在 Path 变量的值后面增加 C:\Program Files\Java\jdk1.6.0_20\bin。

2. 安装 Eclipse 与 SDK

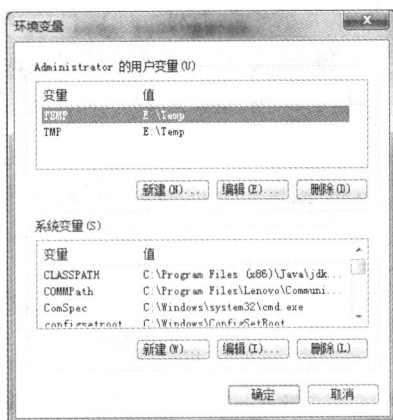

图 2-1 设置 JDK 环境变量

在以前，Android 开发平台的搭建比较麻烦，原因在于需要分别下载 Eclipse、SDK 以及在线安装 ADT。从官网上下载 SDK 时，一般需要非常长的时间；在线安装 ADT 时也经常不成功。而现在 Android 开发平台的搭建则相对简单，因为开发平台已经把 Eclipse、最新版的 SDK 以及 ADT 集成到一起。开发者可以从官方网站上下载，同时国内的许多网站也提供了开发工具的下载，例如百度软件中心等。以百度软件中心为例，开发者只需要从 http://rj.baidu.com/搜索 android sdk 关键字，就可以搜索到最新的 Android 开发工具。该开发工具是一个压缩包文件，只需要进行解压，即可获得 Eclipse、最新的 SDK 及 ADT。

如果需要安装其他版本的 SDK，则可以运行 SDK Manager.exe，程序将会自动检测是否有新的 SDK 可以下载，检查结果如图 2-2 所示。选择自己所需要的开发平台版本，单击 Install 按钮进行安装。

注意

安装 Android SDK 所需时间较长。为了让使用者减少长久的等待时间，可以将所需要的 SDK 下载下来，解压到 Android SDK 的 platforms 文件夹下，这样就不需要下载 SDK 进行安装，从而减少安装时间。安装结束之后文件列表如下。

- add-ons：Android 开发需要的第三方文件或者附加库，例如 Google APIs Add-On。
- build-tools 目录：编译工具目录，包含了转换为 davlik 虚拟机的编译工具。
- extras：附件文档。
- platforms：各个版本的平台组件。
- platform-tools 目录：包含开发 APP 的平台依赖的开发和调试工具，包括 adb、fastboot 等。
- system-images 目录：编译好的系统映像，模拟器可以直接加载。
- tools 目录：包括测试、调试、第三方工具、模拟器、数据管理工具等，例如 ddms、logcat、屏幕截图和文件管理器。

3. 创建虚拟设备

Android 为开发人员提供了可以在计算机上直接进行测试应用程序的虚拟设备 AVD（Android Virtual Device，模拟器），这样开发人员就可以直接在计算机上，而不用在 Android 智能手机上对程序进行调试。在 Eclipse 环境下创建 AVD 的步骤如下：

（1）启动 Eclipse，选择 Window→Android Virtual Device Manager 命令。

（2）单击 New 按钮，弹出 Edit Android Virtual Device（AVD）对话框，如图 2-3 所示，设置 AVD Name、Device、Target（SDK 版本）、Memory Options 和 SD Card 等参数，单击 OK 按钮，完成 AVD 的创建。创建成功的 AVD 将会显示在 Virtual Devices 列表中。

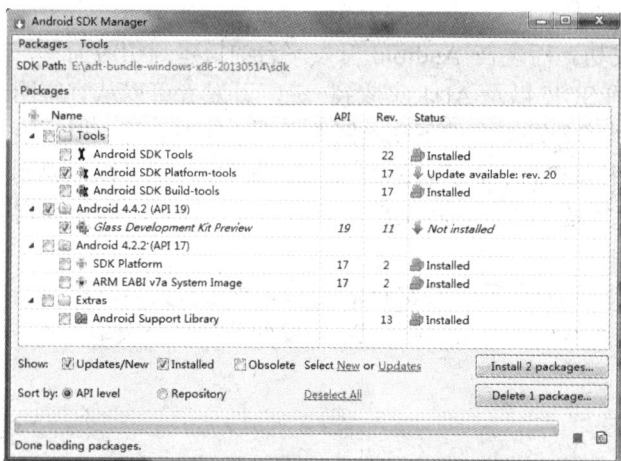

图 2-2　Android SDK 检查结果

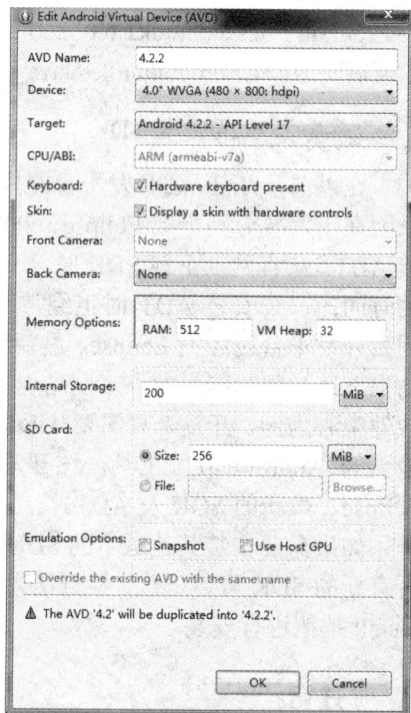

图 2-3　创建虚拟设备

2.3　创建 HelloAndroid 项目

在 2.2 节，已经成功搭建了 Android 应用程序的开发平台。本节就开始 Android 应用程序的开发之旅，即创建第一个 Android 项目：HelloAndroid。通过创建这个项目来介绍创建 Android 项目的过程。

创建 HelloAndroid 应用程序的步骤如下：

（1）启动 Eclipse，依次选择 File→New→Android Project 命令，将弹出 New Android Application 对话框，如图 2-4 所示，输入相应内容后，单击 Next 按钮进入下一步骤。

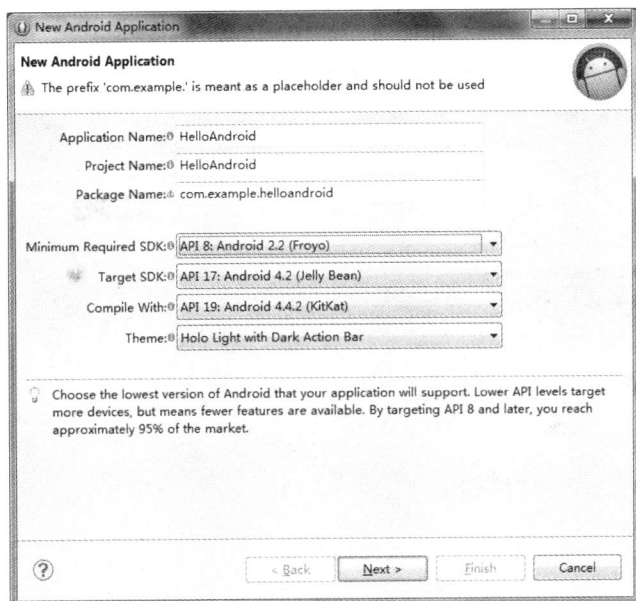

图 2-4　创建 HelloAndroid 项目步骤一

说明

- ❑ Application Name：应用程序显示给用户的名称。
- ❑ Project Name：项目目录，并在 Eclipse 中可见的名称。
- ❑ Package Name：应用程序包的命名空间（遵循 Java 中相同的规则），包的名称必须是唯一的。在这个项目中，使用的包名是 com.example.helloandroid。
- ❑ Minimum Required SDK：应用程序支持的 Android SDK 的最低版本。为了支持尽可能多的设备，应该设置可以为应用程序提供其核心功能集的最低版本。如果使用只在新版本下才支持的功能，并且和核心功能不冲突，可以只在新版本中提供。
- ❑ Target SDK：代表已经测试过的最高的版本，随着新版本的 Android，用户应该在新版本中测试应用程序并更新，以符合最新的 API 并利用新的平台功能。
- ❑ Compile With：表示在编译时的应用程序的平台版本。默认情况下，设置为最新版本 SDK。
- ❑ Theme：指定适用于该应用程序的 Android UI 风格，暂时可以先不设置，采用默认即可。

（2）在该步骤的对话框中，保留默认选项，然后单击 Next 按钮。

（3）在该步骤的对话框中可以为应用程序创建一个启动图标。可以用几种不同的方式创建图标，工具会为所有分辨率的屏幕生成合适的图标。在这一步采用默认选项，单击 Next 按钮。

（4）可以选择一个 template activity 创建程序。对于这个项目，选择 BlankActivity，然后单击 Next 按钮。

（5）输入 Activity Name（Activity 类名）与 Layout Name（布局文件名），也可以采

用全部默认，输入完成后单击 Finish 按钮，如图 2-5 所示。

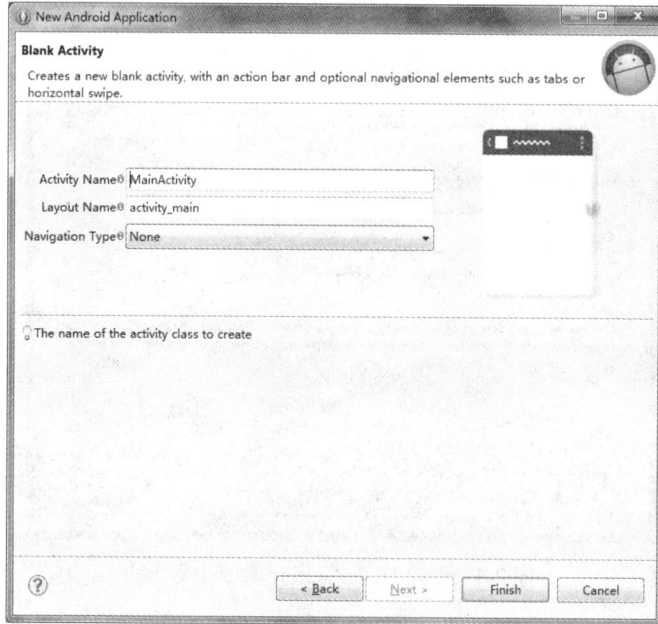

图 2-5　创建 HelloAndroid 项目步骤二

（6）运行该应用程序。右击 HelloAndroid 项目，依次选择 Run As→Android Application 命令。如果在此前没有创建 AVD，则系统会提示"没有 AVD 可以运行"需要创建 Android 虚拟机。创建 AVD 的方法详见 2.2 节。

运行结果如图 2-6 所示。

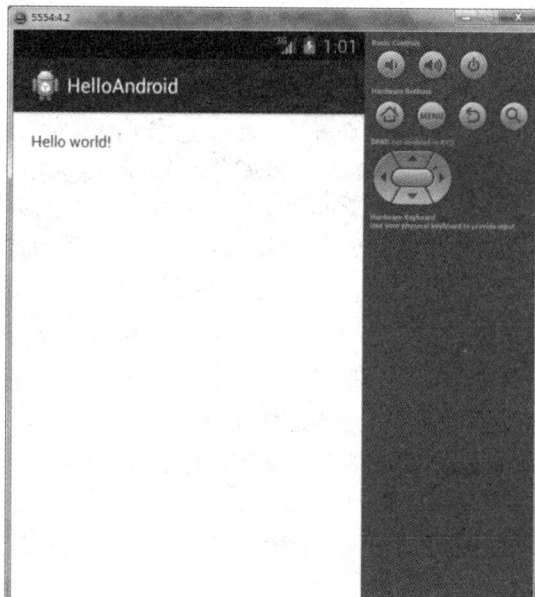

图 2-6　HelloAndroid 运行结果

2.4　Android 应用程序构成介绍

本节中介绍 HelloAndroid 应用程序的构成，让读者更了解 Android 应用程序文件的组成。展开 Package Explorer 窗口的 HelloAndroid 项目，对应的程序文件结构如图 2-7 所示。下面对每个文件夹及文件的作用进行介绍。

（1）src：用于存放应用程序的源代码。在图 2-7 中，com.example.helloandroid 为应用程序包，MainActivity.java 为应用程序的源代码，MainActivity 为该源代码文件中的类。

```
Package Explorer ⊠
⊿ ▷ HelloAndroid
  ⊿ ⊞ src
    ⊿ ⊞ com.example.helloandroid
      ▷ ☑ MainActivity.java
  ▷ ☑ gen [Generated Java Files]
  ▷ ☰ Android 4.4.2
  ▷ ☰ Android Private Libraries
    ☒ assets
  ▷ ☒ bin
  ▷ ☒ libs
  ⊿ ☒ res
    ▷ ☒ drawable-hdpi
      ☒ drawable-ldpi
    ▷ ☒ drawable-mdpi
    ▷ ☒ drawable-xhdpi
    ▷ ☒ drawable-xxhdpi
    ⊿ ☒ layout
        ☑ activity_main.xml
    ▷ ☒ menu
    ▷ ☒ values
    ▷ ☒ values-sw600dp
    ▷ ☒ values-sw720dp-land
    ▷ ☒ values-v11
    ▷ ☒ values-v14
    ☑ AndroidManifest.xml
    ☒ ic_launcher-web.png
    ☒ proguard-project.txt
    ☒ project.properties
```

图 2-7　程序文件结构图

（2）gen：用于存放系统自动生成的类 R.java。在 R.java 文件中，为 res 文件夹下的每一个资源自动生成唯一的 ID。R.java 文件是 ADT 插件自动生成的，一般不要进行修改。

（3）Android 4.4.2：该文件夹下是一个 Android.jar 文件，该文件是为开发人员提供的一个类包，在应用程序开发过程中所引用的 Android 类都来源于此文件夹。

（4）Android Private Libraries：所有的第三方 jar 包引入都被放入了 Android Private Libraries 中。

（5）assets：资源路径，不会在 R 文件注册。该目录用于存放项目相关的资源文件，这个目录和 res 包含的 xml 文件差不多，也是应用中引用到的一些外部资源。但主要区别在于这些资源是以原始格式保存，且只能用编程方式读取。例如文本文件、视频文件、

MP3 音频等媒体文件。

（6）bin：编译后的输出文件。

（7）libs：放置的是第三方 jar 包，但最新版本的 ADK 下会将这些第三方包转移到 Android Private Library 里面。

（8）res：res 文件夹下存放各种资源文件，对于每一个资源，都会在 R.java 文件中自动生成一个唯一的 ID 号。在 res 文件夹下主要有 drawable 系列文件夹、layout、values 等文件夹。

① drawable 系列文件夹：存放应用程序使用到的图片。包括 5 个文件夹，分别用于存放不同分辨率的图片。因为 Android 手机的型号很多，导致屏幕的大小、分辨率也很多，如果只有一种分辨率的图片，可能导致在显示图片时不能正常显示。所以，在准备图片时，针对同一图需要准备多种分辨率版本。

② layout 文件夹：存放每一个 Activity 的布局文件，每一个 Activity 都对应一个布局文件。布局文件是一个 xml 文件，用于控制 Activity 中每一个控件的位置、大小、字体、颜色等。在后面章节将详细介绍 Android 应用程序的布局方式及布局文件的使用。下面对 HelloAndroid 应用程序中 activity_main.xml 布局文件进行解析。

```
01 <RelativeLayout
      xmlns:android="http://schemas.android.com/apk/res/android"
02   xmlns:tools="http://schemas.android.com/tools"
03   android:layout_width="match_parent"
04   android:layout_height="match_parent"
05   android:paddingBottom="@dimen/activity_vertical_margin"
06   android:paddingLeft="@dimen/activity_horizontal_margin"
07   android:paddingRight="@dimen/activity_horizontal_margin"
08   android:paddingTop="@dimen/activity_vertical_margin"
09   tools:context=".MainActivity" >
10   <TextView
11       android:layout_width="wrap_content"
12       android:layout_height="wrap_content"
13       android:text="@string/hello_world" />
14 </RelativeLayout>
```

说明：

- 第 1~9 行：说明该 Activity 的布局方式。第 1 行说明布局方式为相对布局，xmlns:android 是一个 XML 命名空间，告诉 Android 开发工具准备使用 Android 命名空间中的一些通用属性；第 3 行说明布局的宽度为整个父窗口，第 4 行说明布局的高度为整个父窗口。因为该布局为最上层的布局，则父窗口为手机的整个屏幕，所以该布局所对应的 Activity 会布满整个手机屏幕。第 5~8 行说明该布局文件距离屏幕上、下、左、右的距离。
- 第 10~13 行：定义在该布局中使用 TextView 控件。第 10 行说明该控件为文本控件，第 11 行说明文本控件的宽度为自适应文本的高度，第 12 行说明文本控件的高度为自适应文本的高度，第 13 行说明文本控件中显示的文字内容。@string/

hello_world 对应的是 string.xml 文件中的 hello_world 所对应的值。

③ values 文件夹：存放应用程序中所使用的一些值，该文件同样是一个 xml 文件。在该文件中存放的都是一些键值对。下面对 values 文件夹下的 string.xml 文件进行解析。

```
1 <?xml version="1.0" encoding="utf-8"?>
2 <resources>
3     <string name="app_name">HelloAndroid</string>
4     <string name="action_settings">Settings</string>
5     <string name="hello_world">Hello world!</string>
6 </resources>
```

说明：

- 第 1 行：说明 xml 文件的版本及字符集。
- 第 3 行：一个键值对，键名为 app_name，对应的值为"HelloAndroid"。
- 第 4 行：一个键值对，键名为 action_settings，对应的值为"Settings"。
- 第 5 行：一个键值对，键名为 hello_world，对应的值为"Hello world!"。在 activity_main.xml 布局文件中@string/hello_world 引用的就是这个字符串。

（9）AndroidManifest.xml 文件：该文件为整个应用程序的配置文件。下面对 AndroidManifest.xml 文件进行解析。

```
01 <?xml version="1.0" encoding="utf-8"?>
02 <manifest xmlns:android="http://schemas.android.com/apk/res/android"
03     package="com.example.helloandroid"
04     android:versionCode="1"
05     android:versionName="1.0" >
06     <uses-sdk
07         android:minSdkVersion="8"
08         android:targetSdkVersion="17" />
09     <application
10         android:allowBackup="true"
11         android:icon="@drawable/ic_launcher"
12         android:label="@string/app_name"
13         android:theme="@style/AppTheme" >
14         <activity
15             android:name="com.example.helloandroid.MainActivity"
16             android:label="@string/app_name" >
17             <intent-filter>
18                 <action android:name="android.intent.action.MAIN" />
19                 <category
                        android:name="android.intent.category.LAUNCHER" />
20             </intent-filter>
21         </activity>
22     </application>
23 </manifest>
```

说明：

- 第 1 行：说明 xml 文件的版本及字符集。

❑ 第 2 行：说明 AndroidManifest.xml 文件的根标签是 manifest 及命名空间。

❑ 第 3 行：说明应用程序的包名。

❑ 第 4~5 行：说明程序的版本代码与版本名称。

❑ 第 6~8 行：用来描述该应用程序版本上的安装和兼容性。第 7 行，说明该程序所要求的 SDK 最低版本；第 8 行说明该应用程序已经充分测试的版本。

❑ 第 9~22 行：对应用程序的配置。

● 第 10 行说明该应用程序允许备份。

● 第 11 行：android:icon 用来说明应用程序的图标。

● 第 12 行：android:label 用来说明应用程序的标签。

● 第 13 行：android:theme 用来说明应用程序的主体。

● 第 14~21 行：对应用程序的 Activity 配置。第 15 行 android:name 配置该 Activity 对应的类名（注意：该类名区分大小写），第 16 行为 android:label 配置该 Activity 的标签。第 17~20 行配置该 Activity 为整个应用程序的起始 Activity，即首界面。

2.5 习　　题

1．根据 2.2 节内容，在个人计算机上搭建 Android 开发平台。

2．创建一个 MyFirstAndroid 项目。

3．简述 MyFirstAndroid 项目中各组成文件的作用。

第 **3** 章
Android 布局管理

【本章内容】

- ❏ View 布局概述
- ❏ 线性布局
- ❏ 表格布局
- ❏ 相对布局
- ❏ 帧布局
- ❏ 绝对布局
- ❏ 布局的嵌套

对于一个软件，漂亮的用户界面（UI）总能给使用者留下深刻的印象。对于 Android 手机应用软件而言，如何从众多的软件中脱颖而出，用户界面的设计是一个不可忽视的因素。在 Android 中，有 5 大布局方式：分别是 LinearLayout（线性布局）、TableLayout（表格布局）、RelativeLayout（相对布局）、FrameLayout（帧布局）和 AbsoluteLayout（绝对布局），布局方式使用 XML 语言进行描述。本章将对 Android 的五大布局方式进行介绍。

3.1　View 布局概述

在介绍 Android 的布局管理之前，首先需要了解一下 View 类。View 类是所有可视化控件的基类，主要提供控件绘制和事件处理的方法。前面的实例中所用到的 TextView、EditText、Button 均继承自 View 类。

类关系图显示了 View 类及其很多派生类的关系（没有包含 View 的全部派生类），如图 3-1 所示。从图 3-1 中可以看出 ViewGroup 类是一个与布局相关的、View 类的子类。

结合使用 View 基类方法和子类方法，可以设置布局、填充、焦点、高度、宽度、颜色等属性。关于 View 及其子类的相关属性，既可以在布局 XML 文件中使用"Android：名称空间"来设置，也可以通过该属性对应的成员方法在代码中进行设置。View 类常用的属性及其对应方法如表 3-1 所示。

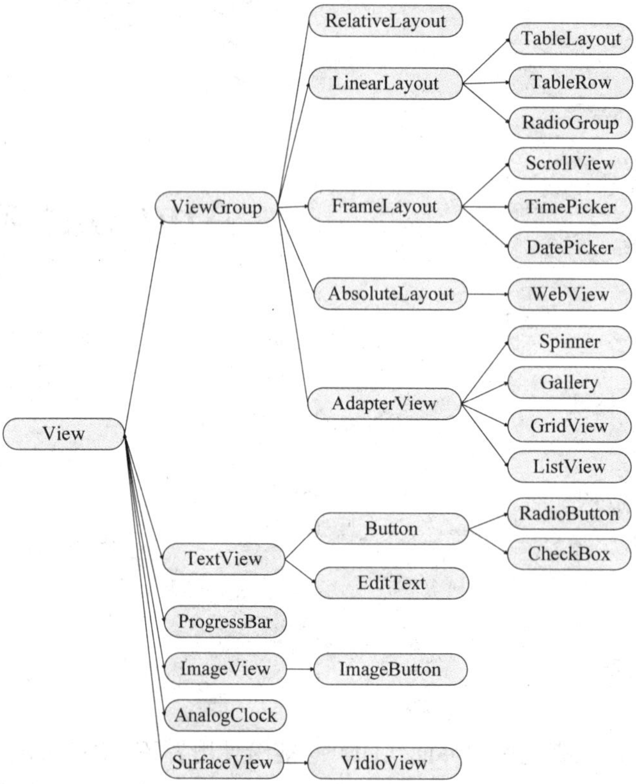

图 3-1　View 类关系图

表 3-1　View 类常用属性及对应方法

属 性 名 称	对 应 方 法	描　　　述
android:layout_width		设置视图宽度。值可以为 fill_parent、match_parent 和 wrap_content。fill_parent 与 match_parent 含义相同，表示将强制性地使构件扩展，以填充布局单元内尽可能多的空间，从 2.2 版本以后主要使用 match_parent；wrap_content 表示设置一个视图的尺寸为 wrap_content，将强制性地使视图扩展，以显示全部内容
android:layout_height		设置视图高度。值可以为 fill_parent、match_parent 和 wrap_content
android:text	setText(string)	设置视图内容
android:background	setBackgroundResource(int)	设置背景色/背景图片。可以通过以下两种方法设置背景为透明："@android:color/transparent"和"@null"
android:id	setId(int)	给当前 View 设置一个在当前 layout.xml 中的唯一编号，可以通过调用 findViewById()这个编号查找到对应的 View。不同的 layout.xml 之间定义相同的 id 不会冲突，格式如 "@+id/btnName"
android:padding	setPadding(int,int,int,int)	设置上、下、左、右的边距，以像素为单位填充空白
android:scrollbarSize		设置滚动条的宽度

续表

属 性 名 称	对 应 方 法	描　　述
android:scrollbars		设置滚动条显示。设置值：none（隐藏），horizontal（水平），vertical（垂直）。使用该属性让 EditText 内有滚动条。但是其他容器如 LinearLayout 设置了但是没有效果
android:tag		设置一个文本标签。可以通过 getTag()或 for with View.findViewWithTag()检索含有该标签字符串的 View。但一般最好通过 ID 来查询 View，因为它的速度更快，并且允许编译时类型检查
android:visibility	setVisibility(int)	设置是否显示 View。设置值：visible（默认值，显示），invisible（不显示，但是仍然占用空间），gone（不显示，不占用空间）

3.2　LinearLayout（线性布局）

线性布局是最简单的布局之一，它提供了控件水平或者垂直排列的模型。本节将会对线性布局进行简单介绍，首先介绍 LinearLayout 类的相关知识，然后通过一个实例说明 LinearLayout 的使用方法。

3.2.1　LinearLayout 类简介

LinearLayout 通过设置垂直或水平的属性值，来排列所有的子元素。所有的子元素都被堆放在其他元素之后，因此一个垂直列表的每一行只会有一个元素，而不管他们有多宽，而一个水平列表将会只有一个行高（高度为最高子元素的高度加上边框高度）。LinearLayout 保持子元素之间的间隔以及互相对齐（相对于另一个元素的左对齐、右对齐或者中间对齐）。

LinearLayout 的常用属性及对应设置方法如表 3-2 所示。

表 3-2　LinearLayout 的常用属性及对应设置方法

属 性 名 称	设 置 方 法	描　　述
android:orientation	setOrientation(int)	设置线性布局的朝向，可设置为 horizontal、vertical 两种排列方式
android:gravity	setGravity(int)	设置线性布局的内部元素的对齐方式

1. orientation 属性

在线性布局中可以使用 orientation 属性来设置布局的朝向，可取的值及说明如下。

❑ horizontal：定义横向布局。

❑ vertical：定义纵向布局。

纵向布局与横向布局方式分别如图 3-2 和图 3-3 所示。

2. gravity 属性

在线性布局中可以使用 gravity 属性设置控件的对齐方式，取值及说明如表 3-3 所示。

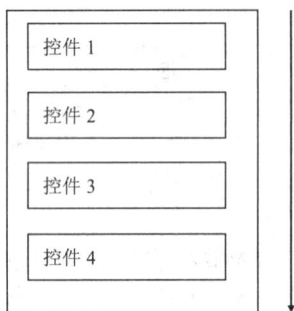

图 3-2　纵向布局

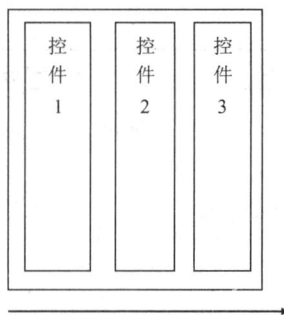

图 3-3　横向布局

表 3-3　gravity 属性

常　量	描　述
top	不改变控件大小，对齐到容器顶部
bottom	不改变控件大小，对齐到容器底部
left	不改变控件大小，对齐到容器左侧
right	不改变控件大小，对齐到容器右侧
center_vertical	不改变控件大小，对齐到容器纵向中央位置
fill_vertical	纵向拉伸以填充满容器
center_horizontal	不改变控件大小，对齐到容器横向中央位置
fill_horizontal	横向拉伸以填充满容器
center	不改变控件大小，放置在容器的正中间
fill	横向和纵向同时拉伸以填充满容器

3.2.2　线性布局实例

本节将通过一个实例来说明 LinearLayout 的使用方法。在本实例中，在最上层的纵向线性布局中嵌套了一个纵向线性布局和一个横向线性布局。在嵌套的纵向线性布局中，摆放了一个 TextView 控件、一个 Button 控件；在嵌套的横向线性布局中摆放了两个 TextView 控件。本实例开发步骤如下：

（1）创建项目 EX03_1。

（2）修改主 Activity 的布局文件 activity_main.xml。

编写代码如下：

```
01 <?xml version="1.0" encoding="utf-8"?>
02 <LinearLayout xmlns:android="http://schemas.android.com/apk/res/android"
03     android:orientation="vertical"
04     android:layout_width="match_parent"
05     android:layout_height="match_parent"
06     >
07     <TextView
08         android:layout_width="match_parent"
09         android:layout_height="wrap_content"
10         android:text="本实例演示 LinearLayout 线性布局"
```

```
11              android:textSize="20px"
12              />
13      <LinearLayout
14          android:orientation="vertical"
15          android:layout_width="match_parent"
16          android:layout_height="wrap_content"
17          >
18          <TextView
19              android:layout_width="match_parent"
20              android:layout_height="wrap_content"
21              android:text="这是纵向布局的第一个 TextView。"
22              android:textSize="20px"
23              />
24          <Button
25              android:layout_width="wrap_content"
26              android:layout_height="wrap_content"
27              android:layout_gravity="right"
28              android:text="这是一个按钮"
29              />
30      </LinearLayout>
31      <LinearLayout
32          android:orientation="horizontal"
33          android:layout_width="match_parent"
34          android:layout_height="match_parent"
35          >
36          <TextView
37              android:layout_width="wrap_content"
38              android:layout_height="wrap_content"
39              android:text="第一个 TextView"
40              android:textSize="20px"
41              android:padding="2px"
42              />
43          <TextView
44              android:layout_width="wrap_content"
45              android:layout_height="wrap_content"
46              android:text="第二个 TextView"
47              android:textSize="20px"
48              android:padding="2px"
49              />
50      </LinearLayout>
51 </LinearLayout>
```

说明：

- 第 2~6 行：第 3 行代码声明该布局为一个纵向的布局。第 4~5 行代码声明该布局高度和宽度填充满整个容器。对于最顶层的布局来说，它的容器就是手机屏幕，所以该布局会填充这个手机屏幕进行显示。从 2.2 版本以后主要使用 match_parent。
- 第 7~12 行：在最顶层的布局中声明第一个控件 TextView。第 8 行代码定义 TextView 控件的宽度，match_parent 的含义是将强制性地使构件扩展，以填充布局单元内尽可能多的空间。第 9 行代码定义 TextView 控件的高度，wrap_content 的含义是根据视图内部内容自动扩展以适应其大小。第 11 行代码定义 TextView 控件的字体大小为 20px。

❑ 第 13~30 行：在最顶层的布局中嵌套一个纵向的线性布局。第 14 行代码定义该布局的朝向为纵向。在该布局中包含一个 TextView 控件与一个 Button 控件。第 27 行代码定义 Button 控件的对齐方式为右对齐（即 Button 放在该布局的最右侧）。

❑ 第 31~50 行：在对顶层的布局中嵌套一个横向的线性布局。第 32 行代码定义该布局的朝向为横向。第 34 行代码定义该布局填充满顶层布局的剩余空间。在该布局中包含两个 TextView 控件。第 41 行代码定义 TextView 的内容与父容器边界的距离为 2px（2 个像素）。

本实例运行结果如图 3-4 所示。

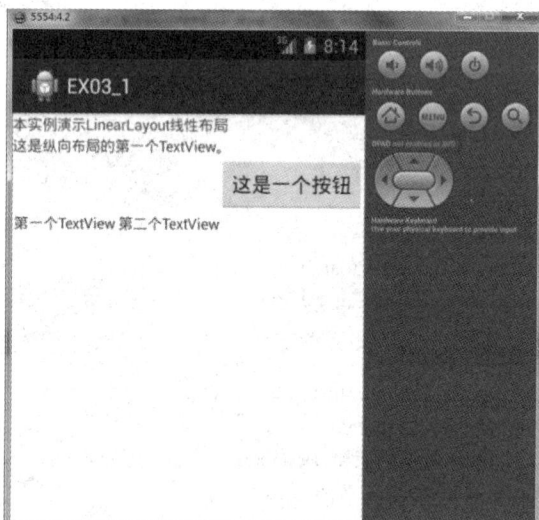

图 3-4　EX03_1 运行结果

3.3　TableLayout（表格布局）

表格布局 TableLayout 是按照行列来组织子视图的布局，包含一系列的 TableRow 对象，用于定义行。本节将会对表格布局进行介绍，首先介绍 TableLayout 类的相关知识，然后通过一个实例说明 TableLayout 的使用方法。

3.3.1　TableLayout 类简介

表格布局包含一系列的 TableRow 对象，用于定义行。表格布局不为它的行、列和单元格显示表格线，可以包含多行，每个行可以包含 0 个以上（包括 0）的单元格，每个单元格可以设置一个 View 对象。如果一个控件没有放在 TableRow 中，则该控件将占据表格布局的一行。

无论是在代码还是在 XML 布局文件中，单元格必须按照索引顺序加入表格行。列号从 0 开始,如果不为子单元格指定列号,其将自动增值,使用下一个可用列号。虽然表格布局典型的子对象是表格行,但实际上可以使用任何视图类的子类,作为表格视图的直接子对象,视图会作为一行并合并了所有列的单元格显示。

列的宽度由该列所有行中最宽的一个单元格决定,而表格的总宽度由其父容器决定。不过表格布局可以通过 setColumnShrinkable()方法或者 setColumnStretchable()方法来标记哪些列可以收缩或拉伸。如果标记为可以收缩,列宽可以收缩以使表格适合容器的大小。如果标记为可以拉伸,列宽可以拉伸以占用多余的空间。可以通过调用 setColumnCollapsed()方法来隐藏列。

在表格布局中,可以为列设置以下 3 种属性。

❑ Shrinkable:表示列的宽度可以进行收缩,以使表格能够适应其父容器的大小。
❑ Stretchable:表示列的宽度可以进行拉伸,以使填满表格中空闲的空间。
❑ Collapsed:表示列将会被隐藏。

注意

列可以同时具有可拉伸和可收缩标记,这一点是很重要的,这种情况下,该列的宽度将任意拉伸或收缩以适应父容器。

从图 3-1 中可以看到,TableLayout 继承自 LinearLayout 类,除了继承 LinearLayout 类的属性和方法,TableLayout 类中还包含表格布局自身的属性和方法。TableLayout 的常用属性及对应设置方法如表 3-4 所示。

表 3-4　TableLayout 的常用属性及对应设置方法

属 性 名 称	相 关 方 法	描 述
android:collapseColumns	setColumnCollapsed (int,boolean)	隐藏从 0 开始的索引列。列号必须用逗号隔开:1, 2,…。非法或重复的设置将被忽略
android:shrinkColumns	setShrinkAllColumns (boolean)	收缩从 0 开始的索引列。列号必须用逗号隔开:1, 2, …。非法或重复的设置将被忽略。可以通过"*"代替收缩所有列。注意一列能同时表示收缩和拉伸
android:stretchColumns	setStretchAllColumns (boolean)	拉伸从 0 开始的索引列。列号必须用逗号隔开:1, 2, …。非法或重复的设置将被忽略。可以通过"*"代替收缩所有列。注意一列能同时表示收缩和拉伸

3.3.2　表格布局实例

本节将通过一个实例来说明 TableLayout 的使用方法。在实例中,实现一个计算器的界面。本实例开发步骤如下:

(1)创建项目 EX03_2。

(2)修改主 Activity 的布局文件 activity_main.xml,编写代码如下:

```
01    <?xml version="1.0" encoding="utf-8"?>
02    <TableLayout xmlns:android="http://schemas.android.com/apk/res/android"
```

```
03          android:layout_width="match_parent"
04          android:layout_height="match_parent"
05          android:stretchColumns="4">
06            <TextView
07                android:id="@+id/name"
08                android:layout_width="wrap_content"
09                android:layout_height="wrap_content"
10                android:text="自制计算器"
11                android:textSize="20px"
12                android:padding="10px"
13            />
14            <TextView
15                android:layout_height="50px"
16                android:textSize="20px"
17                android:gravity="right"
18                android:background="#FFFFFF"
19            />
20          <TableRow android:paddingTop="20px">
21            <Button
22                android:layout_width="wrap_content"
23                android:layout_height="wrap_content"
24                android:padding="20px"
25                android:textSize="20px"
26                android:text="1"
27            />
28            <Button
29                android:layout_width="wrap_content"
30                android:layout_height="wrap_content"
31                android:padding="20px"
32                android:textSize="20px"
33                android:text="2"
34            />
35            <Button
36                android:layout_width="wrap_content"
37                android:layout_height="wrap_content"
38                android:padding="20px"
39                android:textSize="20px"
40                android:text="3"
41            />
42            <Button
43                android:layout_width="wrap_content"
44                android:layout_height="wrap_content"
45                android:padding="20px"
46                android:textSize="20px"
47                android:text="&lt;--"
48            />
49            <Button
50                android:layout_width="match_parent"
51                android:layout_height="match_parent"
52                android:text="+"
```

```
53                />
54          </TableRow>
55          <TableRow>
56              ...
57          </TableRow>
58          <TableRow>
59              ...
60          </TableRow>
61          <TableRow>
62          </TableRow>
63      </TableLayout>
```

说明:

- ❑ 第 2~5 行代码:定义一个表格布局。第 3、4 行代码定义表格布局布满整个屏幕。第 5 行代码定义该表格布局第 5 列是可拉伸的,以布满整个表格。
- ❑ 第 6~13 行代码:在表格布局中定义第一个 TextView 控件。第 12 行代码定义该 TextView 控件中的文字距离边框的距离为 20px。
- ❑ 第 14~19 行代码:在表格布局中定义第二个 TextView 控件。第 18 行代码定义该 TextView 控件的背景颜色为白色。
- ❑ 第 20~54 行代码:定义一个 TableRow,表示表格布局的一行。在该行中有 5 个 Button,分别显示 1、2、3、<--、+。第 20 行代码定义该 TableRow 的上边距为 20px。第 21~27 行代码定义该行的第一个 Button,第 28~34 行代码定义该行的第二个 Button,第 35~41 行代码定义该行的第三个 Button,第 42~48 行代码定义该行的第 4 个 Button,第 49~53 行代码定义改行的第 5 个 Button。

其余行的代码因与第 20~54 行代码相似,此处省略,详细代码见实例代码。

本实例运行结果如图 3-5 所示。

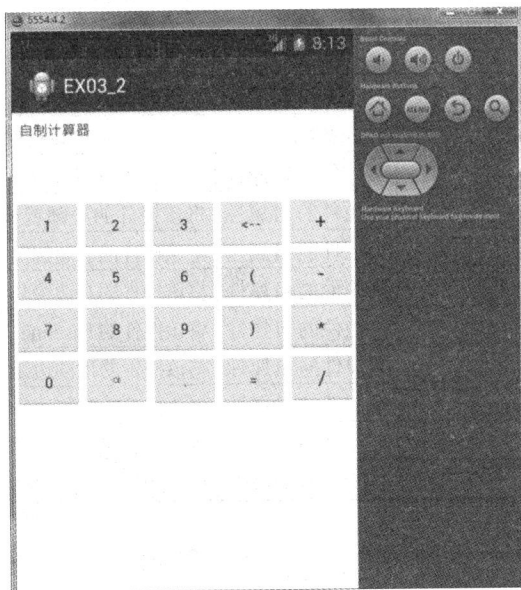

图 3-5 EX03_2 运行结果

3.4 RelativeLayout（相对布局）

RelativeLayout 相对布局是指在这个容器内部的子元素可以使用彼此之间的相对位置或者和容器间的相对位置来进行定位。本节将会对表格布局进行介绍，首先介绍 RelativeLayout 类的相关知识，然后通过一个实例说明 RelativeLayout 的使用方法。

3.4.1 RelativeLayout 类简介

在相对布局中，控件的位置是相对其他控件或者父容器而言的。在进行设计时，需要按照控件之间的依赖关系排列，例如控件 B 的位置相对于控件 A 决定，则在布局文件中控件 A 需要在控件 B 的前面进行定义。

在设计相对布局时，会用到很多的属性，下面对属性分别进行说明，如表 3-5 所示。

表 3-5 RalativeLayout 属性

属　　性	值	描　　述
android:layout_alignParentTop	true 或 false	如果为 true，该控件的顶部与其父控件的顶部对齐
android:layout_alignParentBottom	true 或 false	如果为 true，该控件的底部与其父控件的底部对齐
android:layout_alignParentLeft	true 或 false	如果为 true，该控件的左部与其父控件的左部对齐
android:layout_alignParentRight	true 或 false	如果为 true，该控件的右部与其父控件的右部对齐
android:layout_alignWithParentIfMissing	true 或 false	参考控件不存在或不可见时参照父控件
android:layout_centerHorizontal	true 或 false	如果为 true，该控件置于父控件的水平居中位置
android:layout_centerVertical	true 或 false	如果为 true，该控件置于父控件的垂直居中位置
android:layout_centerInParent	true 或 false	如果为 true，该控件置于父控件的中央位置
android:layout_above	某控件的 id 属性	将该控件的底部置于给定 ID 控件的上方
android:layout_below	某控件的 id 属性	将该控件的底部置于给定 ID 控件的下方
android:layout_toLeftOf	某控件的 id 属性	将该控件的右边缘与给定 ID 的控件左边缘对齐
android:layout_toRightOf	某控件的 id 属性	将该控件的左边缘与给定 ID 的控件右边缘对齐
android:layout_alignBaseline	某控件的 id 属性	将该控件的 baseline 与给定 ID 的 baseline 对齐
android:layout_alignTop	某控件的 id 属性	将该控件的顶部边缘与给定 ID 的顶部边缘对齐
android:layout_alignBottom	某控件的 id 属性	将该控件的底部边缘与给定 ID 的底部边缘对齐
android:layout_alignLeft	某控件的 id 属性	将该控件的左边缘与给定 ID 的左边缘对齐
android:layout_alignRight	某控件的 id 属性	将该控件的右边缘与给定 ID 的右边缘对齐

3.4.2 相对布局实例

本节将用一个实例来说明相对布局的使用方法。在本实例中，采用相对布局来实现计算器的界面。本实例开发步骤如下：

（1）创建项目 EX03_3。

（2）修改主 Activity 的布局文件 activity_main.xml，编写代码如下：

```xml
01  <?xml version="1.0" encoding="utf-8"?>
02  <RelativeLayout xmlns:android="http://schemas.android.com/apk/res/android"
03      android:layout_width="match_parent"
04      android:layout_height="match_parent"
05      >
06      <TextView
07          android:id="@+id/name"
08          android:layout_width="wrap_content"
09          android:layout_height="wrap_content"
10          android:text="自制计算器"
11          android:textSize="20px"
12          android:padding="5px"
13      />
14      <TextView
15          android:id="@+id/expr"
16          android:layout_width="match_parent"
17          android:layout_height="50px"
18          android:layout_below="@id/name"
19          android:background="#FFFFFF"
20          android:textSize="40px"
21          android:gravity="right"
22      />
23      <Button
24          android:id="@+id/num1"
25          android:layout_width="wrap_content"
26          android:layout_height="wrap_content"
27          android:layout_below="@id/expr"
28          android:layout_alignLeft="@id/expr"
29          android:padding="20px"
30          android:textSize="20px"
31          android:text="1"
32      />
33      <Button
34          android:id="@+id/num2"
35          android:layout_width="wrap_content"
36          android:layout_height="wrap_content"
37          android:layout_below="@id/expr"
38          android:layout_toRightOf="@id/num1"
39          android:padding="20px"
40          android:textSize="20px"
41          android:text="2"
42      />
43      <Button
```

```
44          android:id="@+id/num3"
45          android:layout_width="wrap_content"
46          android:layout_height="wrap_content"
47          android:layout_below="@id/expr"
48          android:layout_toRightOf="@id/num2"
49          android:padding="20px"
50          android:textSize="20px"
51          android:text="3"
52      />
53      <Button
54          android:id="@+id/back"
55          android:layout_width="wrap_content"
56          android:layout_height="wrap_content"
57          android:layout_toRightOf="@id/num3"
58          android:layout_alignTop="@id/num3"
59          android:padding="20px"
60          android:textSize="20px"
61          android:text="BACK"
62      />
63      <Button
64          android:id="@+id/add"
65          android:layout_width="match_parent"
66          android:layout_height="wrap_content"
67          android:layout_toRightOf="@id/back"
68          android:layout_alignTop="@id/back"
69          android:padding="20px"
70          android:textSize="20px"
71          android:text="+"
72      />
73  …
74  </RelativeLayout>
```

说明：

□ 第2~5行：定义一个相对布局，大小充满整个屏幕。

□ 第6~13行：定义一个ID为name的TextView控件。第7行代码定义该TextView的ID为name。

□ 第14~22行：定义一个ID为expr的TextView控件。第15行代码定义该TextView的ID为expr，第17行代码定义该控件高度为50px，第18行代码定义该控件位于ID为name的控件的下方，第20行代码定义该控件的文字大小为40px，第21行代码定义该控件的对齐方式为右对齐。

□ 第23~32行：定义一个ID为num1的Button控件。第24行代码定义该Button的ID为num1，第27行代码定义该控件位于ID为expr的控件的下方，第28行代码定义该控件的左边缘与ID为expr的控件的左边缘对齐。第31行代码定义该控件的内容为1。

□ 第33~42行：定义一个ID为num2的Button控件。第34行代码定义该Button

的 ID 为 num2，第 37 行代码定义该控件位于 ID 为 expr 的控件的下方，第 38 行代码定义该控件位于 ID 为 num1 的控件的右侧。第 41 行代码定义该控件的内容为 2。

❑ 第 43~52 行：定义一个 ID 为 num3 的 Button 控件。第 44 行代码定义该 Button 的 ID 为 num3，第 47 行代码定义该控件位于 ID 为 expr 的控件的下方，第 48 行代码定义该控件位于 ID 为 num2 的控件的右侧。第 51 行代码定义该控件的内容为 3。

❑ 第 53~62 行：定义一个 ID 为 back 的 Button 控件。第 54 行代码定义该 Button 的 ID 为 back，第 57 行代码定义该控件位于 ID 为 num3 的控件的右侧，第 58 行代码定义该控件的上边缘与 ID 为 num3 的控件的上边缘对齐，第 61 行代码定义该控件的内容为 BACK。

❑ 第 63~72 行：定义一个 ID 为 add 的 Button 控件。第 64 行代码定义该 Button 的 ID 为 back，第 65 行代码定义该控件的宽度为填充满父控件剩余的空间，第 67 行代码定义该控件位于 ID 为 back 的控件的右侧，第 68 行代码定义该控件的上边缘与 ID 为 back 的控件的上边缘对齐，第 71 行代码定义该控件的内容为 "+"。

其余行的代码因与第 23~72 行代码相似，此处省略，详细代码见实例代码。

本实例运行结果如图 3-6 所示。

图 3-6　EX03_3 运行结果

3.5　FrameLayout（帧布局）

帧布局是五大布局中最简单的一个布局，在这个布局中，整个界面被当成一块空白备用区域，所有的子元素都不能指定位置进行放置，它们全部放置于这块区域的左上角，并且后面的子元素直接覆盖在前面的子元素之上，将前面的子元素部分或全部遮挡。本节将会对帧布局进行介绍，首先介绍 FrameLayout 类的相关知识，然后通过一个实例说明 FrameLayout 的使用方法。

3.5.1　FrameLayout 类简介

FrameLayout 帧布局把屏幕当作一块区域，在这块区域中可以添加多个子控件。但是所有的子控件都被对齐到屏幕的左上角。帧布局的大小由子空间中尺寸最大的那个控件来决定。

FrameLayout 类的常用属性及对应设置方法如表 3-6 所示。

表 3-6　FrameLayout 类的常用属性及对应设置方法

属　　性	对 应 方 法	描　　述
android:foreground	setForeground(Drawable)	设置绘制在所有子控件之上的内容
android:forefroundGravity	SetForeground(int)	设置绘制在所有子控件之上内容的对齐方式

3.5.2　帧布局实例

本节将通过一个实例来说明 FrameLayout 的使用方法，本实例开发步骤如下：

（1）创建项目 EX03_4。

（2）修改主 Activity 的布局文件 activity_main.xml，编写代码如下：

```
01  <?xml version="1.0" encoding="utf-8"?>
02  <FrameLayout xmlns:android="http://schemas.android.com/apk/res/android"
03      android:layout_width="match_parent"
04      android:layout_height="match_parent"
05      >
06      <TextView
07          android:layout_width="match_parent"
08          android:layout_height="wrap_content"
09          android:text="这是第一个 TextView"
10      />
11      <TextView
12          android:layout_width="match_parent"
13          android:layout_height="wrap_content"
14          android:text="这是第二个 TextView"
15          android:textSize="20px"
16          android:gravity="right"
17      />
18      <TextView
19          android:layout_width="wrap_content"
20          android:layout_height="50px"
21          android:text="这是第三个 TextView"
22          android:textSize="30px"
23      />
24  </FrameLayout>
```

说明：

- ❑ 第 2~5 行：定义一个帧布局。该布局大小充满整个手机屏幕。
- ❑ 第 6~10 行：定义一个 TextView 控件。
- ❑ 第 11~17 行：定义一个 TextView 控件。第 15 行代码定义该 Textview 的字体大小为 20px，第 16 行代码定义该 TextView 的对齐方式为右对齐。
- ❑ 第 18~23 行：定义一个 TextView 控件。

本实例运行结果如图 3-7 所示。

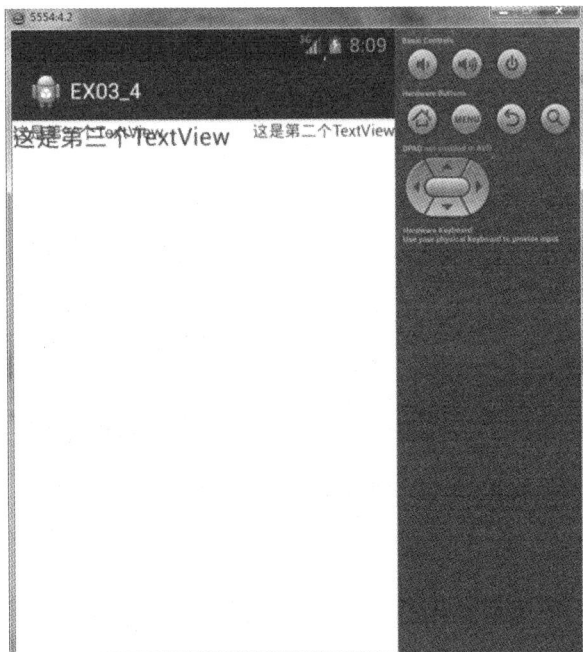

图 3-7　EX03_4 运行结果

3.6　AbsoluteLayout（绝对布局）

绝对布局是指所有控件的排列由开发人员通过控件的坐标来指定，容器不再负责管理其子控件的位置。本节将会对绝对布局进行介绍，首先介绍 AbsoluteLayout 类的相关知识，然后通过一个实例说明 AbsoluteLayout 的使用方法。

3.6.1　AbsoluteLayout 类简介

在 AbsoluteLayout 绝对布局中，由于子控件的位置和布局都通过坐标来指定，所以在设计布局时，开发人员需要指定子元素精确的横坐标和纵坐标。因此 AbsoluteLayout 类中并没有特有的属性和方法。

绝对布局缺乏灵活性，在没有绝对定位的情况下相比其他类型的布局更难维护，并且采用绝对布局设计的界面有可能在不同的手机设备上显示完全不同的结果。因此在选择设计布局时，不推荐使用绝对布局。

AbsoluteLayout 类的常用属性及对应设置方法如表 3-7 所示。

表 3-7　AbsoluteLayout 类的常用属性及对应设置方法

属　　性	描　　述
android:layout_x	指定控件的 x 坐标
android:layout_y	指定控件的 y 坐标

注意

对于手机屏幕而言，坐标原点为屏幕左上角。当向右或者向下移动时，坐标值将变大。

3.6.2　绝对布局实例

本节将通过一个实例来说明 AbsoluteLayout 的使用方法。本实例开发步骤如下：

（1）创建项目 EX03_5。

（2）修改主 Activity 的布局文件 activity_main.xml，编写代码如下：

```
01  <?xml version="1.0" encoding="utf-8"?>
02  <AbsoluteLayout xmlns:android="http://schemas.android.com/apk/res/android"
03      android:layout_width="match_parent"
04      android:layout_height="match_parent"
05      >
06      <EditText
07          android:text="本实例演示绝对布局"
08          android:layout_width="match_parent"
09          android:layout_height="wrap_content"
10      />
11      <Button
12          android:layout_x="250px"
13          android:layout_y="50px"
14          android:layout_width="200px"
15          android:layout_height="wrap_content"
16          android:text="Button"
17      />
18  </AbsoluteLayout>
```

说明：

❑　第 2~5 行：定义一个绝对布局。该布局大小充满整个手机屏幕。

❑　第 6~10 行：定义一个 EditText 控件。

❑　第 11~17 行：定义一个 Button 控件。第 12 行代码定义该控件的横坐标为 250px，第 13 行代码定义该控件的纵坐标为 50px，第 14 行代码定义该控件的宽度为 200px。

本实例运行结果如图 3-8 所示。

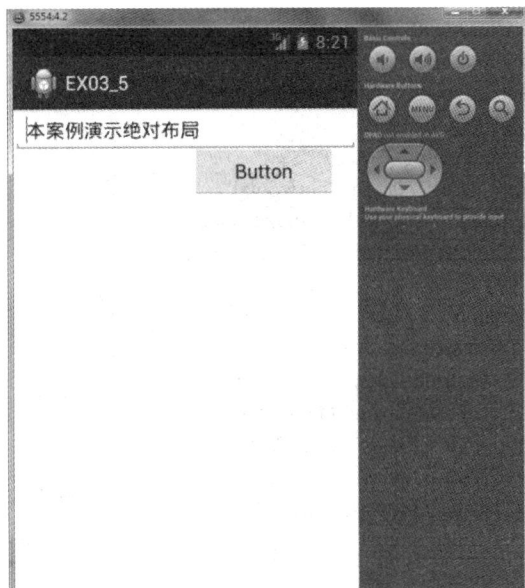

图 3-8 EX03_5 运行结果

3.7 布局的嵌套

前面讲述了 Android 的五大布局，在进行 Android 应用程序的界面设计时，开发人员可以根据界面的需要选择相应布局。此外，Android 的五大布局还可以进行相互的嵌套，来满足界面的设计要求。

本节将用一个实例来说明布局的嵌套使用方法。在本实例中，采用布局之间相互嵌套的方法实现计算器的界面。本实例的开发步骤如下：

（1）创建项目 EX03_6。

（2）修改主 Activity 的布局文件 activity_main.xml，编写代码如下：

```
001  <?xml version="1.0" encoding="utf-8"?>
002  <LinearLayout xmlns:android="http://schemas.android.com/apk/res/android"
003      android:orientation="vertical"
004      android:layout_width="match_parent"
005      android:layout_height="match_parent"
006      >
007      <TextView
008          android:layout_width="match_parent"
009          android:layout_height="wrap_content"
010          android:text="本实例演示布局的嵌套"
011          android:textSize="20px"
012      />
013      <TextView
014          android:layout_width="match_parent"
015          android:layout_height="50px"
```

```
016              android:textSize="40px"
017              android:gravity="right"
018              android:background="#FFFFFF"
019      />
020      <RelativeLayout
021              android:orientation="horizontal"
022              android:layout_width="match_parent"
023              android:layout_height="wrap_content"
024      >
025          <Button
026                  android:id="@+id/num1"
027                  android:layout_width="wrap_content"
028                  android:layout_height="wrap_content"
029                  android:layout_alignParentLeft="true"
030                  android:padding="20px"
031                  android:textSize="20px"
032                  android:text="1"
033          />
034          <Button
035                  android:id="@+id/num2"
036                  android:layout_width="wrap_content"
037                  android:layout_height="wrap_content"
038                  android:layout_toRightOf="@id/num1"
039                  android:padding="20px"
040                  android:textSize="20px"
041                  android:text="2"
042          />
043          <Button
044                  android:id="@+id/num3"
045                  android:layout_width="wrap_content"
046                  android:layout_height="wrap_content"
047                  android:layout_toRightOf="@id/num2"
048                  android:padding="20px"
049                  android:textSize="20px"
050                  android:text="3"
051              />
052          <Button
053                  android:id="@+id/back"
054                  android:layout_width="wrap_content"
055                  android:layout_height="wrap_content"
056                  android:layout_toRightOf="@id/num3"
057                  android:padding="20px"
058                  android:textSize="20px"
059                  android:text="BACK"
060              />
061          <Button
062                  android:id="@+id/add"
063                  android:layout_width="match_parent"
064                  android:layout_height="wrap_content"
```

```
065                android:layout_toRightOf="@id/back"
066                android:padding="20px"
067                android:textSize="20px"
068                android:text="+"
069            />
070        </RelativeLayout>
071        <RelativeLayout
072            android:orientation="horizontal"
073            android:layout_width="match_parent"
074            android:layout_height="wrap_content"
075        >
076            …
121        </RelativeLayout>
122        <RelativeLayout
123            android:orientation="horizontal"
124            android:layout_width="match_parent"
125            android:layout_height="wrap_content"
126        >
127            …
173        </RelativeLayout>
174        <RelativeLayout
175            android:orientation="horizontal"
176            android:layout_width="match_parent"
177            android:layout_height="wrap_content"
178        >
179            …
227        </RelativeLayout>
228    </LinearLayout>
```

说明：

❑ 第 2~6 行：定义一个线性布局。第 3 行代码定义该线性布局的朝向为纵向布局，第 4、5 行代码定义该线性布局布满整个手机屏幕。

❑ 第 7~12 行：定义一个 TextView 控件。

❑ 第 13~19 行：定义一个 TextView 控件。第 15 行代码定义该控件的高度为 50px，第 16 行代码定义该控件的文本大小为 40px，第 17 行代码定义该控件的对齐方式为右对齐，第 18 行代码定义该控件的背景颜色为白色。

❑ 第 20~70 行：在顶层的线性布局中嵌套一个相对布局。第 21 行代码定义该相对布局的朝向为横向。

❑ 第 25~33 行：在相对布局中定义一个 Button 控件。第 26 行代码定义该 Button 的 ID 为 num1，第 29 行代码定义该控件的左边缘与父控件的左边缘对齐。

❑ 第 34~42 行：在相对布局中定义一个 Button 控件。第 35 行代码定义该 Button 的 ID 为 num2，第 38 行代码定义该控件位于 ID 为 num1 的控件右侧。

❑ 第 43~51 行：在相对布局中定义一个 Button 控件。第 44 行代码定义该 Button 的 ID 为 num3，第 47 行代码定义该控件位于 ID 为 num2 的控件右侧。

❑ 第 52~60 行：在相对布局中定义一个 Button 控件。第 53 行代码定义该 Button 的

ID 为 back，第 56 行代码定义该控件位于 ID 为 num3 的控件右侧。

❑ 第 61~69 行：在相对布局中定义一个 Button 控件。第 62 行代码定义该 Button 的
ID 为 add，第 65 行代码定义该控件位于 ID 为 back 的控件右侧。

❑ 第 71~121 行、第 122~173 行、第 174~227 行分别定义其他 3 个相对布局，这 3
个相对布局均嵌套在顶层的线性布局中。每一个相对布局的代码与第一个相对布
局的代码相似，在本节中略，详情见本实例代码。

本实例运行结果如图 3-9 所示。

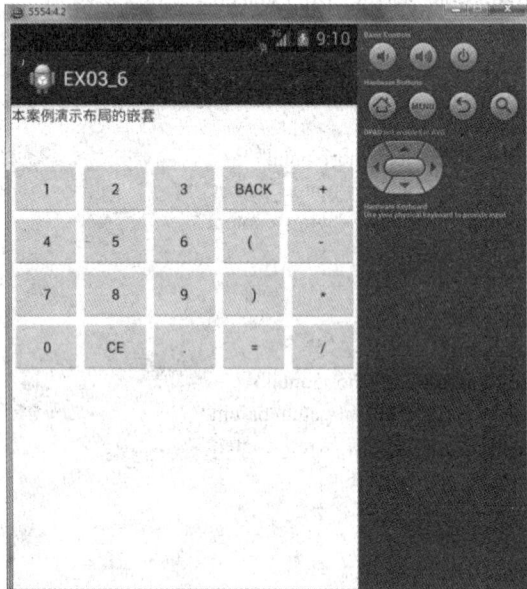

图 3-9　EX03_6 运行结果

3.8　习　　题

1．简述 Android 中常用的 5 种布局方式。

2．简述 View 类。

3．在 Android 项目中使用线性布局方式实现如图 3-10 和图 3-11 所示的界面。

图 3-10　纵向线性布局界面

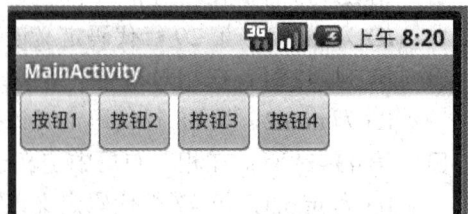

图 3-11　横向线性布局界面

4. 在 Android 项目中使用表格布局方式实现如图 3-12 所示的界面。

图 3-12　布局界面

5. 在 Android 项目中使用相对布局方式实现图 3-12 所示界面。

6. 在 Android 项目中使用帧布局方式实现如图 3-13 所示界面。

7. 在 Android 项目中使用布局相互嵌套方式设计简单运算器的界面，并实现该运算器程序。在该程序中，输入运算数字，然后单击下面的运算符，再单击"计算"按钮，得到运算结果界面，如图 3-14 所示。

图 3-13　帧布局界面

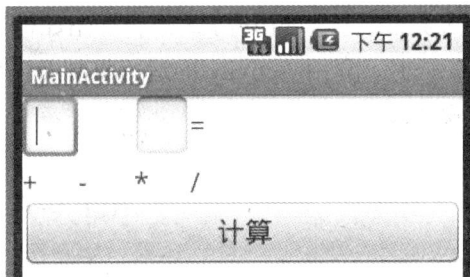

图 3-14　运算器界面

第4章

Activity 组件介绍

【本章内容】

- ❑ Activity 介绍
- ❑ 调用其他的 Activity
- ❑ 不同 Activity 之间数据传送
- ❑ 返回数据到前一个 Activity
- ❑ Activity 生命周期与管理

本章主要介绍 Android 应用程序开发中最常用的组件：Activity，可以认为一个界面或者一个窗口就是一个 Activity。在 Activity 中可以通过摆放各种控件来设计应用程序的用户界面。当一个应用程序有多个用户界面时，Activity 之间的调用与数据之间的传送则是开发人员必须掌握的内容。本章将介绍如何调用其他的 Activity，以及 Activity 之间的数据传送。同时，介绍 Activity 的运行机制及生命周期，这将有助于读者对 Activity 更好的理解与使用。

4.1 Activity 介绍

对于具有用户界面的应用程序来说，它至少有一个 Activity。在理解什么是 Activity 时，最简单的方法就是将应用程序的一个界面与某个 Activity 联系起来，因为 Activity 与用户界面之间多为一对一的关系，每个 Activity 显示一个用户界面并响应一些系统和用户发起的事件。用户可以通过将 Activity 类进行扩展，即用户的 Activity 类派生于 Android SDK 提供的 Activity 类，来完成用户界面类的设计与实现。

第 2 章的 Hello Android 项目中，实现了一个简单 Activity 的设计与实现。下面对该 Activity 的源代码进行解析。

```
1        public class HelloAndroid extends Activity {
2          /** Called when the activity is first created. */
3          @Override
4          public void onCreate(Bundle savedInstanceState) {
5            super.onCreate(savedInstanceState);
6            setContentView(R.layout.activity_main);
```

```
7      }
8   }
```

说明：

- ❑ 第 1 行：说明应用程序的界面对应的类 HelloAndroid 派生于 Activity，即对 Activity 进行扩展。
- ❑ 第 5 行：调用父类的 onCreate 构造函数，savedInstanceState 是保存当前 Activity 的状态信息。
- ❑ 第 6 行：设置用户界面，该用户界面采用的布局文件为 activity_main.xml。（activity_main.xml 文件源代码的解析详见 2.4 节）。R.layout.activity_main 是 Android 调用资源的方法，调用的是 res/layout/activity_main.xml 资源。

Activity 类是 Android 运行时 Android.jar 包 android.app 的一部分，在 Android 中表示可见度非常高的应用程序组件，通过与 View 类结合使用，来显示用户界面。

在 Activity 的使用过程中，经常会用到以下方法，如表 4-1 所示。

表 4-1　Activity 常用方法

方　　法	含　　义
onCreate, onStart, onResume, onPause, onStop, onRestart, onDestroy	Activity 声明周期函数
startActivity(Intent intent)	启动另外一个 Activity
startActivityForResult(Intent intent, int requestCode)	启动另外一个 Activity，并得到新打开 Activity 关闭后返回的数据
Intent getIntent()	获取启动 Activity 的 Intent
registerForContextMenu(View view)	为某个 View 注册上下文菜单
onCreateContextMenu(ContextMenu menu, View v, ContextMenuInfo menuInfo)	创建上下文菜单
onContextItemSelected(MenuItem item)	用来处理上下文菜单中的选中事件
onCreateOptionsMenu(Menu menu)	创建选项菜单
onOptionsItemSelected(MenuItem item)	用来处理选项菜单中的选中事件
onBackPressed()	回退键的处理方法，默认情况下是结束当前 Activity 的生命，但是可以重写这个方法来实现我们想要的操作
boolean onTouchEvent(MotionEvent event)	用来处理屏幕触摸事件，如果被触摸到的 View 没有处理这个事件，这个方法会被调用（当然它必须要返回 true）

4.2　调用其他的 Activity

在一个应用程序中，可能存在多个操作界面，则界面之间难免存在调用关系。下面通过一个实例来演示在一个 Activity 中如何调用另外一个 Activity。

创建 EX04_1 项目的步骤如下：

（1）创建 EX04_1 项目，步骤与创建 Hello Android 相同。

（2）修改主 Activity 的布局文件 activity_main.xml，增加一个命令按钮。源代码如下：

```
01    <?xml version="1.0" encoding="utf-8"?>
02    <LinearLayout xmlns:android="http://schemas.android.com/apk/res/android"
03        android:orientation="vertical"
04        android:layout_width="match_parent"
05        android:layout_height="match_parent"
06        >
07    <TextView
08        android:layout_width="match_parent"
09        android:layout_height="wrap_content"
10        android:text="第一个 Activity"
11    />
12    <EditText
13        android:id="@+id/name"
14        android:layout_width="match_parent"
15        android:layout_height="wrap_content"
16        />
17    <Button
18        android:id="@+id/bt1"
19        android:layout_width="match_parent"
20        android:layout_height="wrap_content"
21        android:text="调用第二个 Activity"
22    />
23    </LinearLayout>
```

说明：

- 第 12~16 行：声明一个 EditText 控件。第 13 行：android:id 为设置文本框的 ID。
- 第 17~22 行：定义一个 Button 命令按钮控件。第 18 行：android:id 为设置命令按钮的 ID。第 21 行：android:text 为设置命令按钮的文本。

（3）修改 MainActivity 的类文件，为该 Activity 的命令按钮增加单击监听事件。编辑代码如下：

```
01    package com.example.ex04_1;
02    import android.app.Activity;
03    import android.content.Intent;
04    import android.os.Bundle;
05    import android.view.View;
06    import android.widget.Button;
07    public class MainActivity extends Activity {
08        /** Called when the activity is first created. */
09        private Button bt;
10        @Override
```

```
11          public void onCreate(Bundle savedInstanceState) {
12              super.onCreate(savedInstanceState);
13              setContentView(R.layout.activity_main);
14              bt=(Button)findViewById(R.id.bt1);
15              bt.setOnClickListener(new Button.OnClickListener()
16              {
17                  public void onClick(View v)
18                  {
19                      Intent intent=new Intent();
20                      intent.setClass(MainActivity.this, SecondActivity.class);
21                      startActivity(intent);
22                  }
23              }
24              );
25          }
26      }
```

说明：

❑　第 9 行：声明一个 Button 类变量。

❑　第 14 行：使用 findViewById()获取到 Button 对象。

❑　第 15~24 行：为 Button 添加单击监听事件。第 19 行程序定义 Intent 对象。第 20 行程序调用 Intent 类的 setClass()函数，指定要启动的 class（setClass 的第二个参数）。第 21 行程序调用一个新的 Activity。

（4）创建第二个 Activity 的布局文件 second.xml。方法如下：

① 在 Res/layout 文件夹右击，在弹出的快捷菜单中选择 New/File 命令。

② 在 filename 文本框中输入 second.xml。

③ 打开 second.xml 文件，编辑代码如下：

```
01      <?xml version="1.0" encoding="utf-8"?>
02      <LinearLayout xmlns:android="http://schemas.android.com/apk/res/android"
03          android:orientation="vertical"
04          android:layout_width="match_parent"
05          android:layout_height="match_parent"
06      >
07      <TextView
08          android:id="@+id/tv"
09          android:layout_width="match_parent"
10          android:layout_height="wrap_content"
11          android:text="这是第二个 Activity"
12      />
13      </LinearLayout>
```

（5）增加第二个 Activity 的类文件。方法如下：

① 在 src/com.example.ex04_1 文件夹上右击，在弹出的快捷菜单中选择 New→Class 命令。

② 在 Name 文本框中输入第二个 Activity 对应的类名 SecondActivity。

③ 打开文件，编辑代码如下：

```
01    package com.example.ex04_1;
02    import android.app.Activity;
03    import android.os.Bundle;
04    public class SecondActivity extends Activity {
05        /** Called when the activity is first created. */
06        @Override
07        public void onCreate(Bundle savedInstanceState) {
08            super.onCreate(savedInstanceState);
09            setContentView(R.layout.second);
10        }
11    }
```

说明：

☐ 第 9 行：为设置第二个 Activity 的布局文件。

（6）修改 AndroidManifest.xml 文件，为第二个 Activity 进行配置。在该文件的 <application>节点中增加如下代码：

```
<activity android:name="com.example.ex04_1.SecondActivity"
        android:label="@string/app_name">
</activity>
```

android:name 为第二个 Activity 对应的类名，注意要区分大小写。

项目 EX04_1 的运行结果如图 4-1 所示，单击命令按钮，显示第二个 Activity，如图 4-2 所示。

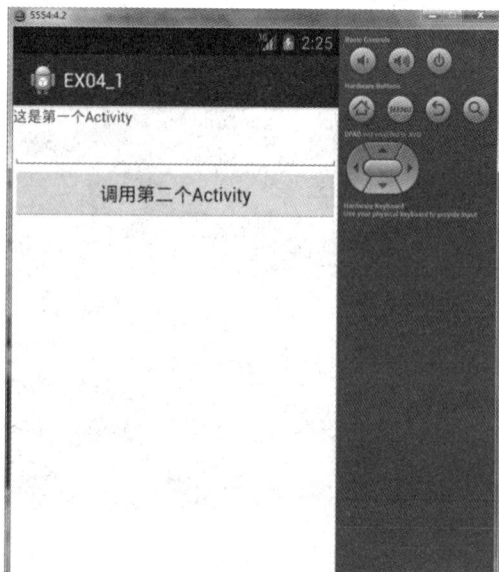

图 4-1　EX04_1 运行结果

图 4-2　SecondActivity 界面

4.3　不同 Activity 之间数据传送

在 4.2 节的实例中，介绍了在一个 Activity 中如何调用另外一个 Activity。在实际的开发工程中，有时需要在调用另外一个 Activity 的同时，传递一些数据。对于这种情况，就需要利用 Android.os.Bundle 对象封装数据，通过 Bundle 对象与 Intent 对象在不同的 Activity 之间传递数据。

在本节实例中，将对 4.2 节的实例进行扩展修改：在第一个 Activity 的文本框中输入内容，然后把文本框中的内容传送到第二个 Activity，并且进行显示。创建 EX04_2 项目，步骤如下：

（1）按照创建 EX04_1 的前 5 步方法进行操作。

（2）修改 MainActivity 的类文件，为该 Activity 的命令按钮增加单击监听事件。主要代码如下：

```
01    package com.example.ex04_2;
02    import android.app.Activity;
03    import android.content.Intent;
04    import android.os.Bundle;
05    import android.view.View;
06    import android.widget.Button;
07    import android.widget.EditText;
08    public class MainActivity extends Activity {
09        /** Called when the activity is first created. */
10        private Button bt;
11        private EditText name;
12        @Override
13        public void onCreate(Bundle savedInstanceState) {
14            super.onCreate(savedInstanceState);
15            setContentView(R.layout.activity_main);
16            bt=(Button)findViewById(R.id.bt1);
17            name=(EditText)findViewById(R.id.name);
18            bt.setOnClickListener(new Button.OnClickListener()
19            {
20                public void onClick(View v)
21                {
22                    String myName=name.getText().toString();
23                    Intent intent=new Intent();
24                    intent.setClass(MainActivity.this, SecondActivity.class);
25                    Bundle bundle=new Bundle();
26                    bundle.putString("name", myName);
27                    intent.putExtras(bundle);
28                    startActivity(intent);
29                }
30            }
```

```
31                    );
32            }
33    }
```

说明：

- ❑ 第 11 行：定义一个文本框变量。
- ❑ 第 16 行：使用 findViewById()获取到 EditText 对象。
- ❑ 第 17 行：获取文本框输入的内容。
- ❑ 第 25~26 行：定义一个 Bundle 对象，并将要传递的数据传入。bundle.putString() 函数传递的是一个键值对，name 为键名，myName 为键值，即要传递的数据。
- ❑ 第 27 行：将 Bundle 对象传递给 intent。

（3）修改 SecondActivity.java 文件，编写代码如下：

```
01    package com.example.ex04_2;
02    import android.app.Activity;
03    import android.os.Bundle;
04    import android.widget.TextView;
05    public class SecondActivity extends Activity {
06        /** Called when the activity is first created. */
07        private TextView tv;
08        @Override
09        public void onCreate(Bundle savedInstanceState) {
10            super.onCreate(savedInstanceState);
11            setContentView(R.layout.second);
12            Bundle bundle=this.getIntent().getExtras();
13            String myName=bundle.getString("name");
14            tv=(TextView)findViewById(R.id.tv);
15            tv.setText("欢迎"+myName+"来到 Android 世界");
16        }
17    }
```

说明：

- ❑ 第 12 行：获取 Intent 中的 Bundle 对象。
- ❑ 第 13 行：获取 Bundle 对象中的数据。
- ❑ 第 14 行：使用 findViewById()获取到 TextView 对象。
- ❑ 第 15 行：设置文本标签的内容。

（4）修改 AndroidManifest.xml 文件，为第二个 Activity 进行配置。在该文件的<application>节点中增加如下代码：

```
<activity android:name="com.example.ex04_2.SecondActivity"
          android:label="@string/app_name">
</activity>
```

实例 EX04_2 运行结果如图 4-3 所示，单击命令按钮，显示第二个 Activity，如图 4-4 所示。

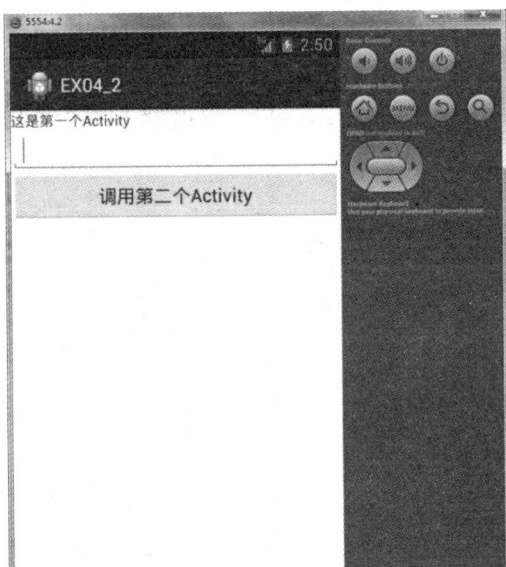

图 4-3　EX04_2 运行结果

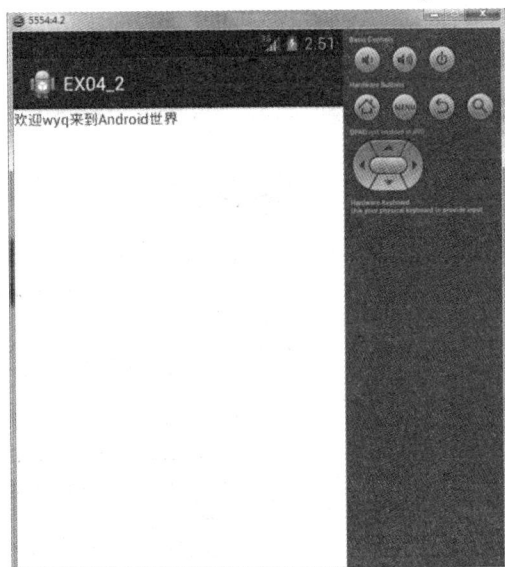

图 4-4　SecondActivity 界面

4.4　返回数据到前一个 Activity

在 4.3 节的实例中，将数据从第一个 Activity 传递到第二个 Activity，完成了 Activity 之间数据的传递。如果在程序的运行过程中，又要返回到上一个页面，会发生什么情况呢？

在访问 Internet 时，可以通过后退键来返回到上一个访问页面。那么在 Android 应用程序中，则可以通过手机的返回键来完成，但这只是简单地返回到上一页界面，而没有进行数据的返回。在 Android 中，如果要将数据返回到前一个 Activity，那么就必须使用 startActivityForResult()来调用另一个 Activity。使用这个方法，第一个 Activity 便会有一个等待第二个 Activity 的返回，就可以达到想要的结果。

在本节的实例中，将对 4.3 节的案例进行扩展修改：在第二个 Activity 上增加一个 Button 按钮，单击该按钮，将数据返回到第一个 Acitivity。

创建 EX04_3 项目，步骤如下：

（1）按照创建 EX04_1 的前 5 步方法进行操作。

（2）修改 second.xml 文件，在第二个 Activity 上增加一个 Button。

```
<Button
android:id="@+id/returnBack"
android:layout_width="match_parent"
android:layout_height="wrap_content"
android:text="返回上一页"
/>
```

（3）修改 MainActivity.java 文件，编写代码如下：

① 修改 EX04_2 项目中 MainActivity.java 的源代码中命令按钮的单击监听事件，将

startActivity(intent)修改为 startActivityForResult(intent,0)。startActivityForResult((Intent intent, Int requestCode)函数的第一个参数为 Intent 对象，第二个参数 requestCode 是一个大于等于 0 的整数，将在 onActivityResult()函数中用到，用于在 onActivityResult()中区别哪个子模块回传的数据。

② 重写 onActivityResult()函数，编写代码如下：

```
01    protected void onActivityResult(int requestCode, int resultCode, Intent data) {
02        // TODO Auto-generated method stub
03        switch(resultCode)
04        {
05            case RESULT_OK:
06            Bundle bundle=data.getExtras();
07            String returnValue=bundle.getString("returnStr");
08            name.setText(returnValue);
09            break;
10            default: break;
11        }
12    }
```

说明：

❑ 第5行：从 SecondActivity 中返回的 resultCode 是 RESULT_OK。

❑ 第6行：取得来自 SecondActivity 的数据，并显示在 MainActivity 的文本框中。

（4）修改 SecondActivity.java 文件，编辑代码如下：

```
01    package com.example.ex04_3;
02    import android.app.Activity;
03    import android.content.Intent;
04    import android.os.Bundle;
05    import android.view.View;
06    import android.widget.Button;
07    import android.widget.TextView;
08    public class SecondActivity extends Activity {
09        /** Called when the activity is first created. */
10        private TextView tv;
11        private Button returnBack;
12        Intent intent;
13        Bundle bundle;
14        @Override
15        public void onCreate(Bundle savedInstanceState) {
16            super.onCreate(savedInstanceState);
17            setContentView(R.layout.second);
18            intent=this.getIntent();
19            bundle=intent.getExtras();
20            String myName=bundle.getString("name");
21            tv=(TextView)findViewById(R.id.tv);
22            tv.setText("欢迎"+myName+"来到 Android 世界");
23            returnBack=(Button)findViewById(R.id.returnBack);
```

```
24                returnBack.setOnClickListener(new Button.OnClickListener()
25                {
26                    public void onClick(View v)
27                    {
28                        String returnValue="这是从第二个 Activity 返回的数据";
29                        bundle.putSerializable("returnStr", returnValue);
30                        intent.putExtras(bundle);
31                    SecondActivity.this.setResult(RESULT_OK,intent);
32                    SecondActivity.this.finish();
33                    }
34                });
35            }
36    }
```

说明：

❑ 第 18 行：取得 Intent 中的 Bundle 对象。

❑ 第 23 行：使用 findViewById()取得 Button 对象。

❑ 第 24~34 行：为 Button 增加单击监听事件。第 28~30 行设置要返回的数据，将数据放到 bundle 对象中。第 31 行将结果返回到第一个 Activity 中，RESULT_OK 为 resultCode，用于识别是从 SecondActivity 返回的数据。第 32 行结束本 Activity。

（5）修改 AndroidManifest.xml 文件，为第二个 Activity 进行配置。在该文件的 <application>节点中增加如下代码：

```
<activity android:name="com.example.ex04_3.SecondActivity"
        android:label="@string/app_name">
</activity>
```

实例 EX04_3 运行结果如图 4-5 所示，单击命令按钮，结果如图 4-6 所示。单击图 4-6 中的命令按钮，返回第一个 Activity，结果如图 4-7 所示。

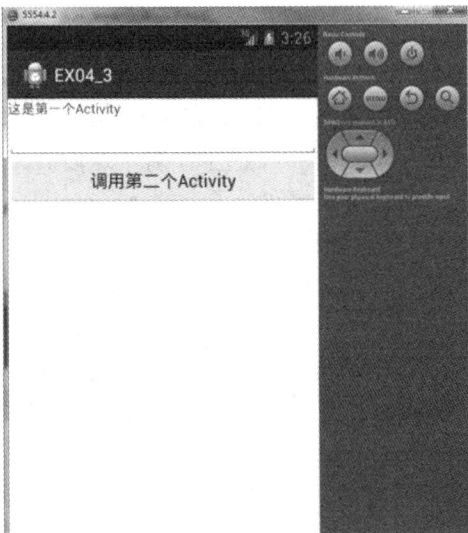

图 4-5　EX04_3 运行结果

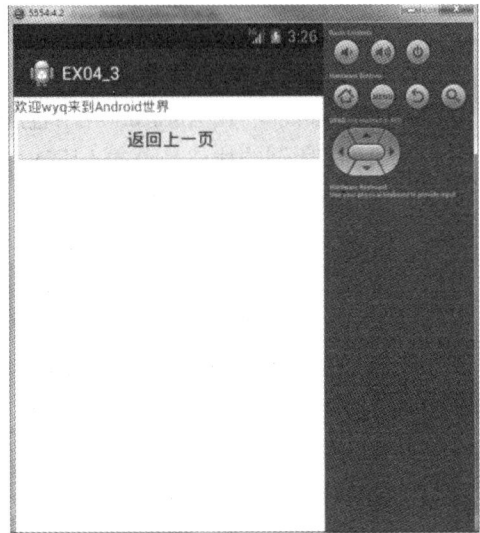

图 4-6　SecondActivity 界面

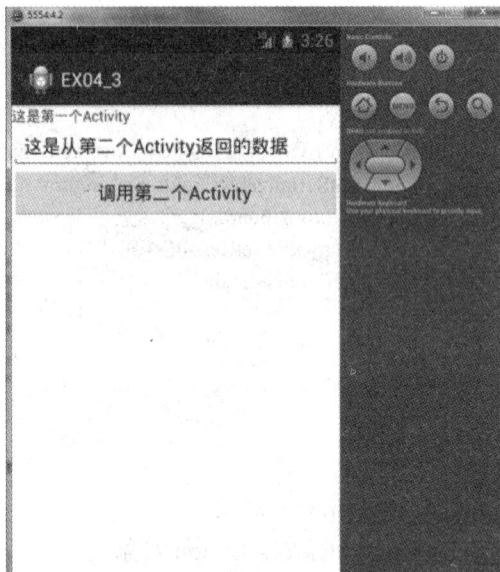

图 4-7　返回结果

4.5　Activity 的生命周期与管理

在一个 Android 程序中至少有一个 Activity。Activity 是一个对象，也可以想象成有生命形式存在的一种方式，有"生老病死"的过程。Activity 的各种状态之间的切换通过 7 个生命周期方法来实现：onCreate()、onStart()、onRestart()、onResume()、onPause()、onStop()、onDestroy()，每个方法的作用如下所述。

- onCreate()：当一个 Activity 第一次被创建时就会调用，这时可以初始化数据，例如，为 ListView 绑定数据。
- onStart()：当一个 Activity 可以被用户看到时就会调用该方法。
- onRestart()：当再次启动 Activity 时就会调用该方法。
- onResume()：在 Android 应用程序中，所有的 Activity 都存放在一个 Activity 堆栈里面。所谓的栈就是遵循 LIFO(last in first out)规律的存储空间，对于这段 Activity 的存储空间只有两种操作：入栈与出栈，所以对于放在最顶上的 Activity 总是最先被看到。onResume()就是当这个 Activity 被置于栈顶时调用的方法。
- onPause()：当启动另一个 Activity 时会调用此方法，新的 Activity 会把旧的 Activity 遮住。当旧的 Activity 被局部遮住，单击不到的情况下就会调用 onPause()；如果时间久了原来被遮住的 Activity 都会消失，可以理解为线程挂起的状态。
- onStop()：该方法与 onPause()方法的区别就在于当一个 Activity 被完全遮住时就会调用该方法。
- onDestroy()：该方法用来销毁 Activity，同样地，finish()这个方法同样会调用 onDestroy()方法销毁 Activity。

Android 使用堆栈对 Activity 进行管理，就是说某一个时刻只有一个 Activity 处在栈顶。当有一个新的 Activity2 被创建出来时，则新的 Activity2 将成为正在运行中的 Activity，而前一个 Activity1 保留在堆栈中。当用户按下后退按键，屏幕当前的这个 Activity2 将从堆栈中弹出，而 Activity1 恢复成运行中状态。

Activity 各生命周期函数之间调用关系如图 4-8 所示。调用的时间点如图 4-9 所示。

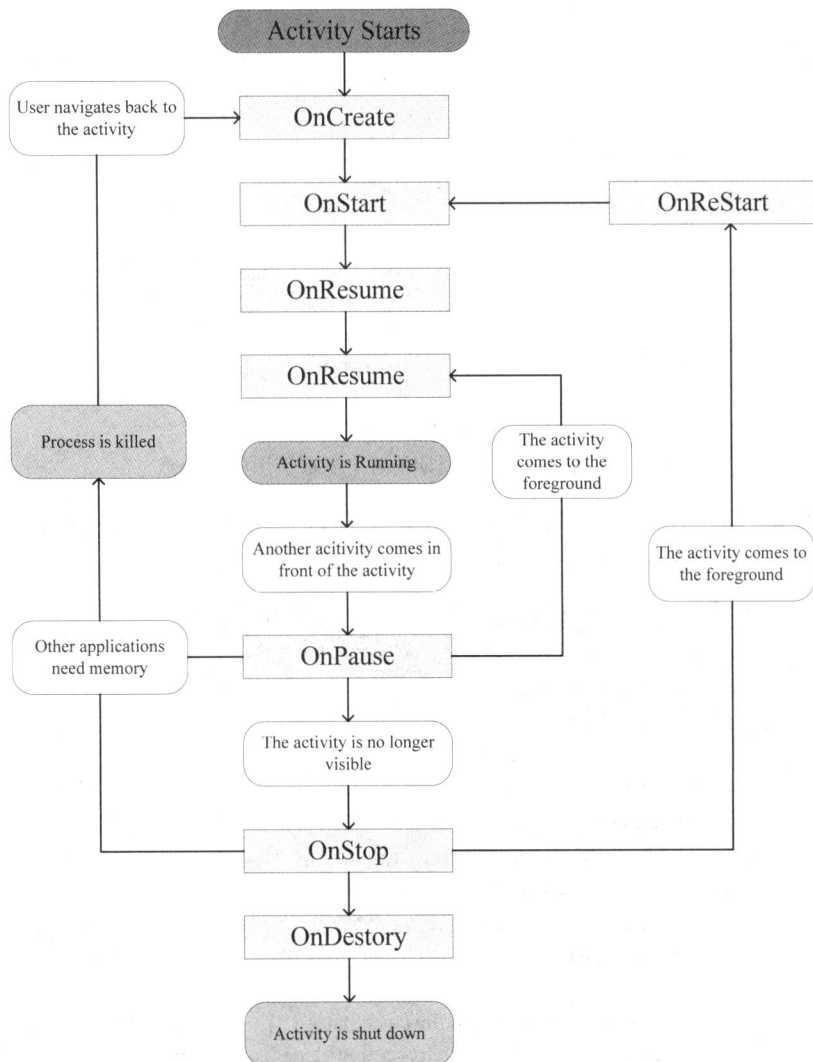

图 4-8　Activity 生命周期函数

下面将通过 EX04_4 项目演示 Activity 的生命周期函数的调用过程。本项目在 EX04_3 项目的基础上完成，重写了 Activity 的 7 个生命周期函数。在每个生命函数中，使用 System.out.println() 方法输出一段文件，观察生命周期函数的调用过程。创建 EX04_4 项目的步骤如下：

（1）创建 EX04_4 项目，步骤与 EX04_3 项目相同。

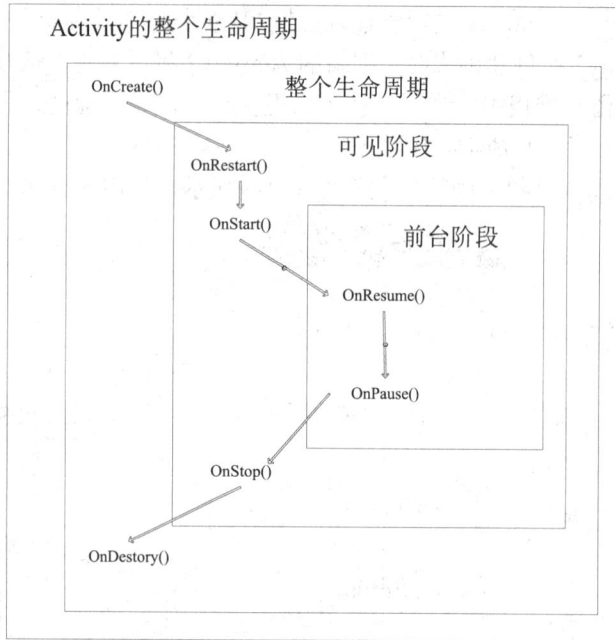

```
Activity的整个生命周期
    OnCreate()           整个生命周期
                              可见阶段
    OnRestart()
         OnStart()                前台阶段

                         OnResume()

                         OnPause()

    OnStop()

OnDestory()
```

图 4-9　Activity 生命周期的各个函数调用的时间点

（2）修改 MainActivity.java 代码文件，重写以下函数：onDestroy()、onPause()、onRestart()、onResume()、onStart()、onStop()，编写代码如下：

```
01      package com.example.ex04_4;
02      import android.app.Activity;
03      import android.content.Intent;
04      import android.os.Bundle;
05      import android.view.View;
06      import android.widget.Button;
07      import android.widget.EditText;
08      public class MainActivity extends Activity {
09       /** Called when the activity is first created. */
10       private Button bt;
11       private EditText name;
12       @Override
13      public void onCreate(Bundle savedInstanceState) {
14          System.out.println("MainActivity-->>onCreate");
15          super.onCreate(savedInstanceState);
16          setContentView(R.layout.activity_main);
17          bt=(Button)findViewById(R.id.bt1);
18          name=(EditText)findViewById(R.id.name);
19          bt.setOnClickListener(new Button.OnClickListener()
20          {
21              public void onClick(View v)
22              {
23                  String myName=name.getText().toString();
```

```
24              Intent intent=new Intent();
25              intent.setClass(MainActivity.this, SecondActivity.class);
26              Bundle bundle=new Bundle();
27              bundle.putString("name", myName);
28              intent.putExtras(bundle);
29              startActivityForResult(intent,0);
30          }
31      }
32      );
33  }
34  @Override
35  protected void onActivityResult(int requestCode, int resultCode, Intent data) {
36      // TODO Auto-generated method stub
37      switch(resultCode)
38      {
39      case RESULT_OK:
40          Bundle bundle=data.getExtras();
41          String myName=bundle.getString("name");
42          name.setText(myName);
43          break;
44      default: break;
45      }
46  }
47  @Override
48  protected void onDestroy() {
49      // TODO Auto-generated method stub
50      System.out.println("MainActivity-->>onDestroy");
51      super.onDestroy();
52  }
53  @Override
54  protected void onPause() {
55      // TODO Auto-generated method stub
56      System.out.println("MainActivity-->>onPause");
57      super.onPause();
58  }
59  @Override
60  protected void onRestart() {
61      // TODO Auto-generated method stub
62      System.out.println("MainActivity-->>onRestart");
63      super.onRestart();
64  }
65  @Override
66  protected void onResume() {
67      // TODO Auto-generated method stub
68      System.out.println("MainActivity-->>onResume");
69      super.onResume();
70  }
71  @Override
```

```
72        protected void onStart() {
73            // TODO Auto-generated method stub
74            System.out.println("MainActivity-->>onStart");
75            super.onStart();
76        }
77    @Override
78        protected void onStop() {
79            // TODO Auto-generated method stub
80            System.out.println("MainActivity-->>onStop");
81            super.onStop();
82        }
83    }
```

说明：

❑ 第 14 行："System.out.println("MainActivity-->>onCreate");"表示输出一条信息 "MainActivity-->>onCreate"。当调用 OnCreate()函数时，就会输出该信息，用 来跟踪 OnCreate()函数的调用情况。

❑ 第 48~52 行：重写 onDestroy()函数。

❑ 第 54~58 行：重写 onPause()函数。

❑ 第 60~64 行：重写 onRestart()函数。

❑ 第 66~70 行：重写 onResume()函数。

❑ 第 72~76 行：重写 onStart()函数。

❑ 第 78~82 行：重写 onStop()函数。

（3）修改 SecondActivity.java 文件，重写以下函数：onDestroy()、onPause()、onRestart()、onResume()、onStart()、onStop()，方法与 MainActivity.java 相同。以 onCreate()函数为例，输出信息为：System.out.println("SecondActivity-->>onCreate")。

（4）使用 LogCat 查看程序的输出信息。

① 程序开始运行，显示第一个 Activity，输出信息为：

MainActivity-->>onCreate

MainActivity-->>onStart

MainActivity-->>onResume

说明：

在显示第一个 Activity 时，会调用第一个 Activity 的 OnCreate()、OnStart()、OnResume() 函数，同时把第一个 Activity 放到 Activity 堆栈顶部。

② 单击命令按钮，调用第二个 Activity，输出信息为：

MainActivity-->>onPause

SecondActivity-->>onCreate

SecondActivity-->>onStart

SecondActivity-->>onResume

MainActivity-->>onStop

说明：

调用第二个 Activity 时，第一个 Activity 会暂停，调用 OnPause()函数，然后显示第二个 Activity，调用第二个 Activity 的 OnCreate()、OnStart()、OnResume()函数。执行 OnResume()函数时，把第二个 Activity 放到 Activity 栈顶，第一个 Activity 会进行压入操作。当第二个 Activity 显示时，把第一个 Activity 完全遮挡，则第一个 Activity 会调用 onStop()函数。

③ 单击命令按钮，返回第一个 Activity，输出信息为：

SecondActivity-->>onPause
MainActivity-->>onRestart
MainActivity-->>onStart
MainActivity-->>onResume
SecondActivity-->>onStop
SecondActivity-->>onDestroy

说明：

当返回第一个 Activity 时，第二个 Activity 首先暂停，调用第二个 Activity 的 onPause()函数。然后第一个 Activity 会被重新启动并显示，所以依次调用 OnRestart()、OnStart()、OnResume()函数，第二个 Activity 则从 Activity 堆栈中弹出并销毁，所以依次调用 OnStop()、OnDestory()函数。

4.6 习 题

1．简述 Activity 组件。

2．新建一个 Android 项目，在该项目中实现以下功能：实现摄氏温度与华氏温度的转换。在 Activity1 中，输入摄氏温度，将计算结果传递至 Activity2 进行显示，结果如图 4-10 和图 4-11 所示。摄氏温度与华氏温度的转换公式为：

$$华氏温度=32+摄氏度×1.8$$
$$摄氏温度=(华氏度-32)÷1.8$$

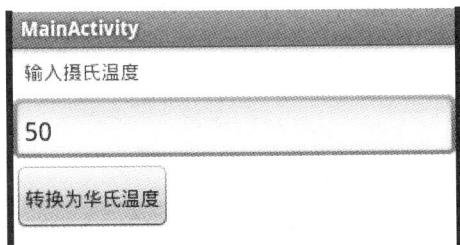

图 4-10 Activity1 界面

图 4-11 Activity2 界面

3．新建一个 Android 项目，在该项目中实现以下功能：在第一个 Activity 中，使用文本控件输入你的姓名与身高，用单选按钮选择性别，将结果传递到第二个 Activity；在第二个 Activity 中显示第一个 Activity 传输的数据，并且单击返回命令按钮，将数据返回到第一个 Activity 中，如图 4-12 和图 4-13 所示。

图 4-12　Activity1 界面

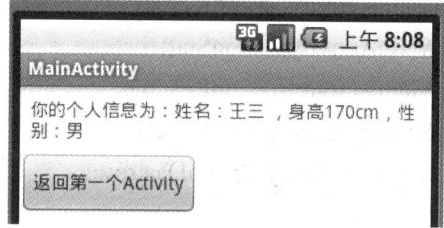

图 4-13　Activity2 界面

4．简述 Activity 的生命周期及其周期函数的作用。

第**5**章
常用基本控件

【本章内容】

- ❏ 文本控件
- ❏ 按钮控件
- ❏ 单选按钮
- ❏ 复选框
- ❏ 图片控件
- ❏ 时钟控件
- ❏ 日期时间控件

应用程序的界面一般由很多控件构成，Android 应用程序同样如此。Android 平台提供了许多简单、易用的控件。本章将对常用的 Android 基本控件进行介绍。

5.1 文 本 控 件

在 Android 中，文本控件主要包括 TextView 和 EditText 两种控件，本节将对这两个控件的用法进行详细介绍。

5.1.1 TextView 类简介

TextView 控件其主要功能是向用户显示文本内容。一个 TextView 其实是一个文本编辑器，只不过被设置为不允许编辑，而其子类 EditText 被设置为允许用户对内容进行编辑。

TextView 控件中包含许多属性，这些属性可以在 XML 文件中设置，也可以在代码中动态声明。TextView 常用属性及对应方法如表 5-1 所示。

表 5-1   TextView 常用属性及对应方法

属 性 名 称	对 应 方 法	说　　　明
android:text	setText(CharSequence)	设置 TextView 显示的内容
android:textColor	setTextColor(ColorStateList)	设置 TextView 的文本颜色
android:textSize	setTextSize(float)	设置 TextView 的文本大小
android:autoLink	setAutoLinkMask(int)	设置是否将指定格式的文本转换为可单击的超链接提示。其值可取 web、email、phone、map 和 all
android:gravity	setGravity(int)	定义 TextView 在 x 轴和 y 轴方向上的显示方式

续表

属性名称	对应方法	说明
android:height	setHeight(int)	定义 TextView 的准确高度，以像素为单位
android:width	setWidth(int)	定义 TextView 的宽度，以像素为单位
android:hint	setHint(int)	当 TextView 中显示的内容为空时，显示该文本
android:ellipsize	setEllipsize(TextUtils.TruncateAt)	如果设置了该属性，当 TextView 中要显示的内容超过了 TextView 的长度时，会对内容进行省略。其值可取 start、middle、end 和 marquee

5.1.2　EditText 类简介

EditText 允许用户输入或者编辑内容，同时还可以为 EditText 控件设置监听器，用来检测用户输入状态等。EditText 常用属性及对应方法如表 5-2 所示。

表 5-2　EditText 常用属性及对应方法

属性名称	对应方法	说明
android:cursorVisible	setCursorVisible(boolean)	设置光标是否可见，默认可见
android:lines	setLines(int)	通过设置固定的行数来决定 EditText 的高度
android:maxLines	setMaxLines(int)	设置最大的行数
android:minLines	setMinLines(int)	设置最小的行数
android:password	setTransformationMethod(TransformationMethod)	设置文本框中的内容是否显示为密码
android:phoneNumber	setInput Type(InpntType.TYPE_CLASS_PHONE)	设置文本框中的内容只能是电话号码
android:scrollHorizontally	setHorizontallyScrolling(boolean)	设置文本框是否可以进行水平滚动
android:singleLine	setSingleLine(boolean)	设置文本框为单行模式
android:maxLength	setFilters(InputFilter)	设置最大显示长度
android:textStyle	setTypeface(Typeface)	设置字形[bold(粗体) 0, italic(斜体) 1, bolditalic(又粗又斜) 2], 可以设置一个或多个，用"|"隔开

在 EditText 的使用过程中，经常需要监听文本框中内容的变化，以便作出相应的提示、操作，这就需要用到 EditText 一些常用的事件监听方法。表 5-3 列出了 EditText 常用的事件监听方法。

表 5-3　EditText 常用监听事件

监听事件方法名称	说明
addTextChangedListener(TextWatcher watcher)	对 EditText 中文本的变化进行监听
setOnKeyListener	对键盘事件进行监听

5.1.3　文本框使用实例

本节将通过一个实例来介绍文本控件的使用方法。本实例所完成的功能比较简单，在

用户没有任何输入时 EditText 的默认显示为"请输入 E-mail", TextView 的显示为空, 而
当用户一旦输入数据, 程序会将用户输入到 EditText 中的数据自动显示到 TextView 当中。

本实例的开发步骤如下:

(1) 新建项目 EX05_1。

(2) 修改主 Activity 的布局文件 activity_main.xml, 编写代码如下:

```
01    <?xml version="1.0" encoding="utf-8"?>
02    <LinearLayout xmlns:android="http://schemas.android.com/apk/res/android"
03        android:orientation="vertical"
04        android:layout_width="match_parent"
05        android:layout_height="match_parent"
06    >
07    <EditText
08        android:layout_width="match_parent"
09        android:layout_height="wrap_content"
10        android:id="@+id/editText1"
11        android:hint="请输入 E-mail"
12    />
13    <TextView
14        android:layout_width="match_parent"
15        android:layout_height="wrap_content"
16        android:textSize="16sp"
17        android:text=""
18        android:id="@+id/textView1"
19    />
20    </LinearLayout>
```

说明:

❑ 第 7~12 行: 声明了一个 EditText 控件。

❑ 第 8 行: 设置 EditText 控件的宽度填充满父组件。

❑ 第 9 行: 设置 EditText 控件的高度随内容自适应。

❑ 第 10 行: 设置 EditText 控件的 id 为 editText1。

❑ 第 11 行: 设置在 EditText 的内容为空时显示"请输入 E-mail"来提醒用户。

❑ 第 13~19 行: 声明一个 TextView 控件。

❑ 第 16 行: 设置 TextView 控件字体大小为 16sp。

❑ 第 17 行: 设置 TextView 控件在默认情况下显示为空。

❑ 第 18 行: 声明此 TextView 控件的 ID 为 textView1。

(3) 修改主 Activity 的类文件 MainActivity.java。在本 Activity 中, 输入电子信箱地
址, 自动显示在 TextView 控件中。编写代码如下:

```
01    package com.example.ex05_1;
02    import android.app.Activity;
03    import android.os.Bundle;
04    import android.view.KeyEvent;
05    import android.view.View;
06    import android.widget.EditText;
```

```
07        import android.widget.TextView;
08        public class MainActivity extends Activity {
09            EditText et;
10            TextView tv;
11            public void onCreate(Bundle savedInstanceState) {
12                super.onCreate(savedInstanceState);
13                setContentView(R.layout. activity_main);
14                et=(EditText) findViewById(R.id.editText1);
15                tv=(TextView) findViewById(R.id.textView1);
16                et.setOnKeyListener(new EditText.OnKeyListener()
17                {
18                    public boolean onKey(View v, int keyCode, KeyEvent event)
19                    {
20                        tv.setText(et.getText());
21                        return false;
22                    }
23                });
24            }
25        }
```

说明：

- 第 9~10 行：分别声明了一个 EditText 控件与一个 TextView 控件。
- 第 14~15 行：通过 findViewById()分别获取 activity_main.xml 中声明的 EditText 控件与 TextView 控件。
- 第 16 行：为 EditText 添加了一个 setOnKeyListener 监听事件，并且在第 18 行设置了 onKey 方法，即在有键盘操作时触发此事件。
- 第 20 行：为 onKey 事件的处理过程，在此处即为实时获取用户输入到 EditText 中的数据并显示在 TextView 中。

本实例运行结果如图 5-1 所示。

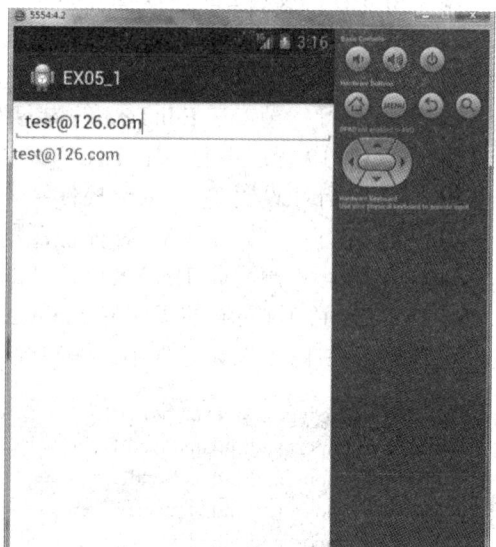

图 5-1　EX05_1 运行结果

5.2　按　钮　控　件

Android 中的按钮控件主要包括 Button 控件和 ImageButton 控件。通过按钮控件增加监听事件，来产生相应的命令，完成某一个功能。本节将对这两种控件进行详细介绍。

5.2.1　Button 类简介

用户可以通过 Button 控件执行按下或者单击等操作来完成某项功能。Button 控件的用法主要是为 Button 控件增加 View.OnClickListener 监听器并在监听器的实现代码中实现按钮按下事件的处理代码：

```
button.setOnClickListener(new View.OnClickListener() {
    public void onClick(View v) {
                //处理过程
    }
});
```

另一种方法是在 XML 布局文件中通过 button 的 android:onClick 属性指定一个方法：

```
android:onClick="selfDestruct"
```

通过该属性替代在 activity 中为 button 设置 OnClickListener，但是为了正确执行，这个方法必须是 public 并且仅接受一个 View 类型的参数：

```
public void selfDestruct(View view) {
    //处理过程
}
```

5.2.2　ImageButton 类简介

ImageButton 控件与 Button 控件的主要区别是 ImageButton 中没有 text 属性，即按钮中显示图片而不是文本。ImageButton 控件中设置按钮显示的图片可以通过 android:src 属性实现：

```
android:src="@drawable/picture"
```

也可以通过 setImageResource(int)方法来实现：

```
imageButton.setImageResource(R.drawable.picture);
```

对于 ImageButton 监听事件的设置方法与 Button 相同。

5.2.3　按钮使用实例

本节将通过实例来介绍按钮控件的使用。通过本实例，主要让读者了解 Button 与 ImageButton 如何增加监听器完成相应的功能。

本实例开发步骤如下：

（1）创建项目 EX05_2。

（2）修改主 Activity 的布局文件 activity_main.xml，编写代码如下：

```
01 <?xml version="1.0" encoding="utf-8"?>
02 <LinearLayout xmlns:android=http://schemas.android.com/apk/res/android
03     android:orientation="vertical"
04     android:layout_width="match_parent"
05     android:layout_height="match_parent"
06     >
07     <Button
08     android:text="按钮 1"
09     android:id="@+id/button1"
10     android:layout_width="wrap_content"
11     android:layout_height="wrap_content"
12     />
13     <Button
14     android:text="按钮 2"
15     android:id="@+id/button2"
16     android:layout_width="wrap_content"
17     android:layout_height="wrap_content"
18     android:onClick="Button2Click"
19     />
20     <ImageButton
21     android:id="@+id/imagebutton"
22     android:layout_width="wrap_content"
23     android:layout_height="wrap_content"
24     android:src="@drawable/ic_launcher"
25     android:onClick =" ImageButtonClick"
26     />
27     <EditText
28     android:layout_height="wrap_content"
29     android:layout_width="match_parent"
30     android:id="@+id/editText1"
31     />
32     <EditText
33     android:layout_height="wrap_content"
34     android:layout_width="match_parent"
35     android:id="@+id/editText2"
36     />
37     <EditText
38     android:layout_height="wrap_content"
39     android:layout_width="match_parent"
40     android:id="@+id/editText3"
41     />
42 </LinearLayout>
```

说明：

❑　第 8~19 行：声明了两个 Button。

❑　第 8、14 行：分别设置了两个按钮显示的文本为"按钮 1"和"按钮 2"。

❑ 第 9、15 行：分别声明两个 Button 的 ID 为 button1 与 button2。

❑ 第 10、16 行：设置按钮的宽度为根据文本自适应。

❑ 第 11、17 行：设置按钮的高度为根据文本自适应。

❑ 第 18 行：声明了一个 Button2Click 方法来替代 Activity 中的 OnClickListener。

❑ 第 20~26 行：声明一个 ImageButton。

❑ 第 24 行：设置 ImageButton 显示的图片。

❑ 第 25 行：设置 ImageButton 的单击事件。

❑ 第 27~41 行：声明 3 个 EditText，用于显示执行结果。

（3）修改主 Activity 的类文件 MainActivity.java。在本 Activity 中，为 Button 控件及 ImageButton 控件增加监听器。编写代码如下：

```
01    package com.example.ex05_2;
02    import android.app.Activity;
03    import android.os.Bundle;
04    import android.view.View;
05    import android.view.View.OnClickListener;
06    import android.widget.Button;
07    import android.widget.EditText;
08    import android.widget.ImageButton;
09    public class MainActivity extends Activity {
10        Button bt;
11        EditText et1,et2,et3;
12        public void onCreate(Bundle savedInstanceState) {
13            super.onCreate(savedInstanceState);
14            setContentView(R.layout. activity_main);
15            bt=(Button) findViewById(R.id.button1);
16            et1=(EditText) findViewById(R.id.editText1);
17            et2=(EditText) findViewById(R.id.editText2);
18            et3=(EditText) findViewById(R.id.editText3);
18            bt.setOnClickListener(new OnClickListener()
19            {
                  @Override
20                public void onClick(View v)
21                {
22                    et1.setText("消息来自 OnClickListener");
23                }
24            });
25        }
26        public void Button2Click(View view)
27        {
28            et2.setText("消息来自 Button2Click");
29        }
30        public void ImageButtonClick(View view)
31        {
32            et3.setText("消息来自 ImageButton");
33        }
34    }
```

说明：

- ❑ 第 10 行：声明了一个 Button 控件对象 bt。
- ❑ 第 11 行：分别声明了两个 EditText 控件对象 et1 与 et2。
- ❑ 第 15 行：通过 findViewById()获取 main.xml 布局文件中声明的 button1 控件。
- ❑ 第 16~17 行：通过 findViewById()获取 main.xml 布局文件中声明的 editText1 与 editText2。
- ❑ 第 18 行：为 Button 添加了一个 setOnClickListener 监听事件，并且在第 20 行设置了 onClick 方法，即在有鼠标单击时触发此事件。
- ❑ 第 27~30 行：Button2Click 方法对应 activity_main.xml 布局文件中 button2 的 android:onClick 属性所声明的 Button2Click 方法，即在单击 button2 时触发此事件。
- ❑ 第 31~34 行：ImageButtonClick 方法对应 activity_main.xml 布局文件中 ImageButton 的 android:onClick 属性所声明的 ImageButtonClick 方法，即在单击 ImageButton 时触发此事件。
- ❑ 第 23、29、33 行：设置在用户单击按钮后 EditText 所显示的文字是为了让用户区分消息的来源。

本实例运行结果如图 5-2 所示。

图 5-2　EX05_2 运行结果

5.3　单　选　按　钮

在日常生活中我们经常会遇到二选一或者多选一的情况，例如做一道单项选择题，这时就需要用到 Android 中提供的单选按钮，本节将对单选按钮的使用方法进行简单的介绍。

5.3.1　RadioButton 类简介

RadioButton 控件只有选中和未选中两种状态。RadioButton 在使用的过程中，经常需要和 RadioGroup 一起来使用，在同一时刻一个 RadioGroup 中只能有一个按钮处于选中状态。RadioButton 常用属性与方法如表 5-4 所示。

表 5-4　RadioButton 常用属性与方法

属性与方法	说　明
checked	设置 RadioButton 状态，true 为选中，false 为未选中
void toggle()	将单选按钮更改为与当前选中状态相反的状态
boolean isChecked()	判断 RadioButton 是否选中
OnCheckedChangeListener	设置状态转换监听事件
OnClickListener	设置单击监听事件

5.3.2　单选按钮使用实例

本节将通过实例来介绍单选按钮的使用方法。在本实例中，利用 RadioButton 与 RadioGroup 模仿一道单项选择题，用户同一时刻可选且只能选择一个选项，在用户确定选项后可单击"确定"按钮来确认是否回答正确。

本实例开发步骤如下：

（1）新建项目 EX05_3。

（2）修改主 Activity 的布局文件 activity_main.xml，编写代码如下：

```
01    <?xml version="1.0" encoding="utf-8"?>
02    <LinearLayout xmlns:android="http://schemas.android.com/apk/res/android"
03            android:orientation="vertical"
04            android:layout_width="match_parent"
05            android:layout_height="match_parent"
06        >
07        <TextView
08            android:layout_width=" fill _parent"
09            android:layout_height="wrap_content"
10            android:textSize="18sp"
11            android:text="下列说法中正确的是："
12        />
13        <RadioGroup
14            android:id="@+id/radioGroup1"
15            android:layout_width="wrap_content"
16            android:layout_height="wrap_content">
17        <RadioButton
18            android:layout_height="wrap_content"
19            android:text="同一 RadioGroup 中同一时刻可选择多个 RadioButton"
20            android:id="@+id/radio0"
21            android:layout_width="wrap_content"
22            android:checked="true"
23        />
24        <RadioButton
25            android:layout_height="wrap_content"
26            android:text="同一 RadioGroup 中同一时刻只能选择一个 RadioButton"
```

```
27              android:id="@+id/radio1"
28              android:layout_width="wrap_content"
29          />
30          <RadioButton
31              android:layout_height="wrap_content"
32              android:text="不同 RadioGroup 中同一时刻只能选择一个 RadioButton"
33              android:id="@+id/radio2"
34              android:layout_width="wrap_content"
35          />
36      </RadioGroup>
37      <TextView
38          android:layout_height="wrap_content"
39          android:id="@+id/TextView2"
40          android:text=""
41          android:layout_width="match_parent"
42      />
43  </LinearLayout>
```

说明：

□ 第 7~12 行：声明了一个宽度为填充父组件，高度为根据内容自适应且文字大小为 18sp 的 TextView 来显示题目。

□ 第 13~36 行：声明了一个 RadioGroup，其高度和宽度都为根据其中内容自适应大小，其中包括 3 个 RadioButton，即 3 个选项。在此 RadioGroup 中的 RadioButton 在同一时刻能且只能有一个为选中状态。

□ 第 17~36 行：分别声明了 3 个 RadioButton。

□ 第 18、25、31 行：分别定义 RadioButton 的高度为根据内容自适应。

□ 第 19、26、32 行：分别定义了 RadioButton 所显示的文字，在这里即需要显示的选项。

□ 第 20、27、33 行：分别定义 3 个 RadioButton 的 id 为 radio0、radio1 和 radio2。

□ 第 21、28、34 行：分别定义 RadioButton 的宽度为根据内容自适应。

□ 第 37~42 行：声明了一个宽度为填充父组件，高度为根据内容自适应的 TextView 来显示用户的选项是否正确。

（3）修改主 Activity 的类文件 MainActivity.java。在本 Activity 中，为 RadioButton 控件设置单击监听器。编写代码如下：

```
01  package com.example.ex05_3;
02  import android.app.Activity;
03  import android.os.Bundle;
04  import android.view.View;
05  import android.view.View.OnClickListener;
06  import android.widget.RadioButton;
07  import android.widget.RadioGroup;
08  import android.widget.TextView;
09  public class MainActivity extends Activity {
10  RadioButton rb;
```

```
11    TextView tv;
12    public void onCreate(Bundle savedInstanceState) {
13        super.onCreate(savedInstanceState);
14        setContentView(R.layout.activity_main);
15        rb=(RadioButton) findViewById(R.id.radio1);
16        tv=(TextView) findViewById(R.id.TextView2);
17        rb.setOnClickListener(new OnClickListener() {
18            @Override
19            public void onClick(View arg0) {
20                // TODO Auto-generated method stub
21                if(rb.isChecked())
22                    tv.setText("回答正确");
23                else
24                    tv.setText("回答错误");
25            }
26        });
27    }
28 }
```

说明：

❑ 第 10 行：声明了一个 RadioButton 控件对象 rb，用来判断是否选中了正确的选项。

❑ 第 11 行：声明了一个 TextView 控件对象 tv，用来提示用户的选择是否正确。

❑ 第 15~16 行：分别通过 findViewById()获取 activity_main.xml 布局文件中所声明的 radio1 和 TextView2。

❑ 第 17 行：为 RadioButton 添加了一个 setOnClickListener 监听事件。

❑ 第 19~25 行：按钮单击后的处理过程，即判断用户是否选择了正确的选项并且提示。

本实例运行结果如图 5-3 所示。

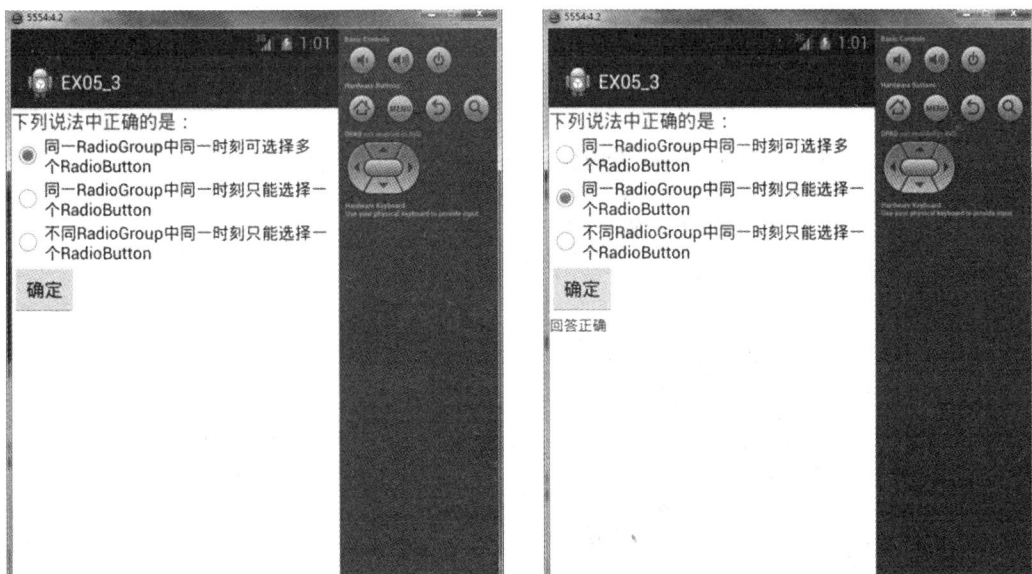

图 5-3　EX05_3 运行结果

5.4 复 选 框

在日常生活中也经常会遇到多选的情况，例如用户选择兴趣爱好，这时候单选按钮已经不能满足要求，我们就需要用到 Android 中提供的复选按钮，本节将对复选框的使用方法进行介绍。

5.4.1 CheckBox 类简介

CheckBox 控件与 RadioButton 类似，也只有选中和未选中两种状态，但与 RadioButton 不同的是 CheckBox 同一时刻可以有多个按钮处于选中状态。CheckBox 的属性及方法与 RadioButton 类似，参见表 5-4。

5.4.2 复选框使用实例

本节将通过一个实例来介绍复选框的使用方法。在本实例中，利用 CheckBox 模拟一个需要用户进行兴趣爱好选择的界面，兴趣爱好也许需要同时选择很多项，并且各项之间没有什么必然的联系，所以在此处利用 CheckBox 十分合适。

本项目的创建步骤如下：

（1）创建项目 EX05_4。

（2）修改主 Activity 的布局文件 activity_main.xml，编写代码如下：

```
01    <?xml version="1.0" encoding="utf-8"?>
02    <LinearLayout xmlns:android="http://schemas.android.com/apk/res/android"
03        android:orientation="vertical"
04        android:layout_width="match_parent"
05        android:layout_height="match_parent"
06        >
07    <TextView
08        android:layout_width="match_parent"
09        android:layout_height="wrap_content"
10        android:textSize="19sp"
11        android:text="请选择您的兴趣爱好："
12        />
13        <CheckBox
14        android:text="看书"
15        android:id="@+id/checkBox1"
16        android:layout_width="wrap_content"
17        android:layout_height="wrap_content"/>
18        <CheckBox
19        android:text="听歌"
20        android:id="@+id/checkBox2"
21        android:layout_width="wrap_content"
22        android:layout_height="wrap_content"
23        />
```

```
24          <CheckBox
25          android:text="旅行"
26          android:id="@+id/checkBox3"
27          android:layout_width="wrap_content"
28          android:layout_height="wrap_content"
29          />
30          <CheckBox
31          android:text="游泳"
32          android:id="@+id/checkBox4"
33          android:layout_width="wrap_content"
34          android:layout_height="wrap_content"
35          />
36          <Button
37      android:text="确定"
38          android:id="@+id/bt_ok"
39          android:layout_width="wrap_content"
40          android:layout_height="wrap_content"
41          />
42          <TextView
43          android:layout_width="match_parent"
44          android:layout_height="match_parent"
45          android:id="@+id/tv_hobby"
46          />
47      </LinearLayout>
```

说明：

- 第 7~12 行：声明了一个 TextView 控件，在此处的作用是显示提示信息。
- 第 8 行：设置 TextView 宽度填充父组件。
- 第 9 行：设置 TextView 高度随内容自适应。
- 第 10 行：设置了 TextView 控件字体大小为 19sp。
- 第 13~35 行：分别声明了 4 个 CheckBox 控件。
- 第 14、19、25、31 行：分别定义了 CheckBox 的 android:text 属性所显示的文字，在这里是需要用户选择的兴趣爱好选项。
- 第 15、20、26、32 行：分别定义了 4 个 CheckBox 的 id 依次为 checkBox1、checkBox2、checkBox3、checkBox4。
- 第 16、21、27、33 行：分别定义了 4 个 CheckBox 的宽度为根据文本自适应。
- 第 17、22、28、34 行：分别定义了 4 个 CheckBox 的高度为根据文本自适应。
- 第 36~41 行：声明一个 ID 为 bt_ok 的 Button 控件。
- 第 42~46 行：声明一个 ID 为 tv_hobby 的 TextView 控件。

（3）修改主 Activity 的类文件 MainActivity.java。在本 Activity 中，显示所选择的兴趣爱好。编写代码如下：

```
01 package com.example.ex05_4;
02
03 import android.app.Activity;
```

```
04 import android.os.Bundle;
05 import android.view.View;
06 import android.widget.Button;
07 import android.widget.CheckBox;
08 import android.widget.TextView;
09
10 public class MainActivity extends Activity {
11     /** Called when the activity is first created. */
12     private CheckBox cb1,cb2,cb3,cb4;
13     private TextView tv_hobby;
14     private Button bt_ok;
15     @Override
16     public void onCreate(Bundle savedInstanceState)
17     {
18         super.onCreate(savedInstanceState);
19         setContentView(R.layout. activity_main.xml);
20
21         cb1=(CheckBox)findViewById(R.id.checkBox1);
22         cb2=(CheckBox)findViewById(R.id.checkBox2);
23         cb3=(CheckBox)findViewById(R.id.checkBox3);
24         cb4=(CheckBox)findViewById(R.id.checkBox4);
25         tv_hobby=(TextView)findViewById(R.id.tv_hobby);
26         bt_ok=(Button)findViewById(R.id.bt_ok);
27         bt_ok.setOnClickListener(new Button.OnClickListener()
28         {
29             @Override
30             public void onClick(View v) {
31                 // TODO Auto-generated method stub
32                 String str_hobby="你的爱好有：\n";
33                 if(cb1.isChecked())
34                 {
35                     str_hobby=str_hobby+cb1.getText().toString()+"\n";
36                 }
37                 if(cb2.isChecked())
38                 {
39                     str_hobby=str_hobby+cb2.getText().toString()+"\n";
40                 }
41                 if(cb3.isChecked())
42                 {
43                     str_hobby=str_hobby+cb3.getText().toString()+"\n";
44                 }
45                 if(cb4.isChecked())
46                 {
47                     str_hobby=str_hobby+cb4.getText().toString();
48                 }
49                 tv_hobby.setText(str_hobby);
50             }
51         });
52     }
53 }
```

说明：

- ❑　第 12~14 行：定义 4 个 CheckBox 对象、一个 TextView 对象和一个 Button 对象。
- ❑　第 21~26 行：获取 CheckBox、TextView、Button 控件的引用。
- ❑　第 27~51 行：为 bt_ok 按钮增加单击监听事件，根据选择的兴趣爱好，生成相应的字符串，并在 TextView 控件显示。

本实例运行结果如图 5-4 所示。

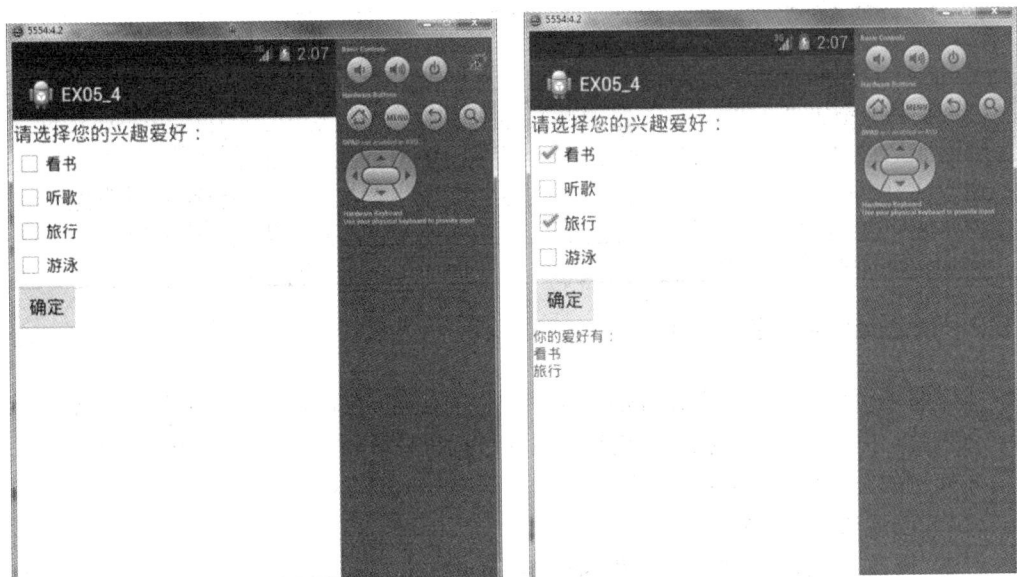

图 5-4　EX05_4 运行结果

5.5　图　片　控　件

本节将要介绍的是图片控件 ImageView，首先对 ImageView 类进行简单的介绍，然后通过一个实例说明 ImageView 的用法。

5.5.1　ImageView 类简介

ImageView 控件负责显示图片，其图片的来源既可以是资源文件的 id，也可以是 Drawable 对象或 Bitmap 对象，还可以是 ContentProvider 的 Uri。ImageView 控件中常用到的属性及对应方法如表 5-5 所示，常用方法如表 5-6 所示。

表 5-5　ImageView 控件中常用属性及对应方法

属 性 名 称	对 应 方 法	说　　明
android:src	setImageResource(int)	设置 ImageView 要显示的图片
android:adjustViewBounds	setAdjustViewBounds(boolean)	设置是否需要 ImageView 调整自己的边界来保证所显示的图片的长宽比例
android:maxHeight	setMaxHeight(int)	ImageView 的最大高度

续表

属 性 名 称	对 应 方 法	说　明
android:maxWidth	setMaxWidth(int)	ImageView 的最大宽度
android:scaleType	setScaleType(ImageView.ScaleType)	控制图片应如何调整或移动来适合 ImageView 的尺寸

表 5-6　ImageView 控件常用方法

方 法 名 称	说　明
setAlpha(int alpha)	设置 ImageView 的透明度
setImageBitmap(Bitmap bm)	设置 ImageView 所显示内容为指定 Bitmap 对象
setImageDrawable(Drawable drawable)	设置 ImageView 所显示的内容为指定 Drawable
setImageResource(int resId)	设置 ImageView 所显示的内容为指定 id 的资源
setImageURI(Uri uri)	设置 ImageView 所显示的内容为指定的 Uri
setSelected(boolean selected)	设置 ImageView 的选中状态

5.5.2　ImageView 使用实例

本节将通过一个实例来介绍 ImageView 控件的使用。在本实例中，使用 ImageView 显示一张图片，并且设置两个按钮，用户可以通过按钮来增加或者降低图片的透明度。

本实例的开发步骤如下：

（1）创建项目 EX05_5。

（2）修改主 Activity 的布局文件 activity_main.xml，编写代码如下：

```
01    <?xml version="1.0" encoding="utf-8"?>
02    <LinearLayout xmlns:android="http://schemas.android.com/apk/res/android"
03        android:orientation="vertical"
04        android:layout_width="match_parent"
05        android:layout_height="match_parent" >
06        <ImageView
07        android:id="@+id/imageView1"
08        android:layout_height="wrap_content"
09        android:layout_width="wrap_content"
10        android:src="@drawable/pic"
11        android:layout_weight="0.9"
12        />
13        <LinearLayout
14        android:layout_width=" match_parent"
15        android:layout_height="wrap_content">
16        <Button
17            android:text="透明度增加"
18            android:id="@+id/button1"
19            android:layout_width="wrap_content"
20            android:layout_height="wrap_content"
21            android:onClick="AlphaUp"
22        />
```

```
23        <Button
24            android:text="透明度减少"
25            android:id="@+id/button2"
26            android:layout_width="wrap_content"
27            android:layout_height="wrap_content"
28            android:onClick="AlphaDown"
29        />
30        </LinearLayout>
31    </LinearLayout>
```

说明：

- ❑ 第 6~12 行：声明了一个 ImageView 控件。
- ❑ 第 7 行：定义此 ImageView 的 id 为 imageView1。
- ❑ 第 10 行：设置此 ImageView 所要显示的图片来源为 drawable 下的 pic 文件。
- ❑ 第 11 行："android:layout_weight="0.9""定义 ImageView 按原大小的 90%显示。
- ❑ 第 16~29 行：声明了两个 Button 控件，其大小都是根据内容自适应，并且通过 android:onClick 属性分别为两个 Button 添加了 AlphaUp 与 AlphaDown 两个方法。

（3）修改主 Activity 的类文件 MainActivity.java。在本 Activity 中，显示一张图片，并通过按钮来增加或者降低图片的透明度。编写代码如下：

```
01    package com.example.ex05_5;
02    import android.app.Activity;
03    import android.os.Bundle;
04    import android.view.View;
05    import android.view.View.OnClickListener;
06    import android.widget.Button;
07    import android.widget.ImageView;
08    public class MainActivity extends Activity {
09    /** Called when the activity is first created. */
10        ImageView iv;
11        int Alpha=255;
12        public void onCreate(Bundle savedInstanceState) {
13            super.onCreate(savedInstanceState);
14            setContentView(R.layout.activity_main);
15            iv=(ImageView) findViewById(R.id.imageView1);
16        }
17        public void AlphaUp(View view)
18        {
19            if(Alpha<255)
20            {
21                Alpha=Alpha+5;
22                iv.setAlpha(Alpha);
23            }
24        }
25        public void AlphaDown(View view)
26        {
27            if(Alpha>0)
```

```
28          {
29                  Alpha=Alpha-5;
30                  iv.setAlpha(Alpha);
31          }
32      }
33  }
```

说明：

❑ 第 10 行：声明了一个 ImageView。

❑ 第 11 行：声明了一个整型变量 Alpha。其作用是记录 Alpha 的值，即透明度的值，Alpha 的取值范围为 0~255。

❑ 第 15 行：通过 findViewById()来获取 activity_main.xml 布局文件中声明的 ImageView 控件。

❑ 第 17~24 行：AlphaUp()方法即是当 button1 点下时所触发的事件，其对应 activity_main.xml 布局文件中"android:onClick="AlphaUp""所声明的方法。

❑ 第 25~32 行：AlphaDown()方法即是当 button2 点下时所触发的事件，其对应 activity_main.xml 布局文件中"android:onClick="AlphaDown""所声明的方法。

本实例运行结果如图 5-5 所示。

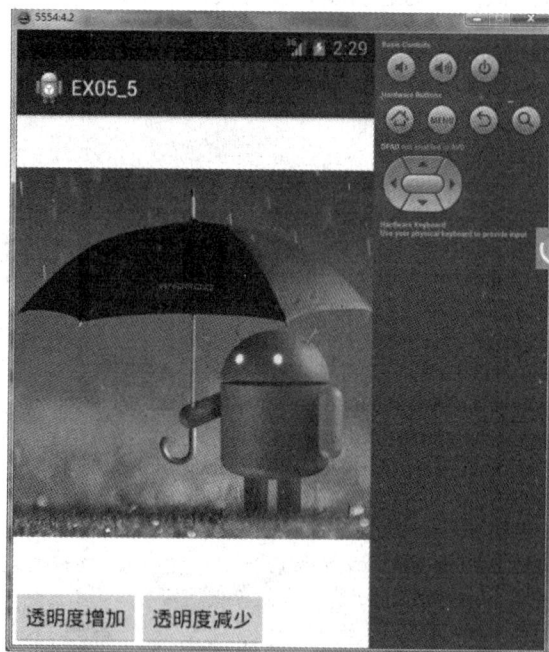

图 5-5 EX05_5 运行结果

5.6 时 钟 控 件

本节将对 Android 中的时钟控件进行介绍。时钟控件是 Android 用户界面中比较简单的控件，时钟控件包括 AnalogClock 和 DigitalClock 控件。下面先介绍 AnalogClock 类和 DigitalClock 类，然后通过实例来说明时钟控件的用法。

5.6.1　AnalogClock 类与 DigitalClock 类简介

AnalogClock 类继承于 Android.View 类，是一个能够显示时与分的模拟时钟。

DigitalClock 类继承于 widget.TextView 类。DigitalClock 与 AnalogClock 不同，DigitalClock 是一个数字时钟，能够精确到秒，但却不能像 AnalogClock 模拟真实的钟表转动。

5.6.2　时钟控件使用实例

本节将通过一个实例来演示时钟控件的使用方法。在本实例中，界面上分别放置了一个 AnalogClock 控件与 DigitalClock 控件，让读者更加直观地理解 AnalogClock 控件与 DigitalClock 控件的区别。

本实例的开发步骤如下：

（1）新建项目 EX05_6。

（2）修改主 Activity 的布局文件 activity_main，编写代码如下：

```
01    <?xml version="1.0" encoding="utf-8"?>
02    <LinearLayout xmlns:android="http://schemas.android.com/apk/res/android"
03        android:orientation="vertical"
04        android:layout_width="match_parent"
05        android:layout_height="match_parent"
06        >
07        <DigitalClock
08        android:layout_width="match_parent"
09        android:layout_height="wrap_content"
10        android:textSize="19sp"
11        android:id="@+id/analogClock2"
12        />
13        <AnalogClock
14        android:layout_width="match_parent"
15        android:layout_height="wrap_content"
16        android:id="@+id/analogClock1"
17        />
18    </LinearLayout>
```

说明：

❑　第 7~12 行：声明了一个 DigitalClock。

❑　第 10 行：设置了 DigitalClock 控件的"android:textSize="19sp""，其意义为字体大小为 19sp。

❑　第 13~17 行：声明了一个 AnalogClock 控件。

本实例运行结果如图 5-6 所示。

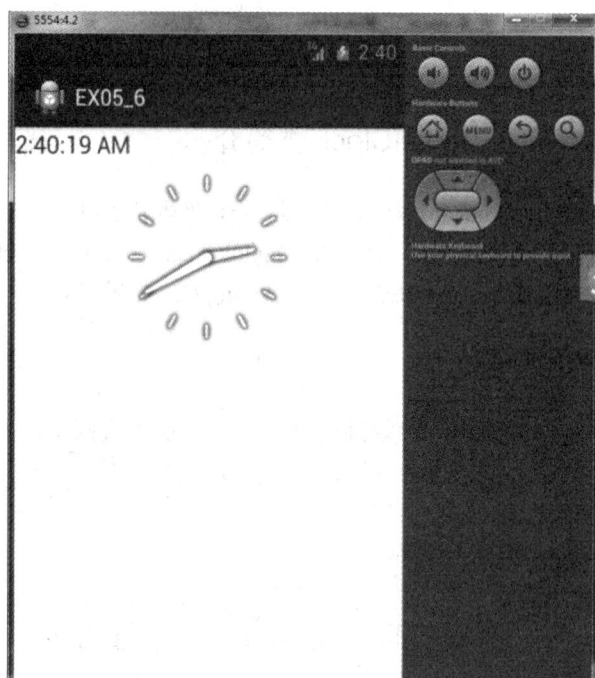

图 5-6　EX05_6 运行结果

5.7　日期时间控件

本节介绍的是日期与时间控件，首先会对 DatePicker 和 TimePicker 类进行介绍，然后会通过实例来说明如何在程序中使用日期和时间控件。

5.7.1　DatePicker 类简介

DatePicker 控件的主要功能是向用户提供包含年、月、日的日期数据，并允许用户对其进行选择，还可以为 DatePicker 增加 OnDateChangedListener 监听事件，获取用户修改的 DatePicker 控件的数据。其常用方法如表 5-7 所示。

表 5-7　DatePicker 常用方法

方 法 名 称	说　　明
getDayOfMonth()	获取日期天数
getMonth()	获取日期月份
getYear()	获取日期年份
setEnabled(boolean enabled)	设置控件是否可用
updateDate(int year, int month, int dayOfMonth)	根据传入的参数更新日期选择控件的各个属性值
init(year,monthOfYear,dayOfMonth,onDateChangedListener)	将日期传递给 DatePicker 初始化日期控件，同时增加 OnDateChangedListener 事件监听日期变化

注意

在 Android 中，日期中月份是从 0 开始的，所以在获取月份时 getMonth()需要加 1，才能得到实际的月份。

5.7.2　TimePicker 类简介

TimePicker 控件向用户显示一天中的时间，并允许用户进行选择，如果要捕获用户修改时间数据的事件，需要为 TimePicker 添加 OnTimeChangedListener 监听器。其常用方法如表 5-8 所示。

表 5-8　TimePicker 常用方法

方 法 名 称	说　　明
getCurrentHour()	获取时间选择控件的当前小时
getCurrentMinute()	获取时间选择控件的当前分钟
is24HourView()	判断控件是否为 24 小时制
setCurrentHour(Integer currentHour)	设置时间选择控件的当前小时
setCurrentMinute(Integer currentMinute)	设置时间选择控件的当前分钟
setEnabled(boolean enabled)	设置控件是否可用
setIs24HourView(Boolean is24HourView)	设置控件是否为 24 小时制
setOnTimeChangedListener(TimePicker.OnTimeChangedListener)	为时间选择控件添加 OnTimeChangedListener 监听器

5.7.3　日期时间控件使用实例

本节将通过一个实例来介绍日期时间控件的使用。在本实例中，在界面上分别放置一个 DatePicker 控件与 TimePicker 控件，然后通过两个 Button 控件来获取设置的日期与时间。

本实例的开发步骤如下：

（1）新建项目 EX05_7。

（2）修改主 Activity 的布局文件 activity_main.xml，编写代码如下：

```
01    <?xml version="1.0" encoding="utf-8"?>
02    <LinearLayout xmlns:android="http://schemas.android.com/apk/res/android"
03        android:orientation="vertical"
04        android:layout_width="match_parent"
05        android:layout_height="match_parent"
06        >
07    <DatePicker
08        android:id="@+id/datePicker1"
09        android:layout_width="wrap_content"
10        android:layout_height="wrap_content"
11    />
```

```
12      <Button
13          android:text="获取日期"
14          android:id="@+id/button1"
15          android:layout_width="wrap_content"
16          android:layout_height="wrap_content"
17          android:onClick="getDate"
18      />
19      <TimePicker
20          android:id="@+id/timePicker1"
21          android:layout_width="wrap_content"
22          android:layout_height="wrap_content"
23      />
24      <Button
25          android:text="获取时间"
26          android:id="@+id/button2"
27          android:layout_width="wrap_content"
28          android:layout_height="wrap_content"
29          android:onClick="getTime"
30      />
31  </LinearLayout>
```

说明：

- 第 7~11 行：声明了一个 DatePicker 控件。
- 第 8 行：定义 DatePicker 的 ID 为 datePicker1。
- 第 12~18 行：声明了一个 Button 控件，其宽高都是根据内容自适应，并且通过 android:onClick 属性添加了 getDate()方法。
- 第 19~23 行：声明了一个 TimePicker 控件。
- 第 20 行：定义 mePicker 的 ID 为 TimePicker1。
- 第 24~30 行：声明了一个 Button 控件，其宽高都是根据内容自适应，并且通过 android:onClick 属性添加了 getTime()方法。

（3）修改主 Activity 的类文件 MainActivity.java。在本 Activity 中，显示 DatePicker 控件与 TimePicker 控件，然后获取设置的日期与时间。编写代码如下：

```
01  package com.example.ex05_7;
02  import android.app.Activity;
03  import android.os.Bundle;
04  import android.view.View;
05  import android.widget.Button;
06  import android.widget.DatePicker;
07  import android.widget.TimePicker;
08  public class MainActivity extends Activity {
09      DatePicker dp;
10      TimePicker tp;
11      Button getdate,gettime;
12      public void onCreate(Bundle savedInstanceState) {
```

```
13          super.onCreate(savedInstanceState);
14          setContentView(R.layout. activity_main);
15          dp=(DatePicker) findViewById(R.id.datePicker1);
16          tp=(TimePicker) findViewById(R.id.timePicker1);
17          getdate=(Button) findViewById(R.id.button1);
18          gettime=(Button) findViewById(R.id.button2);
19      }
20      public void getDate(View v)
21      {
22       String date;
23       date=dp.getYear()+"年"+(dp.getMonth()+1)+"月"+dp.getDayOfMonth();
24       getdate.setText(date);
25      }
26    public void getTime(View v)
27      {
28       String time;
29       time=tp.getCurrentHour()+":"+tp.getCurrentMinute();
30       gettime.setText(time);
31      }
32    }
```

说明：
- 第 9 行：声明了一个 DatePicker 控件 dp。
- 第 10 行：声明了一个 TimePicker 控件 tp。
- 第 11 行：声明了两个 Button 控件对象 getdate 与 gettime。
- 第 15~18 行：通过 findViewById()获取 main.xml 布局文件中声明的 datePicker1、timePicker1、button1、button2。
- 第 20~25 行：为 Activity 添加 getDate()方法来对应 activity_main.xml 布局文件中"android:onClick="getDate""所声明的方法。
- 第 22 行：声明一个名为 date 的字符串变量来存储获取到的日期。
- 第 23 行：通过 getYear()、getMonth()和 getDayOfMonth()方法来获取用户在 DatePicker 中所设置的日期，并且存储在字符串变量 date 中。
- 第 24 行：通过 setText(text)方法来设置 Button 的 Text，以便显示用户设置的日期。
- 第 26~31 行：为 Activity 添加了 getTime()方法来对应 activity_main.xml 布局文件中"android:onClick="getTime""所声明的方法。
- 第 28 行：声明一个名为 time 的字符串变量来存储获取到的日期。
- 第 29 行：通过 getCurrentHour()和 getCurrentMinute()方法来获取用户在 TimePicker 中所设置的日期，并且存储在字符串变量 time 中。
- 第 30 行：通过 setText(text)方法来设置 Button 的 Text，以便显示用户设置的时间。

本实例运行结果如图 5-7 所示。

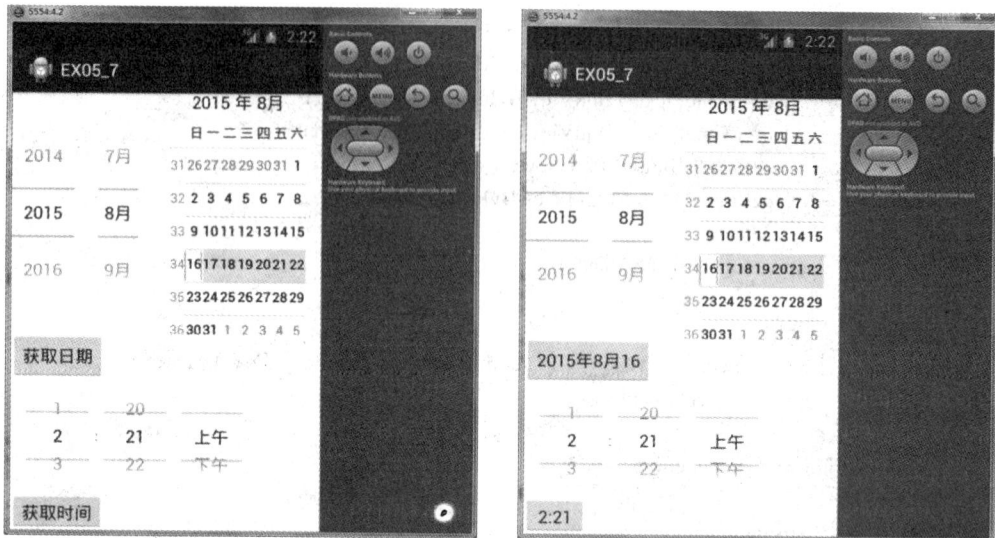

图 5-7　EX05_7 运行结果

5.8　习　　题

1．在 Android 应用程序中实现如下功能：在 TextView 控件中显示 EditText 控件所输入内容；通过 Button 命令按钮，更改 TextView 控件的文字及大小。

2．在 Android 应用程序中，设计具有背景图片的按钮，并且根据按钮的状态显示不同的背景图片。

3．设计一个图书选购程序，在该程序中，选中图书后，单击"确定"按钮后，在屏幕的下方显示所选择的图书。界面如图 5-8 所示。

4．设计一个相框应用程序，用于浏览照片，在界面上单击命令按钮，进行照片的切换。

5．设计一个 Android 程序，实现以下功能：

（1）在界面上显示数字和模拟时钟，默认显示手机的当前系统时间。

（2）通过日期、时间控件设置时间，并且在数字时钟和模拟时钟中显示。

图 5-8　图书选购程序

第**6**章

高级控件

【本章内容】

- ❏ 自动完成文本控件
- ❏ 下拉列表控件
- ❏ 滚动视图
- ❏ 列表视图
- ❏ 网格视图
- ❏ 进度条与滑块
- ❏ 选项卡
- ❏ 画廊控件

在第 5 章介绍了 Android 一些常用的基本控件，除了这些常用的控件之外，Android
还提供了一些功能更强大的控件。本章将通过实例对自动完成文本控件、下拉列表控件、
滚动视图、列表视图、网格视图、进度条与滑块、选项卡、画廊控件等高级控件进行介绍。

6.1 自动完成文本控件

在使用网络搜索引擎输入关键字时，只要输入几个文字，就会显示一些相关的关键字提
供选择。通过这一功能，可以减少用户的输入，提高用户体验。在 Android 中，这一功能可
以通过自动完成文本控件很轻松地完成。自动完成文本控件有两种：AutoCompleteTextView
与 MultiAutoCompleteTextView，两者之间的区别为：AutoCompleteTextView 每次只能选
择一个选项，而 MultiAutoCompleteTextView 可以选择多个选项。下面进行详细介绍。

6.1.1 AutoCompleteTextView 类简介

自动文本控件是一个当用户输入时显示自动完成建议的可编辑文本视图。自动完成建
议显示在一个下拉菜单，用户可以选择一个项目，以取代在编辑框中的内容。用户可以按
Esc 键或者 BackSpace 键取消下拉列表。

AutoCompleteTextView 继承于 android.widget.EditText 类。下面对该类的常用属性及
对应方法进行介绍，如表 6-1 所示。

表 6-1　AutoCompleteTextView 常用属性及对应方法

属　　性	对 应 方 法	说　　明
android:completionThreshold	setThreshold(int)	设置显示自动提示需要输入的字符数
android:dropDownHeight	setDropDownHeight(int)	设置下拉菜单的高度，建议使用默认值
android:dropDownWidth	setDropDownWidth(int)	设置下拉菜单的宽度，建议使用默认值
android:popupBackground	setDropDownBackgroundResource(int)	设置下拉菜单的背景

如果要使用自动完成文本控件，需要通过以下步骤：

（1）定义一个字符串数组。

（2）将此字符串数组放入数组适配器（ArrayAdapter）。

（3）利用 AutoCompleteTextView 的 setAdapter 的方法，将字符串数组加入到 AutoCompleteTextView 对象中，设置自动完成文本控件的适配器。

6.1.2　MultiAutoCompleteTextView 类简介

MultiAutoCompleteTextView 类继承于 AutoCompleteTextView 类，所以它的属性、方法与 AutoCompleteTextView 相类似，不再进行介绍。MultiAutoCompleteTextView 允许可以一次选择多个选项，所以在编程方法上与 AutoCompleteTextView 稍有不同，在设置完控件的适配器之后，必须提供一个 MultiAutoCompleteTextView.Tokenizer 用来区分不同的子串。

6.1.3　自动完成文本实例

本节将通过实例来演示自动完成文本控件的使用方法。本实例的开发步骤如下：

（1）创建项目 Ex06_1。

（2）修改主 Activity 的布局文件 activity_main.xml，编写代码如下：

```
01 <?xml version="1.0" encoding="utf-8"?>
02 <LinearLayout xmlns:android="http://schemas.android.com/apk/res/android"
03      android:orientation="vertical"
04      android:layout_width="fill_parent"
05      android:layout_height="fill_parent"
06      >
07 <TextView
08      android:layout_width="fill_parent"
09      android:layout_height="wrap_content"
10      android:text="这是一个自动完成文本框实例："
11      />
12 <AutoCompleteTextView
13      android:id="@+id/myAutoCompleteTextView"
14      android:layout_width="fill_parent"
```

```
15        android:layout_height="wrap_content"
16        android:hint="请输入您需要的城市名称"
17        android:completionHint="我知道的城市"
18        />
19  <MultiAutoCompleteTextView
20        android:id="@+id/myMulti"
21        android:layout_width="fill_parent"
22        android:layout_height="wrap_content"
23        />
24  </LinearLayout>
```

说明：

- ❑　第 2~6 行：对线性布局进行设置，布局方向为垂直方向，宽度和高度自适应父控件，即整个手机屏幕。
- ❑　第 7~11 行：在线性布局中添加一个 TextView 控件。
- ❑　第 12~18 行：在线性布局中添加一个单选自动完成文本控件，其 ID 为 myAutoCompleteTextView，第 16 行代码设置在没有控件没有输入任何内容时的提示文本。
- ❑　第 19~23 行：在线性布局中添加一个多选自动完成文本控件，其 ID 为 myMulti。

（3）修改主 Activity 的类文件 MainActivity.java，编写代码如下：

```
01  package com.example.ex06_1;
02  import android.app.Activity;
03  import android.os.Bundle;
04  import android.widget.ArrayAdapter;
05  import android.widget.AutoCompleteTextView;
06  import android.widget.MultiAutoCompleteTextView;
07  public class MainActivity extends Activity {
08      /** Called when the activity is first created. */
09      private String[] autoStr={"beijing","shanghai","shenzhen","xi'an"};
10      private AutoCompleteTextView myAutoTextView;
11      private MultiAutoCompleteTextView myMultiTextView;
12      @Override
13      public void onCreate(Bundle savedInstanceState) {
14        super.onCreate(savedInstanceState);
15        setContentView(R.layout.activity_main);
16        ArrayAdapter<String> ada=new ArrayAdapter<String>(this, android.R.layout.
                simple_dropdown_item_1line,autoStr);
17        myAutoTextView=(AutoCompleteTextView)findViewById(R.id.myAutoCompleteTextView);
18        myAutoTextView.setAdapter(ada);
19        myAutoTextView.setThreshold(1);
20        myMultiTextView=(MultiAutoCompleteTextView)findViewById(R.id.myMulti);
21        myMultiTextView.setAdapter(ada);
22        myMultiTextView.setTokenizer(new MultiAutoCompleteTextView.
                CommaTokenizer());
23        myMultiTextView.setThreshold(1);
24      }
25  }
```

说明：

- ❑ 第 2~6 行：说明本实例引入的类。
- ❑ 第 9 行：定义自动完成文本显示项目的数组，作为适配器的资源数组。
- ❑ 第 16 行：创建数组适配器。在创建适配器时，使用的是 Android 系统自带的简单布局 android.R.layout.simple_dropdown_item_1line，然后将第 9 行定义的资源数组作为适配器的数据源。
- ❑ 第 17~19 行：先得到单选自动完成文本控件的引用，然后设置其适配器为第 16 行所创建的适配器，并设置显示自动提示需要输入的字符数。
- ❑ 第 20~23 行：先得到多选自动完成文本控件的引用，然后设置其适配器为第 16 行所创建的适配器，并设置显示自动提示需要输入的字符数。

本实例运行后，在自动完成文本框中输入字母"s"，结果如图 6-1 和图 6-2 所示。

图 6-1 单选自动完成文本控件   图 6-2 多选自动完成文本控件

6.2 下拉列表控件

下拉列表是 Android 应用程序开发最常用的控件之一，用来从多个选项中选择一项，例如，城市的选择等。下面进行详细介绍。

6.2.1 Spinner 类简介

Spinner 位于 android.widget 包下。当用户单击该控件时，弹出选择列表供用户选择，并且只能选择其中一项，选择列表中的选项来自于该 Spinner 控件的适配器。Spinner 的常用方法如表 6-2 所示。

表 6-2 Spinner 类常用方法

属 性	说 明
setOnItemClickListener(AdapterView.OnItemClickListener listener)	当列表项被选中或者被单击时触发的事件
setOnItemSelectedListener(AdapterView.OnItemSelectedListener listener)	当列表项改变时所触发的事件
setOnItemLongClickListener(AdapterView.OnItemLongClickListener listener)	当列表项被长时间按住时所触发的事件

如果要使用下拉列表控件，需要通过以下步骤：

（1）先定义一个字符串数组。

（2）将此字符串数组放入数组适配器（ArrayAdapter）。

（3）利用 Spiner 的 setAdapter 的方法，将适配器加入到 Spinner 对象中，设置自动完成文本框的适配器。

6.2.2 下拉列表控件实例

本节将通过实例来演示自动完成文本框的使用方法。在本实例中，从下拉列表中选择一个城市，然后显示所选择的城市。本实例的开发步骤如下：

（1）创建项目 EX06_2。

（2）修改主 Activity 的布局文件 activity_main.xml，编写代码如下：

```
01 <?xml version="1.0" encoding="utf-8"?>
02<LinearLayout xmlns:android=http://schemas.android.com/apk/res/android
03     android:orientation="vertical"
04     android:layout_width="fill_parent"
05     android:layout_height="fill_parent"
06     >
07 <TextView
08     android:layout_width="fill_parent"
09     android:layout_height="wrap_content"
10     android:text="这是一个 Spinner 实例"
11     android:textSize="20px"
12     />
13 <TextView
14     android:id="@+id/tv"
15     android:layout_width="fill_parent"
16     android:layout_height="wrap_content"
17     android:text="请选择城市:"
18     android:textSize="20px"
19     />
20 <Spinner
21     android:id="@+id/citySpiner"
22     android:layout_width="fill_parent"
23     android:layout_height="wrap_content"
24     />
25 <TextView
```

```
26    android:id="@+id/cityResult"
27    android:layout_width="fill_parent"
28    android:layout_height="wrap_content"
29    android:textSize="20px"
30    />
31 </LinearLayout>
```

说明：

- 第 2~6 行：对线性布局进行设置，布局方向为垂直方向，宽度和高度自适应父控件，即整个手机屏幕。
- 第 7~12 行：在线性布局中添加一个 TextView 控件。
- 第 13~19 行：在线性布局中添加一个 TextView 控件，并设置其 ID 为 tv。
- 第 20~24 行：在线性布局中添加一个 Spinner 控件，其 ID 为 citySpiner。
- 第 25~30 行：在线性布局中添加一个 TextView 控件，其 ID 为 cityResult，并且设置该控件的字体大小为 20px。

（3）修改主 Activity 的类文件 MainActivity.java，编写代码如下：

```
01 package com.example.ex06_2;
02 import android.app.Activity;
03 import android.os.Bundle;
04 import android.view.View;
05 import android.widget.AdapterView;
06 import android.widget.ArrayAdapter;
07 import android.widget.Spinner;
08 import android.widget.TextView;
09 public class MainActivity extends Activity {
10    /** Called when the activity is first created. */
11    private TextView tv;
12    private Spinner citySpinner;
13    private String [] cityList={"北京","上海","天津","重庆","西安"};
14    @Override
15    public void onCreate(Bundle savedInstanceState) {
16      super.onCreate(savedInstanceState);
17      setContentView(R.layout. activity_main);
18      tv=(TextView)findViewById(R.id.cityResult);
19      citySpinner=(Spinner)findViewById(R.id.citySpiner);
20      ArrayAdapter<String> spinerAda=new ArrayAdapter<String>(this,
            android.R.layout.simple_spinner_item, cityList);
21      citySpinner.setAdapter(spinerAda);
22      citySpinner.setOnItemSelectedListener(new Spinner.OnItemSelectedListener()
23      {
24        @Override
25      public void onItemSelected(AdapterView<?> arg0, View arg1,int arg2, long arg3) {
26          tv.setText("你选择的城市是:"+cityList[arg2]);
27      }
28      @Override
29      public void onNothingSelected(AdapterView<?> arg0) {}
```

```
30          });
31      }
32  }
```

说明：

- ❑　第 13 行：定义 Spinner 要显示项目的数组，作为适配器的资源数组。
- ❑　第 18 行：获取 TextView 控件的引用。
- ❑　第 19 行：获取 Spinner 控件的引用。
- ❑　第 20 行：创建数组适配器。在创建适配器时，使用的是 Android 系统自带的简单布局 android.R.layout.simple_spinner_item，然后将第 13 行定义的资源数组传入。
- ❑　第 21 行：将 Spinner 控件适配器设置为第 20 行所创建的适配器。
- ❑　第 22~31 行：为 Spinner 控件添加 setOnItemSelectedListener 监听事件。其中第 25~28 行重写 onItemSelected()函数，在 TextView 中显示所选择的城市；第 29 行重写 onNothingSelected()函数，虽然该函数是一个空函数，但是不能省略。

本实例运行结果如图 6-3 所示，单击向下箭头后结果如图 6-4 所示。

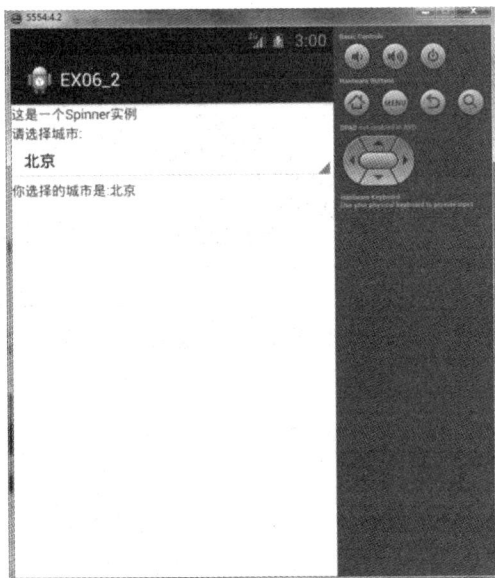

图 6-3　EX06_2 运行结果

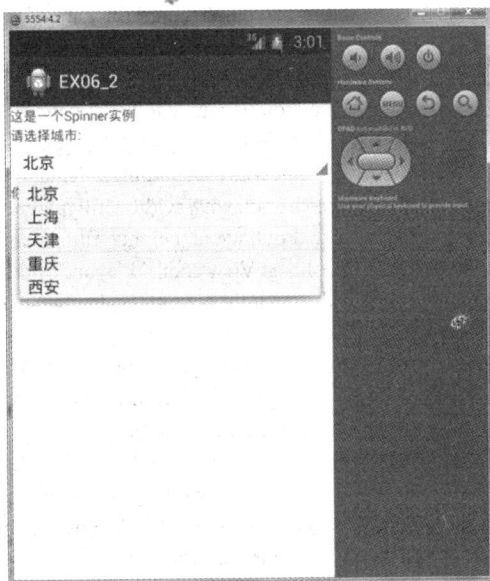

图 6-4　单击向下箭头

6.3　滚　动　视　图

当应用程序的界面上的控件比较多时，手机屏幕可能显示不下。此时，可以使用滚动视图 ScrollView 来滚动显示屏幕的控件。本节将通过实例介绍滚动视图的使用。

6.3.1　ScrollView 类介绍

滚动视图是一种可供用户滚动的层次结构布局容器，允许显示比实际多的内容。

ScrollView 类继承自 FrameLayout，所以需要在其上放置有滚动内容的子元素。子元素可以是一个复杂的对象的布局管理器，通常用的子元素是垂直方向的 LinearLayout。

TextView 类也有自己的滚动功能，所以不需要使用 ScrollView，但只有两者结合使用，才可以实现在一个较大的容器中一个文本视图滚动效果。

6.3.2　滚动视图实例

滚动视图可以在布局文件中进行配置，也可以通过 Java 代码进行设置。本节的实例将通过在布局文件中进行配置实现。本实例开发步骤如下：

（1）创建 Ex06_3 项目。

（2）修改主 Activity 的布局文件 activity_main.xml，编写代码如下：

```
01 <?xml version="1.0" encoding="utf-8"?>
02 <LinearLayout xmlns:android=http://schemas.android.com/apk/res/android
03     android:orientation="vertical"
04     android:layout_width="fill_parent"
05     android:layout_height="fill_parent"
06     >
07     <ScrollView
08         android:layout_width="match_parent"
09         android:layout_height="500px">
10         <LinearLayout android:orientation="vertical"
11         android:layout_width="fill_parent"
12         android:layout_height="fill_parent">
13         <ImageView android:layout_width="wrap_content"
14             android:layout_height="wrap_content"
15             android:src="@drawable/ic_launcher"
16             android:layout_gravity="center_horizontal"/>
17         <ImageView android:layout_width="wrap_content"
18             android:layout_height="wrap_content"
19             android:src="@drawable/ic_launcher"
20             android:layout_gravity="center_horizontal"/>
21         <ImageView android:layout_width="wrap_content"
22             android:layout_height="wrap_content"
23             android:src="@drawable/ic_launcher"
24             android:layout_gravity="center_horizontal"/>
25         <ImageView android:layout_width="wrap_content"
26             android:layout_height="wrap_content"
27             android:src="@drawable/ic_launcher"
28             android:layout_gravity="center_horizontal"/>
29         <ImageView android:layout_width="wrap_content"
30             android:layout_height="wrap_content"
31             android:src="@drawable/ic_launcher"
32             android:layout_gravity="center_horizontal"/>
33         <ImageView android:layout_width="wrap_content"
34             android:layout_height="wrap_content"
35             android:src="@drawable/ic_launcher"
```

Note

```
36          android:layout_gravity="center_horizontal"/>
37      <ImageView android:layout_width="wrap_content"
38          android:layout_height="wrap_content"
39          android:src="@drawable/ic_launcher"
40          android:layout_gravity="center_horizontal"/>
41      <ImageView android:layout_width="wrap_content"
42          android:layout_height="wrap_content"
43          android:src="@drawable/ic_launcher"
44          android:layout_gravity="center_horizontal"/>
45      <ImageView android:layout_width="wrap_content"
46          android:layout_height="wrap_content"
47          android:src="@drawable/ic_launcher"
48          android:layout_gravity="center_horizontal"/>
49      </LinearLayout>
50  </ScrollView>
51  <TextView
52      android:layout_width="wrap_content"
53      android:layout_height="wrap_content"
54      android:text="这是一个 ScrollView 示例" />
55  </LinearLayout>
```

说明：

❑　第7~9行：在主 Activity 中定义一个滚动视图，并定义滚动视图的大小。

❑　第13~16行：在线性布局中定义一个 ImageView 控件。

❑　第51~54行：定义一个 TextView 控件。

本实例运行结果如图6-5所示。

图6-5　Ex06_3运行结果

6.4 列 表 视 图

ListView 是 Android 应用程序开发中常用的一个控件，它可以根据屏幕的大小，把具体的内容以列表的形式显示出来，例如电话本，通话记录等。本节将对列表视图 ListView 进行介绍，并通过实例来演示列表视图的使用方法。

6.4.1 ListView 类简介

ListView 类位于 android.widget 包下，是一种列表视图，用于将适配器所提供的内容显示在一个垂直且可滚动的列表中。下面对 ListView 的常用属性、对应方法以及常用方法进行介绍，如表 6-3 和表 6-4 所示。

表 6-3　ListView 常用属性及对应方法

属　　性	相 关 方 法	说　　明
android:choiceMode	setChoiceMode(int choiceMode)	规定此 ListView 所使用的选择模式。默认状态下，list 没有选择模式。属性值必须设置为下列常量之一：none，值为 0，表示无选择模式；singleChoice，值为 1，表示最多可以有一项被选中；multipleChoice，值为 2，表示可以多项被选中
android:divider	setDivider(Drawable divider)	规定 List 项目之间用某个图形或颜色来分隔，也可以用 "#rgb"、"#argb"、"#rrggbb" 或者 "#aarrggbb" 的格式来表示某个颜色
android:dividerHeight	setDividerHeight(int height)	分隔符的高度。若没有指明高度，则用此分隔符固有的高度

表 6-4　ListView 类常用方法

属　　性	说　　明
setOnItemClickListener(AdapterView.OnItemClickListener listener)	当列表项被选中或者被单击时触发的事件
setOnItemSelectedListener(AdapterView.OnItemSelectedListener listener)	当列表项改变时所触发的事件
setOnItemLongClickListener(AdapterView.OnItemLongClickListener listener)	当列表项被长时间按住时所触发的事件

ListView 使用需要 3 个元素。

❑　ListVeiw：用来展示列表的 View。

❑　适配器：用来把数据映射到 ListView 上的中介。

❑　数据：具体的将被映射的字符串、图片或者基本组件。

根据列表的适配器类型，列表分为 3 种：ArrayAdapter、SimpleAdapter 和 SimpleCursorAdapter。其中以 ArrayAdapter 最为简单，只能展示一行文字；SimpleAdapter 有最好的扩充性，可以定义各种各样的布局出来，可以放上 ImageView（图片），还可以放上 Button（按钮）、CheckBox（复选框）等控件。SimpleCursorAdapter 可以认为是 SimpleAdapter 对数据库的简单结合，可以方便地把数据库的内容以列表的形式展示出来。

6.4.2 列表视图实例

在 6.4.1 节中，介绍了 ListView 有 3 种适配器。本节将通过介绍 3 种不同适配器的使用来介绍列表视图的使用方法。在本节的实例中，在主界面中，设计 3 个命令按钮，单击不同的命令按钮，跳转到不同的 Activity 中，显示不同的 ListView。在每一个 ListView 中，介绍一种适配器的使用方法。

本实例的开发步骤如下：

（1）创建项目 EX06_4。

（2）修改主 Activity 的布局文件 activity_main.xml，编写代码如下：

```
01  <?xml version="1.0" encoding="utf-8"?>
02  <LinearLayout xmlns:android="http://schemas.android.com/apk/res/android"
03      android:orientation="vertical"
04      android:layout_width="fill_parent"
05      android:layout_height="fill_parent"
06      >
07  <TextView
08      android:layout_width="fill_parent"
09      android:layout_height="wrap_content"
10      android:text="这是一个列表视图 ListView 的实例"
11      android:textSize="20px"
12      />
13  <Button
14      android:id="@+id/ArrayAdapter"
15      android:layout_width="fill_parent"
16      android:layout_height="wrap_content"
17      android:text="ArrayAdapter"
18      />
19  <Button
20      android:id="@+id/SimpleAdapter"
21      android:layout_width="fill_parent"
22      android:layout_height="wrap_content"
23      android:text="SimpleAdapter"
24      />
25  <Button
26      android:id="@+id/SimpleCursorAdapter"
27      android:layout_width="fill_parent"
28      android:layout_height="wrap_content"
29      android:text="SimpleCursorAdapter"
30      />
31  </LinearLayout>
```

说明：

❑ 第 2~6 行：定义一个纵向的线性视图，并定义其大小。

❑ 第 7~12 行：定义一个 TextView 控件，并定义其大小、文本及字体大小。

❑ 第 13~18、19~24、25~30 行：分别定义 3 个 Button 控件，对应 ID 分别为 ArrayAdapter、
SimpleAdapter 和 SimpleCursorAdapter。

（3）为了显示其他 3 个 Activity，依次增加 4 个布局文件：arrayadapter.xml、
simpleadapter.xml、simplecursoradapter.xml 和 list.xml 文件，用于演示 ListView 中 3 种适配
器的使用方法，依次编写代码如下：

① arrayadapter.xml 文件。

```
01 <?xml version="1.0" encoding="utf-8"?>
02 <LinearLayout xmlns:android="http://schemas.android.com/apk/res/android"
03     android:orientation="vertical"
04     android:layout_width="fill_parent"
05     android:layout_height="fill_parent"
06     >
07 <TextView
08     android:layout_width="fill_parent"
09     android:layout_height="wrap_content"
10     android:text="这是一个 ArrayAdapter 的实例"
11     android:textSize="20px"
12     />
13 <ListView
14     android:id="@+id/arrayList"
15     android:layout_width="fill_parent"
16     android:layout_height="fill_parent"
17     android:divider="#555555"
18     android:dividerHeight="5px"
19     />
20 </LinearLayout>
```

说明：

❑ 第 2~6 行：定义一个纵向的线性布局，并定义其大小。

❑ 第 7~12 行：定义一个 TextView 控件，并定义其大小、文本及字体大小。

❑ 第 13~19 行：定义一个 ListView，并定义其大小，ID 为 arrayList；第 17 行定义
List 项目之间的分隔颜色为"#555555"；第 18 行定义高度为 5 个像素。

② simpleadapter.xml 文件。

```
01 <?xml version="1.0" encoding="utf-8"?>
02 <LinearLayout xmlns:android="http://schemas.android.com/apk/res/android"
03     android:orientation="vertical"
04     android:layout_width="fill_parent"
05     android:layout_height="fill_parent"
06     >
07 <TextView
08     android:layout_width="fill_parent"
09     android:layout_height="wrap_content"
10     android:text="这是一个 SimpleAdapter 的实例"
11     android:textSize="20px"
```

```
12      />
13 <ListView
14      android:id="@+id/simpleAdapterList"
15      android:layout_width="fill_parent"
16      android:layout_height="fill_parent"
17      android:divider="#555555"
18      android:dividerHeight="5px"
19      />
20 </LinearLayout>
```

说明：

- ❑ 第 2~6 行：定义一个纵向的线性布局，并定义其大小。
- ❑ 第 7~12 行：定义一个 TextView 控件，并定义其大小、文本及字体大小。
- ❑ 第 13~19 行：定义一个 ListView，并定义其大小，ID 为 simpleAdapterList；第 17 行定义 List 项目之间的分隔颜色为"#555555"；第 18 行定义高度为 5 个像素。

③ simplecursoradapter.xml 文件。

```
01 <?xml version="1.0" encoding="utf-8"?>
02 <LinearLayout xmlns:android="http://schemas.android.com/apk/res/android"
03      android:orientation="vertical"
04      android:layout_width="fill_parent"
05      android:layout_height="fill_parent"
06      >
07 <TextView
08      android:layout_width="fill_parent"
09      android:layout_height="wrap_content"
10      android:text="这是一个 SimpleCursorAdapter 的实例"
11      android:textSize="18px"
12      />
13 <ListView
14      android:id="@+id/ simpleCursorAdapterList "
15      android:layout_width="fill_parent"
16      android:layout_height="fill_parent"
17      android:divider="#555555"
18      android:dividerHeight="5px"
19      />
20 </LinearLayout>
```

说明：

- ❑ 第 2~6 行：定义一个纵向的线性布局，并定义其大小。
- ❑ 第 7~12 行：定义一个 TextView 控件，并定义其大小、文本及字体大小。
- ❑ 第 13~19 行：定义一个 ListView，并定义其大小，ID 为 simpleCursorAdapterList；第 17 行定义 List 项目之间的分隔颜色为"#555555"；第 18 行定义高度为 5 个像素。

④ list.xml 文件，本布局文件主要用于在 simpleadapter.xml 中显示每一个 item 的数据。

```
01 <?xml version="1.0" encoding="utf-8"?>
02 <LinearLayout
```

```
03    xmlns:android="http://schemas.android.com/apk/res/android"
04    android:orientation="horizontal"    android:layout_width="fill_parent"
05    android:layout_height="fill_parent">
06    <TextView
07      android:id="@+id/name"
08      android:layout_width="wrap_content"
09      android:layout_height="wrap_content"
10      />
11    <TextView
12      android:id="@+id/phone"
13      android:layout_width="fill_parent"
14      android:layout_height="wrap_content"
15      android:gravity="right"
16      />
17    </LinearLayout>
```

说明：

❑　第2~5行：定义一个横向的线性布局，并定义其大小。

❑　第6~10行：定义一个 TextView 控件，并定义其大小，其 ID 为 name。

❑　第11~16行：定义一个 TextView 控件，并定义其大小，其 ID 为 phone。

（4）修改主 Activity 的类文件 MainActivity.java，在本类中，主要通过单击不同的命令按钮，显示不同的 Activity。编写代码如下：

```
01 package com.example.Ex06_4;
02 import android.app.Activity;
03 import android.content.Intent;
04 import android.os.Bundle;
05 import android.view.View;
06 import android.widget.Button;
07 public class MainActivity extends Activity {
08    /** Called when the activity is first created. */
09    Button bt_ArrayAdapter;
10    Button bt_SimpleAdapter;
11    Button bt_SimpleCursorAdapter;
12    @Override
13    public void onCreate(Bundle savedInstanceState) {
14      super.onCreate(savedInstanceState);
15      setContentView(R.layout. activity_main);
16      bt_ArrayAdapter=(Button)findViewById(R.id.ArrayAdapter);
17      bt_SimpleAdapter=(Button)findViewById(R.id.SimpleAdapter);
18      bt_SimpleCursorAdapter=(Button)findViewById(R.id.SimpleCursorAdapter);
19      bt_ArrayAdapter.setOnClickListener(new Button.OnClickListener()
20      {
21        @Override
22        public void onClick(View v) {
23          Intent intent=new Intent();
24          intent.setClass(MainActivity.this, arrayAdapter.class);
25          startActivity(intent);
```

```
26        }
27    });
28    bt_SimpleAdapter.setOnClickListener(new Button.OnClickListener()
29    {
30      @Override
31      public void onClick(View v) {
32        Intent intent=new Intent();
33        intent.setClass(MainActivity.this, simpleAdapter.class);
34        startActivity(intent);
35      }
36    });
37    bt_SimpleCursorAdapter.setOnClickListener(new Button.OnClickListener()
38    {
39      @Override
40      public void onClick(View v) {
41        Intent intent=new Intent();
42        intent.setClass(MainActivity.this, simpleCursorAdapter.class);
43        startActivity(intent);
44      }
45    });
46  }
47 }
```

说明：

❑ 第 9~10 行：声明 3 个 Button 类对象：bt_ArrayAdapter、bt_SimpleAdapter 和 bt_SimpleCursorAdapter。

❑ 第 16~18 行：分别获取 ArrayAdapter、SimpleAdapter、SimpleCursorAdapter 控件的引用。

❑ 第 19~27 行：为 bt_ArrayAdapter 增加单击监听事件，用于跳转 arrayAdapter 页面。

❑ 第 28~36 行：为 bt_SimpleAdapter 增加单击监听事件，用于跳转 arrayAdapter 页面。

❑ 第 37~45 行：为 bt_SimpleCursorAdapter 增加单击监听事件，用于跳转 simpleCursorAdapter 页面。

（5）增加 arrayAdapter 类文件 arrayAdapter.java，在这个类中，主要演示 ArrayAdapter 的使用方法。编写代码如下：

```
01 package com.example.ex06_4;
02
03 import android.app.Activity;
04 import android.os.Bundle;
05 import android.view.View;
06 import android.widget.AdapterView;
07 import android.widget.ArrayAdapter;
08 import android.widget.ListView;
09 import android.widget.TextView;
10 import android.widget.AdapterView.OnItemClickListener;
11 public class arrayAdapter extends Activity {
12    /** Called when the activity is first created. */
```

```
13    ListView listview;
14    ArrayAdapter<String> adapter;
15    TextView tvContent;
16    @Override
17    public void onCreate(Bundle savedInstanceState) {
18        super.onCreate(savedInstanceState);
19        setContentView(R.layout.arrayadapter);
20        listview=(ListView)findViewById(R.id.arrayList);
21        final String[] weekList={"星期一","星期二","星期三","星期四","星期五","星期六","星期七"};
22        adapter=new ArrayAdapter<String>(this, android.R.layout.simple_list_item_1,weekList);
23        listview.setAdapter(adapter);
24        listview.setOnItemClickListener(new OnItemClickListener(){
25            @Override
26            public void onItemClick(AdapterView<?> arg0,View v, int position,long id) {
27                tvContent=(TextView)findViewById(R.id.tvContent);
28                tvContent.setText("你选择的是："+weekList[position]);
29            }
30        });
31    }
32 }
```

说明：

❑ 第 13 行：声明一个 ListView 对象。

❑ 第 14 行：声明一个字符串适配器对象。

❑ 第 15 行：声明一个 TextView 对象。

❑ 第 19 行：设置 Activity 的布局文件为 arrayadapter。

❑ 第 20 行：获取 arrayList 控件的引用。

❑ 第 21 行：定义 weekList 字符串数组。

❑ 第 22 行：创建数组适配器。在创建适配器时，使用的是 Android 系统自带的简单布局 android.R.layout.simple_list_item_1，然后将第 21 行定义的字符串数组传入作为适配器的数据源。

❑ 第 23 行：设置 ListView 控件适配器为第 22 行所创建的适配器。

❑ 第 24 行：为 ListView 控件设置单击监听事件，作用是在 TextView 中显示所单击的 Item 内容。

（6）增加 simpleAdapter 类文件 simpleAdapter.java。在这个类中，通过将手机的通讯录显示在 ListView 中，来演示 simpleAdapter 的使用方法。为了能够显示程序运行结果，读者需要提前在 Android 虚拟机中增加几条联系人信息。编写代码如下：

```
01 package com.example.Ex06_4;
02 import java.util.ArrayList;
03 import java.util.HashMap;
04 import java.util.List;
05 import java.util.Map;
06 import android.app.Activity;
07 import android.database.Cursor;
08 import android.os.Bundle;
```

```
09 import android.provider.ContactsContract;
10 import android.provider.ContactsContract.PhoneLookup;
11 import android.widget.ListView;
12 import android.widget.SimpleAdapter;
13 public class simpleAdapter extends Activity {
14     /** Called when the activity is first created. */
15     @Override
16     public void onCreate(Bundle savedInstanceState) {
17     super.onCreate(savedInstanceState);
18     setContentView(R.layout.simpleadapter);
19     ListView listView=(ListView)findViewById(R.id.arrayList);
20      Cursor cursor = getContentResolver()
                .query(ContactsContract.Contacts.CONTENT_URI, null, null, null, null);
21     startManagingCursor(cursor);
22     List<Map<String, Object>> phoneList = new ArrayList<Map<String, Object>>();
23     while (cursor.moveToNext())
24     { String PhoneInfo="";
25       Map<String, Object> map = new HashMap<String, Object>();
26       int nameFieldColumnIndex = cursor.getColumnIndex(PhoneLookup.DISPLAY_NAME);
27       String name = cursor.getString(nameFieldColumnIndex);
28       map.put("name", name);
29       String contactId = cursor.getString(cursor.getColumnIndex(ContactsContract.Contacts._ID));
30       Cursor phone = getContentResolver().query
                (ContactsContract.CommonDataKinds.Phone.CONTENT_URI, null,
                ContactsContract.CommonDataKinds.Phone.CONTACT_ID + " = "
31              + contactId, null, null);
32       while (phone.moveToNext())
33       {
34           String strPhoneNumber = phone.getString
                (phone.getColumnIndex(ContactsContract.CommonDataKinds.Phone.NUMBER));
35           PhoneInfo += strPhoneNumber+"\n";
36       }
37       map.put("phone", PhoneInfo);
38       phone.close();
39       phoneList.add(map);
40     }
41     cursor.close();
42     SimpleAdapter listAdapter = new SimpleAdapter(this,phoneList,R.layout.list,
                new String[]{"name","phone"},new int[]{R.id.name,R.id.phone});
43     listView.setAdapter(listAdapter);
44     }
45 }
```

说明：

❑ 第 18 行：设置 Activity 的布局文件为 simpleadapter。

❑ 第 19 行：获取 arrayList 控件的引用。

❑ 第 20 行：定义游标，用于获取手机的通讯录。在数据处理中，Android 经常会使用 Content Provider 的方式。Content Provider 使用 Uri 实例作为句柄的数据封装，很方便地进行数据的增、删、改、查的操作。Android 并不提供所有应用共享的数据存储，采用 ContentProvider，可以提供简单便捷的接口来保持和获取数据，也可以实现跨应用的数据访问。简单地说，Android 通过 ContentProvider 从数据的封装中获取信息。GetContentResolver()函数则是通过 ContentProvider 提供的 URI 接口来获取里面封装的数据。ContactsContract.Contacts.CONTENT_URI 为联系人数据库提供的 URI。ContentProvider 具体使用方法将在后面章节进行介绍。

- ❑ 第 21 行：打开游标访问联系人数据库，该函数的作用是让 Activity 自身来管理游标。
- ❑ 第 22 行：定义一个 Map 类型的列表，用于存放从联系人数据库读取出的联系人信息。
- ❑ 第 23~40 行：从联系人数据库读取联系人信息。第 23 行，使用游标进行循环，读取联系人信息。第 25 行，定义一个哈希表。第 26、27 行获取联系人姓名。第 28 行，将联系人姓名放入哈希表中 name 一列。第 29 行获取联系人的 ID。第 30~36 行获取某联系人的联系电话，因为一个人可能有多个联系电话，所以用一个游标进行循环，遍历该联系人的所有联系电话。第 34 行获取每一个联系电话。第 35 行将该联系人的联系电话连接成一个字符串。第 37 行将联系电话放入哈希表的 phone 一列。第 38 行关闭 phone 游标。第 39 行将哈希表放入 phoneList 列表。
- ❑ 第 41 行：关闭外层循环的游标。
- ❑ 第 42 行：定义一个 SimpleAdapter 适配器。将上面生成的 phoneList 作为该适配器的数据源，采用 R.layout.list 作为 ListItem 的 XML 实现，“String[]{"name", "phone"},new int[]{R.id.name,R.id.phone}” 定义动态数组与 ListItem 对应的子项。
- ❑ 第 43 行：将 ListView 的适配器设置为第 42 行定义的适配器。

（7）增加 simpleCursorAdapter 类文件 simpleCursorAdapter.java。在这个类中，通过将手机的通讯录显示在 ListView 中，来演示 simpleCursorAdapter 的使用方法。编写代码如下：

```
01 package com.example.Ex06_4;
02 import android.app.Activity;
03 import android.database.Cursor;
04 import android.os.Bundle;
05 import android.provider.ContactsContract;
06 import android.widget.ListAdapter;
07 import android.widget.ListView;
08 import android.widget.SimpleCursorAdapter;
09 public class simpleCursorAdapter extends Activity {
10    /** Called when the activity is first created. */
11    @Override
12    public void onCreate(Bundle savedInstanceState) {
13       super.onCreate(savedInstanceState);
14       setContentView(R.layout.simplecursoradapter);
15       ListView listView=(ListView)findViewById(R.id.arrayList);
```

```
16        Cursor cursor = getContentResolver().query
                  (ContactsContract.Contacts.CONTENT_URI, null, null, null, null);
17        startManagingCursor(cursor);
18        ListAdapter listAdapter = new SimpleCursorAdapter
                  (this,android.R.layout.simple_expandable_list_item_1,cursor,
                  new String[]{ContactsContract.PhoneLookup.DISPLAY_NAME},
                  new int[]{android.R.id.text1});
19        listView.setAdapter(listAdapter);
20    }
21 }
```

说明：

- ❑ 第 14 行：设置 Activity 的布局文件为 simplecursoradapter。
- ❑ 第 15 行：获取 arrayList 控件的引用。
- ❑ 第 16 行：定义游标，用于获取手机的通讯录。
- ❑ 第 17 行：打开游标访问联系人数据库。
- ❑ 第 18 行：定义一个 SimpleCursorAdapter 适配器。第二个参数使用 Android 系统提供的布局 android.R.layout.simple_expandable_list_item_1，第三个参数用第 16 行定义的游标作为该适配器的数据源，第四个参数定义在 ListItem 要显示的内容为联系人的姓名，第五个参数定义一个 TextView 用来显示 Contacts.DISPLAY_NAME 的值。
- ❑ 第 19 行：将 ListView 的适配器设置为第 18 行定义的适配器。

（8）修改 AndroidManifest.xml 文件，编写代码如下：

```
01 <?xml version="1.0" encoding="utf-8"?>
02 <manifest xmlns:android="http://schemas.android.com/apk/res/android"
03        package="wyq.Ex06_4"
04        android:versionCode="1"
05        android:versionName="1.0">
06        <application android:icon="@drawable/icon" android:label="@string/app_name">
07        <activity android:name=".MainActivity" android:label="@string/app_name">
08
09          <intent-filter>
10            <action android:name="android.intent.action.MAIN" />
11            <category android:name="android.intent.category.LAUNCHER" />
12          </intent-filter>
13        </activity>
14        <activity android:name=".arrayAdapter"
15            android:label="@string/app_name">
16        </activity>
17        <activity android:name=".simpleAdapter"
18            android:label="@string/app_name">
19        </activity>
20        <activity android:name=".simpleCursorAdapter"
21            android:label="@string/app_name">
22        </activity>
23    </application>
24    <uses-permission
```

```
            android:name="android.permission.READ_CONTACTS"></uses-permission>
25      <uses-sdk android:minSdkVersion="5" />
26 </manifest>
```

说明：

- 第 7~13 行：配置该程序启动的第一个 Activity。
- 第 14~16、17~19、10~22 行：配置程序中其他的 Activity。
- 第 24 行：设置本程序的访问权限。因为本程序要访问手机的电话簿，所以需要 READ_CONTACTS 权限。

本实例运行结果如图 6-6~图 6-9 所示。

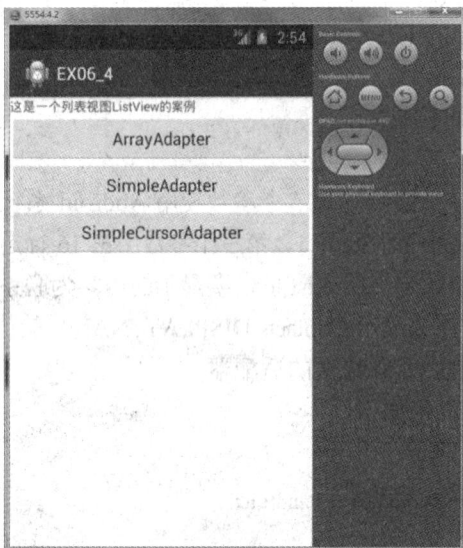

图 6-6　EX06_4 运行结果

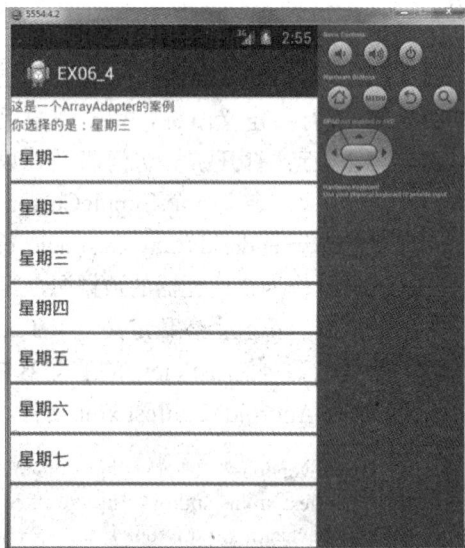

图 6-7　ArrayAdapter 适配器

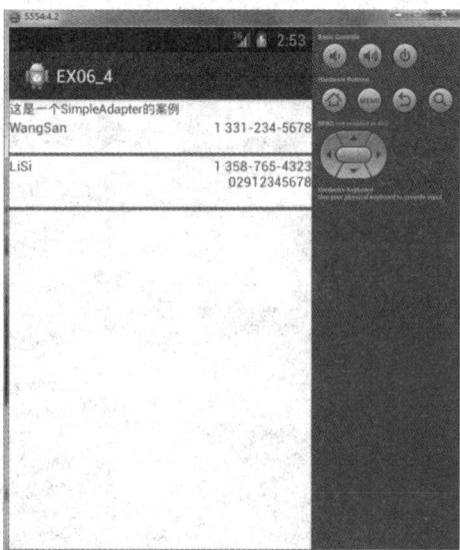

图 6-8　SimpleAdapter 适配器

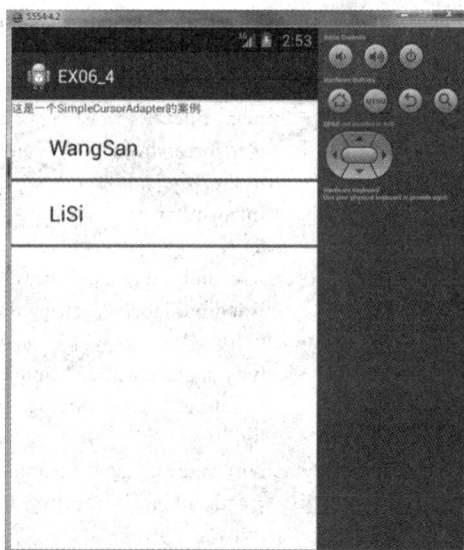

图 6-9　SimpleCursorAdapter 适配器

6.5　网　格　视　图

6.4 节介绍了 ListView 列表视图，本节介绍另外一种视图：GridView 网格视图。

6.5.1　GridView 类简介

该类位于 android.widget 包下。GridView 是一个在平面上可显示多个条目的可滚动的视图组件，该视图可以将其他控件以二维格式显示在表格中。该组件中的条目通过一个 ListAdapter 和该组件进行关联。下面介绍该类一些常用的属性及对应方法，如表 6-5 所示，常用方法如表 6-6 所示。

表 6-5　GridView 常用属性及对应方法

属 性 名 称	对 应 方 法	说　　明
android:columnWidth	setColumnWidth(int)	设置列的宽度
android:gravity	setGravity(int gravity)	设置此组件的内容在组件中的位置,可选的值有 top、bottom、left、right、center_vertical、fill_vertical、center_horizontal、fill_horizontal、center、fill、clip_vertical，可以多选，用"|"分开
android:horizontalSpacing	setHorizontalSpacing(int)	两列之间的间距
android:numColumns	setNumColumns(int)	列数
android:stretchMode	setStretchMode(int)	缩放模式

表 6-6　GridView 类常用方法

属　　性	说　　明
setOnItemClickListener(AdapterView.OnItemClickListener listener)	当列表项被选中或者被单击时触发的事件
setOnItemSelectedListener(AdapterView.OnItemSelectedListener listener)	当列表项改变时所触发的事件
setOnItemLongClickListener(AdapterView.OnItemLongClickListener listener)	当列表项被长时间按住时所触发的事件

6.5.2　GridView 使用实例

网格视图可以在布局文件中进行配置，也可以通过 Java 代码进行设置。本节的实例将通过在布局文件中进行配置实现。在本实例中，将使用 GridView 显示一个丛书列表，并且显示在列表中单击的书目。本实例开发步骤如下：

（1）创建项目 EX06_5。

（2）修改主 Activity 的布局文件 activity_main.xml，编写代码如下：

```
01 <?xml version="1.0" encoding="utf-8"?>
02 <LinearLayout xmlns:android="http://schemas.android.com/apk/res/android"
```

```
03    android:orientation="vertical"
04    android:layout_width="fill_parent"
05    android:layout_height="fill_parent"
06    >
07 <TextView
08    android:layout_width="fill_parent"
09    android:layout_height="wrap_content"
10    android:text="这是一个 Gridview 网格视图的实例"
11    android:textSize="20px"
12    />
13 <TextView
14    android:id="@+id/tv"
15    android:layout_width="fill_parent"
16    android:layout_height="wrap_content"
17    android:textSize="15px"
18    />
19 <GridView
20    android:id="@+id/gridview"
21    android:layout_width="fill_parent"
22    android:layout_height="fill_parent"
23    android:numColumns="1"
24    android:verticalSpacing="10dp"
25    android:horizontalSpacing="10dp"
26    android:stretchMode="columnWidth"
27    />
28 </LinearLayout>
```

说明：

❑ 第 2~6 行：定义一个纵向的线性布局及其大小。

❑ 第 7~12 行：定义一个 TextView 控件，并定义其大小、文本和字体大小。

❑ 第 13~18 行：定义一个 TextView 控件，其 ID 为 tv，并定义其大小和字体大小。

❑ 第 19~27 行：定义一个 GridView 控件，其 ID 为 gridview，并定义其大小。第 23
行定义 GridView 的列数，第 24 行定义 GridView 的两行之间的间距，第 25 行定
义 GridView 的两列之间的间距，第 26 行定义 GridView 的缩放模式。

（3）增加 griditem.xml 文件，编写代码如下：

```
01 <?xml version="1.0" encoding="utf-8"?>
02 <LinearLayout
03    xmlns:android="http://schemas.android.com/apk/res/android"
04    android:layout_height="wrap_content"
05    android:layout_width="fill_parent"
06    android:orientation="horizontal"
07    >
08    <ImageView
09        android:layout_height="wrap_content"
10        android:id="@+id/ItemImage"
11        android:layout_width="wrap_content"
12        android:layout_centerHorizontal="true"
```

```
13              />
14      <TextView
15              android:layout_width="fill_parent"
16              android:layout_height="wrap_content"
17              android:id="@+id/ItemText"
18              android:textSize="15px"
19              android:layout_centerHorizontal="true"
20              />
21  </LinearLayout>
```

说明：

- ❏ 第 2~7 行：定义一个水平方向的线性列表，并定义其大小。
- ❏ 第 8~13 行：定义一个 ImageView 控件，其 ID 为 ItemImage，对齐方式为水平居中。
- ❏ 第 14~20 行：定义一个 TextView 控件，并定义其大小和字体大小，ID 为 ItemText，对齐方式为水平居中。

（4）修改 string.xml 文件，用来存放图片的说明文字，编写代码如下：

```
01  <?xml version="1.0" encoding="utf-8"?>
02  <resources>
03      <string name="app_name">EX06_5</string>
04      <string name="action_settings">Settings</string>
05      <string name="hello_world">Hello world!</string>
06      <string name="a">疯狂 Android 讲义</string>
07      <string name="b">精通 Android 3</string>
08      <string name="c">Google Android 开发入门指南</string>
09      <string name="d">Android 技术内幕:系统卷</string>
10      <string name="e">深入理解 Android(卷 1)</string>
11      <string name="f">Android 应用开发揭秘</string>
12  </resources>
```

（5）修改主 Acitivity 的类文件 MainActivity.java，编写代码如下：

```
01  package com.example.EX06_5;
02
03  import java.util.ArrayList;
04  import java.util.HashMap;
05  import java.util.List;
06  import java.util.Map;
07
08  import android.app.Activity;
09  import android.os.Bundle;
10  import android.view.View;
11  import android.widget.AdapterView;
12  import android.widget.AdapterView.OnItemClickListener;
13  import android.widget.GridView;
14  import android.widget.LinearLayout;
15  import android.widget.SimpleAdapter;
```

```
16 import android.widget.TextView;
17
18 public class MainActivity extends Activity {
19     /** Called when the activity is first created. */
20     private TextView tv;
21     private GridView gv;
22     private List<Map<String, Object>> bookList ;
23     @Override
24     public void onCreate(Bundle savedInstanceState) {
25         super.onCreate(savedInstanceState);
26         setContentView(R.layout .activity_main);
27
28         gv=(GridView)findViewById(R.id.gridview);
29
30         int[]picIDs={R.drawable.a,R.drawable.b,R.drawable.c,R.drawable.d,R.drawable.e,R.drawable.f};
31         int[]bookIDs={R.string.a,R.string.b,R.string.c,R.string.d,R.string.e,R.string.f};
32         int rowCnt=picIDs.length;
33         bookList = new ArrayList<Map<String, Object>>();
34         for(int i=0;i<rowCnt;i++)
35         {
36             HashMap<String, Object> map = new HashMap<String, Object>();
37             map.put("picCol", picIDs[i]);
38             map.put("bookCol", this.getResources().getString(bookIDs[i]));
39             bookList.add(map);
40         }
41         SimpleAdapter ada=new SimpleAdapter(this,bookList,R.layout.griditem,
            new String[]{"picCol","bookCol"},new int[]{R.id.ItemImage,R.id.ItemText});
42         gv.setAdapter(ada);
43         gv.setOnItemClickListener(new OnItemClickListener()
44         {
45             @Override
46             public void onItemClick(AdapterView<?> arg0, View arg1, int arg2, long arg3){
47                 // TODO Auto-generated method stub
48                 tv=(TextView)findViewById(R.id.tv);
49                 LinearLayout l1=(LinearLayout)arg1;
50                 TextView t1=(TextView)l1.getChildAt(1);
51                 String str="你选择的书为： "+t1.getText().toString();
52                 tv.setText(str);
53             }
54
55         });
56     }
57 }
```

说明：

❑ 第 20 行：定义 TextView 对象。

❑ 第 21 行：定义 GridView 对象。

❑ 第 22 行：定义 HashMap 列表对象。

- 第 28 行：获取 gridview 控件的引用。
- 第 30 行：定义图片 Id 数组。
- 第 31 行：定义书名 ID 列表。
- 第 24~40 行：将图书信息放入 HashMap 列表中。第 38 行"getResources().getString(bookIDs[i])"用于获取图书的名字。
- 第 41 行：定义适配器，第二个参数使用上面生成的 List 列表作为适配器的数据源，"String[]{"picCol","bookCol"},new int[]{R.id.ItemImage,R.id.ItemText}"定义动态数组与 GridItem 对应的子项。
- 第 42 行：设置 GridView 的适配器为第 41 行定义的适配器。
- 第 43~55 行：为 GridView 增加单击监听事件，在 TextView 控件中显示在 GridView 中所选择 Item 的内容。

本实例运行结果如图 6-10 所示，单击 GridView 中某一项的结果，如图 6-11 所示。

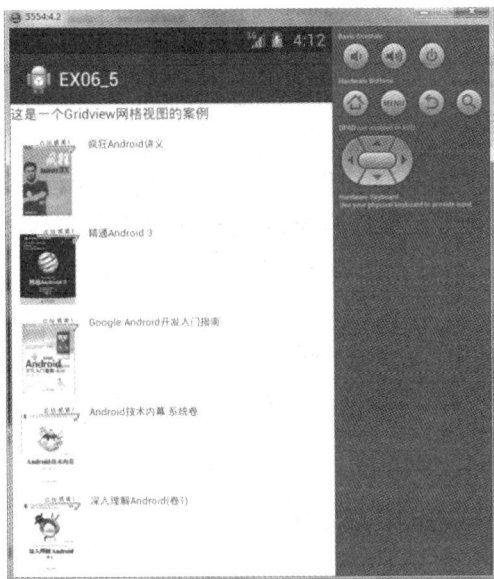

图 6-10　EX06_5 界面

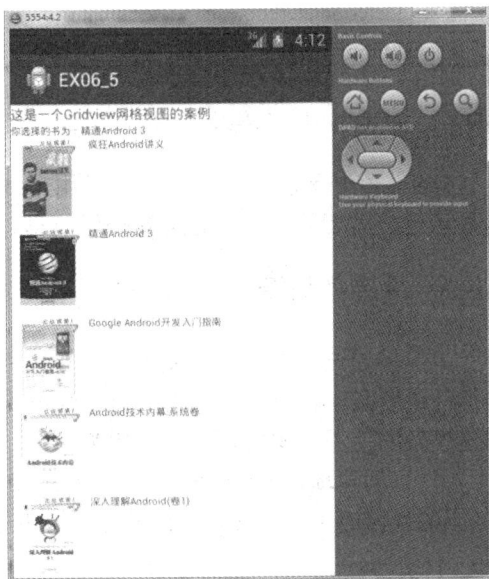

图 6-11　运行结果

6.6　进度条与滑块

在程序的执行过程中，有些操作可能需要较长的时间，例如，某些资源的加载、文件的下载、大量数据的处理等，那么可以使用进度条为用户提供明确的操作结束时间，让用户能够了解程序目前的进度及状态。滑块类似于声音控制条，主要完成于用户的简单交互。本节将介绍 ProgressBar 进度条控件与 SeekBar 滑块控件的使用。

6.6.1　ProgressBar 类简介

ProgressBar 位于 android.widget 包下，主要用于显示操作的进度。应用程序可以修改其长度表示当前后台操作的完成情况。因为进度条会移动，所以长时间加载某些资源或者执行某些耗时的操作时，不会使用户界面失去响应。在不确定模式下，可以使用循环进度条。

ProgressBar 类的使用非常简单，只要将其显示到前台，然后启动一个后台线程定时更改表示进度的数值即可。ProgressBar 类常用方法如表 6-7 所示。

表 6-7　ProgressBar 类常用方法

方　　法	说　　明
getMax()	返回这个进度条的范围的上限
getProgress()	返回进度
getSecondaryProgress()	返回次要进度
incrementProgressBy(int diff)	指定增加的进度
isIndeterminate()	指示进度条是否在不确定模式下
setIndeterminate(boolean indeterminate)	设置不确定模式下
setVisibility(int v)	设置该进度条是否可视

6.6.2　SeekBar 类简介

SeekBar 继承自 ProgressBar，是用来接收用户输入的控件，类似于拖拉条，可以直观地显示用户需要的数据。SeekBar 不但可以直观地显示数值的大小，还可以为其设置标度。

6.6.3　进度条与滑块使用实例

本节将通过实例介绍进度条与滑块控件的使用。在本实例中，显示滑块、水平进度条与循环进度条，当单击命令按钮时，使滑块控件与水平进度条控件前进，来演示滑块与水平进度条的使用。本实例开发步骤如下：

（1）创建项目 EX06_6。

（2）修改主 Activity 的布局文件 activity_main.xml，编写代码如下：

```
01 <?xml version="1.0" encoding="utf-8"?>
02 <LinearLayout xmlns:android="http://schemas.android.com/apk/res/android"
03     android:orientation="vertical"
04     android:layout_width="fill_parent"
05     android:layout_height="fill_parent"
06     >
07 <TextView
08     android:layout_width="fill_parent"
09     android:layout_height="wrap_content"
10     android:text="这是一个滑块的实例"
11     />
12 <SeekBar
13     android:layout_width="fill_parent"
14     android:layout_height="wrap_content"
15     android:id="@+id/seekBar"
16     android:max="100"
```

```
17      />
18 <TextView
19      android:layout_width="fill_parent"
20      android:layout_height="wrap_content"
21      android:text="这是一个水平进度条的实例"
22      />
23 <ProgressBar
24      android:layout_width="fill_parent"
25      android:layout_height="wrap_content"
26      android:id="@+id/firstBar"
27      android:max="100"
28      style="?android:attr/progressBarStyleHorizontal"
29      />
30 <TextView
31      android:layout_width="fill_parent"
32      android:layout_height="wrap_content"
33      android:text="这是一个循环进度条的实例"
34      />
35 <ProgressBar
36      android:layout_width="wrap_content"
37      android:layout_height="wrap_content"
38      android:id="@+id/secondBar"
39      android:max="100"
40      android:progress="10"
41      style="?android:attr/progressBarStyle"
42      />
43 <Button
44      android:layout_width="100px"
45      android:layout_height="wrap_content"
46      android:id="@+id/bt_Begin"
47      android:text="开始"
48      />
49 </LinearLayout>
```

说明：

❑ 第 2~6 行：定义一个纵向的线性布局，并定义其大小。

❑ 第 7~11 行：定义一个 TextView 控件，并定义其大小及文本。

❑ 第 12~17 行：定义一个 SeekBar 滑块控件，并定义其大小，ID 为 seekBar，最大值为 100。

❑ 第 18~22 行：定义一个 TextView 控件，并定义其大小及文本。

❑ 第 23~29 行：定义一个 ProgressBar 控件，并定义其大小，ID 为 firstBar，最大值为 100，其样式为水平进度条。

❑ 第 30~34 行：定义一个 TextView 控件，并定义其大小及文本。

❑ 第 35~42 行：定义一个 ProgressBar 控件，并定义其大小，ID 为 secondBar，最大值为 100，其样式为循环进度条。

（3）修改主 Acitivity 的类文件 MainActivity.java，编写代码如下：

```
01 package com.example.EX06_6;
02 import android.app.Activity;
03 import android.os.Bundle;
04 import android.view.View;
05 import android.widget.Button;
06 import android.widget.ProgressBar;
07 import android.widget.SeekBar;
08 public class MainActivity extends Activity {
09     /** Called when the activity is first created. */
10     private SeekBar seekBar;
11     private ProgressBar firstBar;
12     private ProgressBar secondBar;
13     private Button bt_Begin;
14     private int i=0;
15     @Override
16     public void onCreate(Bundle savedInstanceState) {
17         super.onCreate(savedInstanceState);
18         setContentView(R.layout. activity_main);
19         seekBar=(SeekBar)findViewById(R.id.seekBar);
20         firstBar=(ProgressBar)findViewById(R.id.firstBar);
21         secondBar=(ProgressBar)findViewById(R.id.secondBar);
22         bt_Begin=(Button)findViewById(R.id.bt_Begin);
23         bt_Begin.setOnClickListener(new Button.OnClickListener()
24         {
25             @Override
26             public void onClick(View v) {
27                 // TODO Auto-generated method stub
28                 if(i==0)
29                 {
30                     firstBar.setVisibility(View.VISIBLE);
31                     secondBar.setVisibility(View.VISIBLE);
32                 }
33                 else if(i<=100)
34                 {
35
36                     firstBar.setProgress(i);
37                     firstBar.setSecondaryProgress(i+10);
38                     secondBar.setProgress(i);
39                 }
40                 i=i+10;
41                 seekBar.setProgress(i);
42             }
43         });
44     }
45 }
```

说明：

❑ 第 10~13 行：声明 SeekBar、ProgressBar、Button 对象。

❑ 第 14 行：声明整型变量，用于控制进度条的进度。

- ❑ 第 19 行：获取 seekBar 滑块控件的引用。
- ❑ 第 20 行：获取 firstBar 进度条控件的引用。
- ❑ 第 21 行：获取 secondBar 进度条控件的引用。
- ❑ 第 22 行：获取 bt_Begin 按钮控件的引用。
- ❑ 第 23~43 行：为 bt_Begin 按钮增加单击监听事件。第 28~32 行，当 i 等于 0 时，设置进度条控件为可视的。第 36 行：设置 firstBar 水平进度条的第一进度；第 37 行：设置 firstBar 水平进度条的第二进度；第 38 行：设置循环进度条的进度。第 41 行：设置滑块控件的进度。

本实例运行结果如图 6-12 所示。单击"开始"按钮后结果如图 6-13 所示。

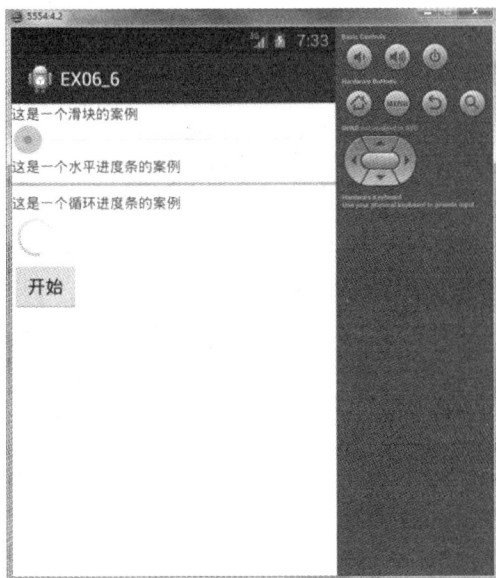

图 6-12　EX06_5 界面　　　　　　　图 6-13　运行结果

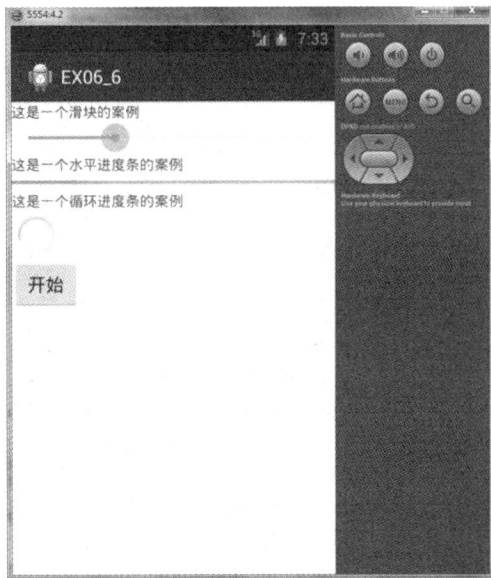

6.7　选　项　卡

在 Windows 中，用多个标签页区分不同选项功能的窗口，每个选项卡代表一个活动的区域。在 Android 系统中，也提供了类似的控件 TabHost。本节将介绍 TabHost 控件的使用。

6.7.1　TabHost 类简介

TabHost 类位于 android.widget 包下，用于创建选项卡窗口。TabHost 继承于 FrameLayout，是帧布局的一种，其中可以包含多个布局，然后根据用户的选择显示不同的选项卡窗口。

TabHost 是整个 Tab 的容器，包括两部分：TabWidget 和 FrameLayout。TabWidget 是每个选项卡的标签，FrameLayout 则是选项卡的内容。

6.7.2　选项卡使用实例

TabHost 的实现有以下两种方式。

第一种：继承 TabActivity，从 TabActivity 中用 getTabHost()方法获取 TabHost。各个 Tab 中的内容在布局文件中定义即可。

第二种：不继承 TabActivity，在布局文件中定义 TabHost 即可，但是 TabWidget 的 id 必须是@android:id/tabs，FrameLayout 的 id 必须是@android:id/tabcontent，TabHost 的 id 可以自定义。

本节将通过实例介绍 TabHost 的两种实现方法。本实例开发步骤如下：

（1）创建项目 EX06_7。

（2）修改主 Activity 的布局文件 activity_main.xml，编写代码如下：

```xml
01 <?xml version="1.0" encoding="utf-8"?>
02 <LinearLayout xmlns:android="http://schemas.android.com/apk/res/android"
03     android:orientation="vertical"
04     android:layout_width="fill_parent"
05     android:layout_height="fill_parent"
06     >
07 <TextView
08     android:layout_width="fill_parent"
09     android:layout_height="wrap_content"
10     android:text="这是一个 TabHost 选项卡控件的实例"
11     />
12 <Button
13     android:layout_width="fill_parent"
14     android:layout_height="wrap_content"
15     android:id="@+id/firstBt"
16     android:text="使用继承 TabActivity 的方式实现 TabHost"
17     android:textSize="15px"
18     />
19 <Button
20     android:layout_width="fill_parent"
21     android:layout_height="wrap_content"
22     android:id="@+id/secondBt"
23     android:text="使用在布局文件中定义 TabHost 的方式实现 TabHost"
24     android:textSize="15px"
25     />
26 </LinearLayout>
```

说明：

❑　第2~6行：定义一个纵向的线性布局，并定义其大小。

❑　第7~11行：定义一个 TextView 控件，并定义其大小及文本。

❑　第12~18行：定义一个 Button 控件，并定义其大小、文本及字体大小，ID 为 firstBt。

❑　第19~25行：定义一个 Button 控件，并定义其大小、文本及字体大小，ID 为

secondBt。

（3）在本实例中，要采用两种方式实现 TabHost，所以需要增加两个布局文件，即 tabactivity.xml 与 tabxml.xml。

① 编写 tabactivity.xml，代码如下：

```
01 <?xml version="1.0" encoding="utf-8"?>
02 <FrameLayout xmlns:android="http://schemas.android.com/apk/res/android"
03     android:orientation="vertical"
04     android:layout_width="fill_parent"
05     android:layout_height="fill_parent">
06     <LinearLayout
07         android:id="@+id/fisrtTab"
08         android:layout_width="fill_parent"
09         android:layout_height="fill_parent"
10         android:gravity="center_horizontal"
11         android:orientation="vertical">
12         <TextView
13             android:layout_width="fill_parent"
14             android:layout_height="fill_parent"
15             android:text="这是使用 TabActivity 实现的第一个选项卡"
16             android:textSize="20px"/>
17     </LinearLayout>
18     <LinearLayout
19         android:id="@+id/secondTab"
20         android:layout_width="fill_parent"
21         android:layout_height="fill_parent"
22         android:gravity="center_horizontal"
23         android:orientation="vertical">
24         <TextView
25             android:layout_width="fill_parent"
26             android:layout_height="fill_parent"
27             android:text="这是使用 TabActivity 实现的第二个选项卡"
28             android:textSize="20px"/>
29     </LinearLayout>
30     <LinearLayout
31         android:id="@+id/thirdTab"
32         android:layout_width="fill_parent"
33         android:layout_height="fill_parent"
34         android:gravity="center_horizontal"
35         android:orientation="vertical">
36         <TextView
37             android:layout_width="fill_parent"
38             android:layout_height="fill_parent"
39             android:text="这是使用 TabActivity 实现的第三个选项卡"
40             android:textSize="20px"/>
41     </LinearLayout>
42 </FrameLayout>
```

说明：

- ❑ 第 2~5 行：定义一个帧布局，并定义其大小。
- ❑ 第 6~11 行：在帧布局中定义一个纵向的线性布局，并定义其大小，对齐方式为水平居中，ID 为 firstTab。
- ❑ 第 12~16 行：在线性布局中定义一个 TextView 控件，并定义其大小、文本及文本字体大小。
- ❑ 第 18~23 行：在帧布局中定义一个纵向的线性布局，并定义其大小，对齐方式为水平居中，ID 为 secondTab。
- ❑ 第 24~28 行：在线性布局中定义一个 TextView 控件，并定义其大小、文本及文本字体大小。
- ❑ 第 30~35 行：在帧布局中定义一个纵向的线性布局，并定义其大小，对齐方式为水平居中，ID 为 thirdTab。
- ❑ 第 36~40 行：在线性布局中定义一个 TextView 控件，并定义其大小、文本及文本字体大小。

② 编写 tabxml.xml，代码如下：

```
01 <?xml version="1.0" encoding="utf-8"?>
02 <LinearLayout xmlns:android="http://schemas.android.com/apk/res/android"
03     android:id="@+id/hometabs"
04     android:orientation="vertical"
05     android:layout_width="fill_parent"
06     android:layout_height="fill_parent">
07     <TextView
08         android:layout_width="fill_parent"
09         android:layout_height="wrap_content"
10         android:text="使用布局文件中定义 TabHost 的方式实现 TabHost"
11         android:textSize="15px"
12         />
13     <TabHost
14         android:id="@+id/tabhost"
15         android:layout_width="fill_parent"
16         android:layout_height="fill_parent">
17         <LinearLayout
18             android:orientation="vertical"
19             android:layout_width="fill_parent"
20             android:layout_height="fill_parent">
21             <TabWidget android:id="@android:id/tabs"
22                 android:orientation="horizontal"
23                 android:layout_width="fill_parent"
24                 android:layout_height="wrap_content">
25             </TabWidget>
26             <FrameLayout android:id="@android:id/tabcontent"
27                 android:layout_width="fill_parent"
28                 android:layout_height="fill_parent">
29                 <TextView
```

```
30              android:id="@+id/view1"
31              android:layout_width="fill_parent"
32              android:layout_height="fill_parent"
33              android:text="这是第一个选项卡"
34              android:textSize="20px"/>
35          <TextView
36              android:id="@+id/view2"
37              android:layout_width="fill_parent"
38              android:layout_height="fill_parent"
39              android:text="这是第二个选项卡"
40              android:textSize="20px"/>
41          <TextView
42              android:id="@+id/view3"
43              android:layout_width="fill_parent"
44              android:layout_height="fill_parent"
45              android:text="这是第三个选项卡"
46              android:textSize="20px"/>
47          </FrameLayout>
48      </LinearLayout>
49   </TabHost>
50 </LinearLayout>
```

说明：

❑ 第 2~6 行：定义一个线性纵向布局，并定义其大小，ID 为 hometabs。

❑ 第 7~12 行：定义一个 TextView 控件，并定义其大小、文本及文本字体大小。

❑ 第 13~16 行：定义 TabHost 及其大小，其 ID 为 tabhost。

❑ 第 17~20 行：定义一个纵向的线性布局，并定义其大小。

❑ 第 21~25 行：在线性布局中定义水平方向 TabWidget 控件及其大小，ID 为 tabs。

❑ 第 26~28 行：定义帧布局及其大小，ID 为 tabcontent。

❑ 第 29~34 行：定义 TextView 控件及其大小、文本、文本字体大小，ID 为 view1。

❑ 第 35~40 行：定义 TextView 控件及其大小、文本、文本字体大小，ID 为 view2。

❑ 第 41~46 行：定义 TextView 控件及其大小、文本、文本字体大小，ID 为 view3。

（4）修改主 Activity 的类文件 MainActivity.java，在本类中，通过单击不同的命令按钮，显示不同的 Activity。编写代码如下：

```
01 package com.example.EX06_7;
02 import android.app.Activity;
03 import android.content.Intent;
04 import android.os.Bundle;
05 import android.view.View;
06 import android.widget.Button;
07 public class MainActivity extends Activity {
08     /** Called when the activity is first created. */
09     private Button firstBt;
10     private Button secondBt;
11     @Override
```

```
12    public void onCreate(Bundle savedInstanceState) {
13        super.onCreate(savedInstanceState);
14        setContentView(R.layout.activity_main);
15        firstBt=(Button)findViewById(R.id.firstBt);
16        secondBt=(Button)findViewById(R.id.secondBt);
17        firstBt.setOnClickListener(new Button.OnClickListener()
18        {
19            @Override
20            public void onClick(View v) {
21                Intent intent=new Intent();
22                intent.setClass(MainActivity.this, tabActivity.class);
23                startActivity(intent);
24                }
25        });
26        secondBt.setOnClickListener(new Button.OnClickListener()
27        {
28            @Override
29            public void onClick(View v) {
30                Intent intent=new Intent();
31                intent.setClass(MainActivity.this, tabXml.class);
32                startActivity(intent);
33            }
34        });
35    }
36 }
```

说明：

- ❑ 第9~10行：声明 Button 对象。
- ❑ 第15行：获取 firstBt 控件的引用。
- ❑ 第16行：获取 secondBt 控件的引用。
- ❑ 第17~25行：为 firstBt 控件增加单击监听事件，用于显示 tabActivity。
- ❑ 第26~34行：为 firstBt 控件增加单击监听事件，用于显示 tabXml。

（5）新建 tabActivity 类文件 tabActivity.java。在这个类中，主要演示使用继承 TabActivity 的方式实现 TabHost 的方法。编写代码如下：

```
01 package com.example.EX06_7;
02 import android.app.TabActivity;
03 import android.os.Bundle;
04 import android.view.LayoutInflater;
05 import android.widget.TabHost;
06 public class tabActivity extends TabActivity{
07        private TabHost myTabHost;
08        @Override
09        protected void onCreate(Bundle savedInstanceState) {
10            super.onCreate(savedInstanceState);
11            myTabHost = this.getTabHost();
12            LayoutInflater.from(this).inflate(R.layout.tabactivity,
```

```
                        myTabHost.getTabContentView(), true);
13          myTabHost.addTab(myTabHost
14              .newTabSpec("选项卡 1")
15          .setIndicator("选项卡 1",getResources().getDrawable(R.drawable.ic_launcher))
16              .setContent(R.id.fisrtTab));
17          myTabHost.addTab(myTabHost
18              .newTabSpec("选项卡 2")
19          .setIndicator("选项卡 2",getResources().getDrawable(R.drawable.ic_launcher))
20              .setContent(R.id.secondTab));
21          myTabHost.addTab(myTabHost
22              .newTabSpec("选项卡 3")
23          .setIndicator("选项卡 3",getResources().getDrawable(R.drawable.ic_launcher))
24              .setContent(R.id.thirdTab));
25      }
26 }
```

说明：

- 第 7 行：声明 TabHost 对象。

- 第 11 行：获取该 Activity 用于容纳 tab 的 TabHost 对象。

- 第 12 行：LayoutInflater 类用来查找 layout 下 xml 布局文件，并且实例化。将 tabactivity 布局的内容嵌入到 tabhost.getTabContentView()所返回的 FrameLayout 中。

- 第 13~16、17~20、21~24 行：给 myTabHost 增加 3 个选项卡。newTabSpec("选项卡 1")返回一个 TabHost.TabSpec 对象，用于标识一个选项卡的 Tag；setIndicator ("选项卡 1",getResources().getDrawable(R.drawable.icon))：显示选项卡上的文字；setContent(R.id.fisrtTab)：指定选项卡的内容，参数必须为 ID，例如控件的 ID 或者 layout 的 ID。

（6）增加 tabXml 类文件 tabXml.java。在这个类中，主要演示使用在布局文件中定义 TabHost 的方式实现 TabHost 的方法。编写代码如下：

```
01 package com.example.EX06_7;
02 import android.app.Activity;
03 import android.os.Bundle;
04 import android.widget.TabHost;
05 import android.widget.TabWidget;
06 public class tabXml extends Activity{
07      @Override
08      protected void onCreate(Bundle savedInstanceState) {
09          super.onCreate(savedInstanceState);
10          setContentView(R.layout.tabxml);
11          TabHost tabHost = (TabHost) findViewById(R.id.tabhost);
12          tabHost.setup();
13          tabHost.addTab(tabHost
14              .newTabSpec("tab1")
15          .setIndicator("tab1",getResources().getDrawable(R.drawable.ic_launcher))
16              .setContent(R.id.view1));
17          tabHost.addTab(tabHost
```

```
18              .newTabSpec("tab2")
19              .setIndicator("tab2",getResources().getDrawable(R.drawable.ic_launcher))
20              .setContent(R.id.view2));
21          tabHost.addTab(tabHost
22              .newTabSpec("tab3")
23              .setIndicator("tab3",getResources().getDrawable(R.drawable.ic_launcher))
24              .setContent(R.id.view3));
25      }
26 }
```

说明：

- ❏ 第 11 行：声明一个 TabHost 对象，并获取 tabhost 控件的引用。
- ❏ 第 12 行：初始化 TabHost 容器。
- ❏ 第 13~16、17~20、21~24 行：为 tabHost 增加 3 个选项卡。

（7）修改 AndroidManifest.xml 文件，增加 tabActivity 与 tabXml 两个 Activity 的配置。在 AndroidManifest.xml 文件中，增加如下代码：

```
<activity android:name=".tabActivity" android:label="@string/app_name"></activity>
    <activity android:name=".tabXml" android:label="@string/app_name"> </activity>
```

本实例运行结果如图 6-14 和图 6-15 所示。

图 6-14 TabActivity 实现选项卡

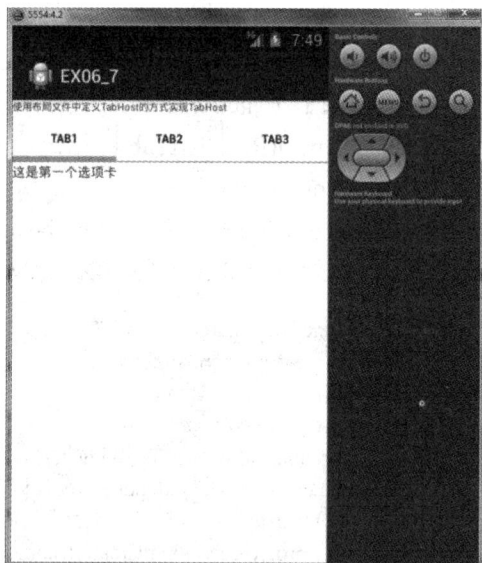

图 6-15 布局文件实现选项卡

6.8 画 廊 控 件

现在手机除了可以进行通讯，还有丰富的娱乐功能，例如照相、查看图片等。苹果手机曾经因为其丰富的娱乐功能吸引了不少手机粉丝，例如在查看图片时在单击后一张图片

时前一张图片就会往前移动，而单击的图片就会突出显示，也可以触摸拖动图片，任意选择想要的那张图片突出显示。那么在 Android 上同样也可以实现此效果。画廊控件 Gallery 就是一种具有此酷炫的效果及简单使用方法的图片浏览控件，是设计相册和图片浏览的首选控件。本节将介绍画廊控件 Gallery 的使用。

6.8.1 Gallery 类简介

Gallery 是一种水平滚动的列表，用来显示图片等资源，可以使图片在屏幕上通过手指的滑动来显示。该类位于 android.widget 包下，该类一些常用的属性如表 6-8 所示。

表 6-8 Gallery 常用属性

属 性 名 称	描　　　述		
android:animationDuration	设置布局变化时动画的转换所需的时间（毫秒级）。仅在动画开始时计时。该值必须是整数，如 100		
android:gravity	指定在对象的 X 和 Y 轴上如何放置内容。指定以下常量中的一个或多个（使用"|"分割）		
	Constant	Description	
	top	紧靠容器顶端，不改变其大小	
	bottom	紧靠容器底部，不改变其大小	
	left	紧靠容器左侧，不改变其大小	
	right	紧靠容器右侧，不改变其大小	
	center_vertical	垂直居中，不改变其大小	
	fill_vertical	垂直方向上拉伸至充满容器	
	center_horizontal	水平居中，不改变其大小	
	Fill_horizontal	水平方向上拉伸使其充满容器	
	center	居中对齐，不改变其大小	
	fill	在水平和垂直方向上拉伸，使其充满容器	
	clip_vertical	垂直剪切（当对象边缘超出容器时，将上下边缘超出的部分剪切掉）	
	clip_horizontal	水平剪切（当对象边缘超出容器时，将左右边缘超出的部分剪切掉）	
android:spacing	设置图片之间的间距		
android:unselectedAlpha	设置未选中的条目的透明度（Alpha）。该值必须是 float 类型，如 1.2		

6.8.2 Gallery 使用实例

本节通过一个实例向读者介绍 Gallery 控件的使用方法。在本实例中首先将要显示的图片内容存放到 BaseAdapter 中，然后将此 BaseAdapter 设置给 Gallery 控件进行显示。在开发本实例时，需要读者在 res/drawable 文件夹下放置 10 张图片，分别命名为 simple1、simple2 等。本实例的开发步骤如下：

（1）创建项目 EX06_8。

（2）修改主 Activity 的布局文件 activity_main.xml，编写代码如下：

```
01 <?xml version="1.0" encoding="utf-8"?>
02 <LinearLayout xmlns:android="http://schemas.android.com/apk/res/android"
03     android:orientation="vertical"
04     android:layout_width="fill_parent"
05     android:layout_height="fill_parent"
06     >
07 <TextView
08     android:layout_width="fill_parent"
09     android:layout_height="wrap_content"
10     android:text="这是一个 Gallery 画廊控件的实例"
11     />
12 <Gallery
13     android:id="@+id/mygallery"
14     android:layout_width="fill_parent"
15     android:layout_height="fill_parent"
16     />
17 </LinearLayout>
```

说明：

- 第 2~6 行：定义一个纵向的线性布局及其大小。
- 第 7~11 行：定义 TextView 控件及其大小、文本。
- 第 12~16 行：定义一个 Gallery 控件及其大小，其 ID 为 mygallery。

（3）修改主 Activity 的类文件 MainActivity.java。在本类中，主要实现派生于 BaseAdapter 的子类 ImageAdapter，使用其为 Gallery 显示图片。编写代码如下：

```
01 package com.example.EX06_8;
02 import android.app.Activity;
03 import android.content.Context;
04 import android.os.Bundle;
05 import android.view.View;
06 import android.view.ViewGroup;
07 import android.widget.AdapterView;
08 import android.widget.BaseAdapter;
09 import android.widget.Gallery;
10 import android.widget.ImageView;
11 import android.widget.Toast;
12 import android.widget.AdapterView.OnItemClickListener;
13 public class MainActivity extends Activity {
14     /** Called when the activity is first created. */
15     private Gallery mGallery;
16     @Override
17     public void onCreate(Bundle savedInstanceState) {
18         super.onCreate(savedInstanceState);
19         setContentView(R.layout.activity_main);
20         mGallery = (Gallery)findViewById(R.id.mygallery);
21         mGallery.setAdapter(new ImageAdapter(this));
```

```
22        mGallery.setOnItemClickListener(new OnItemClickListener() {
23            @Override
24          public void onItemClick(AdapterView<?> arg0, View arg1, int arg2, long arg3)
25            {
26                Toast.makeText(MainActivity.this, "点击了第"+(arg2+1)+"张图片",
                        Toast.LENGTH_LONG).show();
27            }
28        });
29    }
30    class ImageAdapter extends BaseAdapter{
31        private Context mContext;
32        private Integer[] mImage = {
33                R.drawable.simple1,
34                R.drawable.simple2,
35                R.drawable.simple3,
36                R.drawable.simple4,
37                R.drawable.simple5,
38                R.drawable.simple6,
39                R.drawable.simple7,
40                R.drawable.simple8,
41                R.drawable.simple9,
42                R.drawable.simple10
43        };
44        public ImageAdapter(Context c){
45            mContext = c;
46        }
47        @Override
48        public int getCount() {
49            return mImage.length;
50        }
51        @Override
52        public Object getItem(int position) {
53            return position;
54        }
55        @Override
56        public long getItemId(int position) {
57            return position;
58        }
59        @Override
60        public View getView(int position, View convertView, ViewGroup parent) {
61            // TODO Auto-generated method stub
62            ImageView i = new ImageView (mContext);
63            i.setImageResource(mImage[position]);
64            i.setScaleType(ImageView.ScaleType.FIT_XY);
65            i.setLayoutParams(new Gallery.LayoutParams(400,400));
66            return i;
67        }
68    };
69 }
```

说明：

- ❑ 第 15 行：声明一个 Gallery 对象。
- ❑ 第 20 行：获取 mygallery 控件的引用。
- ❑ 第 21 行：为 mGallery 设置适配器为第 30 行定义的 ImageAdapter 类的对象。
- ❑ 第 22~28 行：为 mGallery 控件设置单击监听事件。
- ❑ 第 26 行：在屏幕上显示提示内容。
- ❑ 第 30 行：定义 ImageAdapter 类，继承于 BaseAdapter 类。
- ❑ 第 32~43 行：声明一个整数数组，存放要显示的图片 ID。
- ❑ 第 48~50 行：定义 getCount()函数，获取该适配器中图片的数量。
- ❑ 第 52~54 行：定义 getItem()函数。
- ❑ 第 56~58 行：定义 getItemId()函数。
- ❑ 第 60~67 行：定义 getView()函数，用于显示相应位置的图片。
- ❑ 第 62 行：声明一个 ImageView 控件。
- ❑ 第 63 行：设置 ImageView 的图片资源 ID 为该 ImageView 显示的内容。
- ❑ 第 64 行：控制图片适合 ImageView 的大小拉伸图片（不按比例），以填充 View 的高和宽。
- ❑ 第 65 行：设置 ImageView 的布局参数。

本实例运行结果如图 6-16 所示，单击所浏览图片，结果如图 6-17 所示。

图 6-16　EX06_8 界面

图 6-17　单击浏览图片运行结果

6.9　习　　题

1. 在 Android 应用程序中，使用自动完成文本控件实现以下功能：输入一个文字，显示相应的游戏提示，如图 6-18 所示。

2．设计一个 Android 应用程序，在该程序中使用 Spinner 显示一个下拉列表，并且显示单击的选项，如图 6-19 所示。

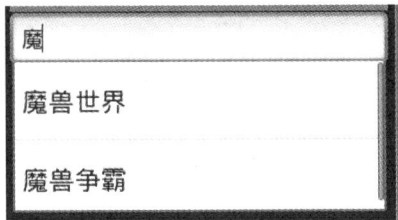

图 6-18　游戏列表提示　　　　　　　图 6-19　游戏 Spinner

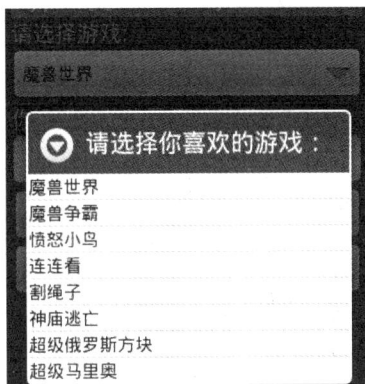

3．设计一个 Android 应用程序，使用 GridView 显示图书信息。在每条图书信息中显示以下内容，书的图片、名称以及作者。显示方式如图 6-20 所示。

图 6-20　GridView 条目显示方式

4．在 Android 应用程序中，使用 ListView 显示 Android 系统中的文件列表。

5．设计一个 Android 应用程序，模拟后台程序运行进度提示。

6．使用 Gallery 设计一个图片浏览软件，可以浏览手机上的图片文件。

7．在 Android 应用程序中，实现自定义选项卡。

第 7 章
菜单与消息提示

【本章内容】

❑ 选项菜单
❑ 上下文菜单
❑ 对话框
❑ Toast 消息提示
❑ Notification 状态栏通知

在前面章节介绍了开发 Android 应用程序界面经常用到的基本控件与高级控件。但是对于一个软件来说，仅仅有漂亮的控件是不够的，用户体验同样是非常重要的，方便的操作、有效的互动、及时的提示都可以给软件增色不少。本章将对 Android 应用程序中菜单、对话框、Toast 消息提示以及状态栏通知的使用进行介绍。

7.1 选项菜单

对于 Android 应用程序，除了设计人性化的用户界面之外，添加一些菜单可以让应用程序在功能上更加完善。当 Activity 在前台运行时，如果用户按下手机上的 Menu 键，在屏幕底部就会弹出相应的选项菜单，并且 Menu 菜单可以根据用户的需求添加不同的选项菜单。但是这个功能需要开发人员编程实现，如果在开发应用程序时没有实现该功能，则程序运行时按下手机的 Menu 键是不会起作用的。

7.1.1 选项菜单相关类

开发选项菜单主要用到的类有 Menu、MenuItem 以及 SubMenu。下面对这几个类分别进行简单介绍。

1. Menu 类

一个 Menu 对象代表一个菜单。在 Menu 对象中可以添加菜单项 MenuItem，也可以添加子菜单 SubMenu。Menu 类常用的方法如表 7-1 所示。

表 7-1　Menu 类的常用方法及说明

方　　法	参 数 说 明	说　　明
（1）MenuItem add(int groupId, int itemId, int order, CharSequence title) （2）MenuItem add(int groupId, int itemId, int order, int titleRes) （3）MenuItem add(CharSequence title) （4）MenuItem add(int titleRes)	❏ groupId：菜单项所在的组 ID ❏ itemId：唯一标示菜单项的 ID ❏ order：菜单项的顺序 ❏ title：菜单项显示到文本内容 ❏ titleRes：String 对象的资源标识符	向 Menu 对象添加一个菜单项，返回 MenuItem 对象
（1）SubMenu addSubMenu(int groupId, int itemId, int order, CharSequence title) （2）SubMenu addSubMenu(int groupId, int itemId, int order, int titleRes) （3）SubMenu addSubMenu(CharSequence title) （4）SubMenu addSubMenu(int titleRes)	❏ groupId：菜单项所在的组 ID ❏ itemId：唯一标示菜单项的 ID ❏ order：菜单项的顺序 ❏ title：菜单项显示到文本内容 ❏ titeRes：String 对象的资源标识符	向 Menu 对象添加一个子菜单，返回 SubMenu 对象
MenuItem getItem(int index)		获取菜单中的 MenuItem 对象
MenuItem findItem(int id)		返回指定 ID 的 MenuItem 对象
void removeItem(int id)		移除指定 ID 的 MenuItem

2．MenuItem 类

一个 MenuItem 对象代表一个菜单项，通过 Menu 类的 add()方法，可以将 MenuItem 加入到 Menu 中。MenuItem 类常用的方法如表 7-2 所示。

表 7-2　MenuItem 类的常用方法及说明

方　　法	参 数 说 明	说　　明
（1）MenuItem setIcon(int iconRes) （2）MenuItem setIcon(Drawable icon)	❏ iconRes：图片资源的标识符 ❏ icon：图标 Drawable 对象	设置 MenuItem 的图标
MenuItem setIntent(Intent intent)	❏ intent：与 MenuItem 绑定的 Intent 对象	为 MenuItem 绑定 Intent 对象，当该 MenuItem 被选中时，将会调用 startActivity 方法处理动作相应的 Intent
MenuItem setOnMenuItemClickListener (MenuItem.OnMenuItemClickListener menuItemClickListener)	❏ menuItemClickListener：监听器	为 MenuItem 设置单击事件监听器
MenuItem setShortcut(char numericChar, char alphaChar)	❏ numericChar：数字快捷键 ❏ alphaChar：字母快捷键	为 MenuItem 设置数字快捷键和字母快捷键，当按下快捷键或按住 Alt 键的同时按下快捷键时将会触发 MenuItem 的单击事件

续表

方　　法	参 数 说 明	说　　明
（1）MenuItem setTitle(int title) （2）MenuItem setTitle(CharSequence title)	❑　title：标题的资源 ID ❑　title：标题的名称	为 MenuItem 设置标题
MenuItem setVisible(boolean visible)	❑　visible：true 或者 false	设置 MenuItem 是否显示

3. SubMenu 类

SubMenu 类继承于 Menu 类，一个 SubMenu 对象代表一个子菜单。SubMenu 类中常用的方法如表 7-3 所示。

表 7-3　SubMenu 类的常用方法及说明

方　　法	参 数 说 明	说　　明
（1）SubMenu setHeaderIcon(Drawable icon) （2）SubMenu setHeaderIcon(int iconRes)	❑　icon：标题图标 Drawable 对象 ❑　iconRes：标题图标资源 id	设置子菜单的标题图库
（1）SubMenu setHeaderTitle(int titleRes) （2）SubMenu setHeaderTitle(CharSequence title)	❑　titleRes：标题文本的资源 id ❑　title：标题文本对象	设置子菜单的标题
（1）SubMenu setIcon(Drawable icon) （2）SubMenu setIcon(int iconRes)	❑　icon：图标 Drawable 对象 ❑　iconRes：图标资源 id	设置子菜单在父菜单中显示的图标

在使用选项菜单时，需要重写 OnCreateOptionsMenu()方法，在该方法中通过使用 Menu 类的 add()或者 addSubMenu()方法增加菜单项或者子菜单；同时通过重写 OnOptionsItemSelected()方法，为选项菜单的菜单项增加功能。

7.1.2　选项菜单和子菜单使用实例

本节将通过实列来说明选项菜单及子菜单的使用方法。在本实例中，首先建立选项菜单和子菜单，当单击某一个菜单选项时，在文本控件中显示该选项的内容。

本实例的开发步骤如下：

（1）创建项目 EX07_1。

（2）修改主 Activity 的布局文件 activity_main.xml，编写代码如下：

```
01 <?xml version="1.0" encoding="utf-8"?>
02 <LinearLayout xmlns:android="http://schemas.android.com/apk/res/android"
03     android:orientation="vertical"
04     android:layout_width="fill_parent"
05     android:layout_height="fill_parent"
06     >
07 <TextView
08     android:layout_width="fill_parent"
09     android:layout_height="wrap_content"
10     android:text="这是一个选项菜单和子菜单的实例"
11     />
12 <TextView
```

```
13       android:layout_width="fill_parent"
14       android:layout_height="wrap_content"
15       android:id="@+id/tv"
16       android:textSize="20px"
17       />
18 </LinearLayout>
```

说明：

- ❑ 第 2~6 行：定义一个纵向的线性布局及其大小。

- ❑ 第 7~11 行：定义一个 TextView 控件及其大小、文本。

- ❑ 第 12~17 行：定义一个 TextView 控件及其大小、文本字体大小，ID 为 tv，用于显示单击选项菜单的提示信息。

（3）修改主 Activity 的类文件 MainActivity.java，编写代码如下：

```
01 package com.example.EX07_1;
02 import android.app.Activity;
03 import android.os.Bundle;
04 import android.view.Menu;
05 import android.view.MenuItem;
06 import android.view.SubMenu;
07 import android.widget.TextView;
08 public class MainActivity extends Activity {
09     /** Called when the activity is first created. */
10     private TextView tv;
11     @Override
12     public void onCreate(Bundle savedInstanceState) {
13         super.onCreate(savedInstanceState);
14         setContentView(R.layout.activity_main);
15     }
16     @Override
17     public boolean onCreateOptionsMenu(Menu menu)
18     {
19         SubMenu sub=menu.addSubMenu(Menu.NONE, Menu.FIRST, 0, "发送").
                setIcon(android.R.drawable.ic_menu_send);
20         sub.add(Menu.NONE,Menu.FIRST + 6,6,"发送到蓝牙");
21         sub.add(Menu.NONE,Menu.FIRST + 7,7,"发送到微博");
22         sub.add(Menu.NONE,Menu.FIRST + 8,8,"发送到 E-Mail");
23         menu.add(Menu.NONE, Menu.FIRST + 1, 1, "保存").
                setIcon(android.R.drawable.ic_menu_edit);
24         menu.add(Menu.NONE, Menu.FIRST + 2, 2, "帮助")
                .setIcon(android.R.drawable.ic_menu_help);
25         menu.add(Menu.NONE, Menu.FIRST + 3, 3, "添加").
                setIcon(android.R.drawable.ic_menu_add);
26         menu.add(Menu.NONE, Menu.FIRST + 4, 4, "详细")
                .setIcon(android.R.drawable.ic_menu_info_details);
27         menu.add(Menu.NONE, Menu.FIRST + 5, 5, "退出")
                .setIcon(android.R.drawable.ic_menu_delete);
28         return true;
```

```
29        }
30        @Override
31        public boolean onOptionsItemSelected(MenuItem item)
32        {
33          tv=(TextView)findViewById(R.id.tv);
34          switch (item.getItemId())
35          {
36            case Menu.FIRST :tv.setText("你单击了发送菜单");
37                        break;
38            case Menu.FIRST + 1:tv.setText("你单击了保存菜单");
39                        break;
40            case Menu.FIRST + 2:tv.setText("你单击了帮助菜单");
41                        break;
42            case Menu.FIRST + 3:tv.setText("你单击了添加菜单");
43                        break;
44            case Menu.FIRST + 4:tv.setText("你单击了详细菜单");
45                        break;
46            case Menu.FIRST + 5:tv.setText("你单击了退出菜单");
47                        break;
48            case Menu.FIRST + 6:tv.setText("你单击了发送到蓝牙");
49                        break;
50            case Menu.FIRST + 7:tv.setText("你单击了发送到微博");
51                        break;
52            case Menu.FIRST + 8:tv.setText("你单击了发送到 E-Mail");
53                        break;
54          }
55          return super.onOptionsItemSelected(item);
56        }
57 }
```

说明：

- 第 17~29 行：创建选项菜单。第 19 行：定义一个 SubMenu 子菜单对象，并且加入到 Menu 中。SetIncon 为该菜单选项设置图标。Menu.NONE 表示一个常量 0，用来表示菜单选项的分组；Menu.FIRST 表示常量 1，用来表示菜单选项的 ID。第 20~22 行：分别为子菜单对象 sub 增加 3 个菜单选项。第 23~27 行：分别为菜单增加 5 个菜单选项，并设置图标。
- 第 31~56 行：重写 onOptionsItemSelected()方法，当 Menu 有命令被选择时，会调用此方法。第 33 行：获取 TextView 控件的引用。第 34~54 行：根据单击不同的菜单选项，在 TextView 控件中显示不同信息。

本实例运行结果如图 7-1 所示，单击发送结果如图 7-2 所示。

7.2 上下文菜单

7.1 节介绍了选项菜单的使用，本节将介绍上下文菜单（ContextMenu）。上下文菜单继承于 Menu，但是不同于选项菜单，选项菜单服务于某个 Activity，而上下文菜单是需要注册到某个 View 对象上的。如果在某个 View 对象上注册了上下文菜单，用户可以通过长按大约 2s，将出现一个具有相关功能的上下文菜单。

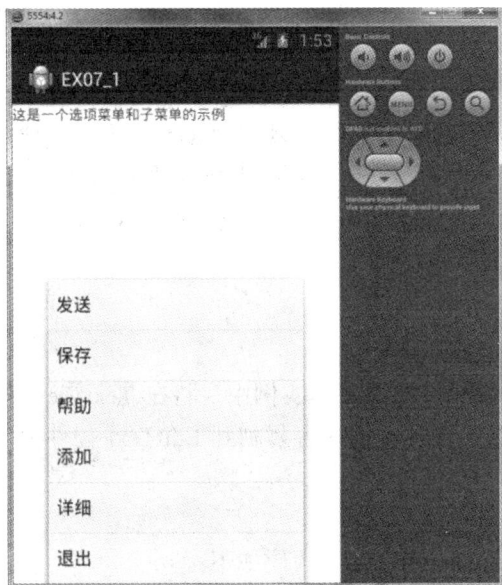

图 7-1　选项菜单

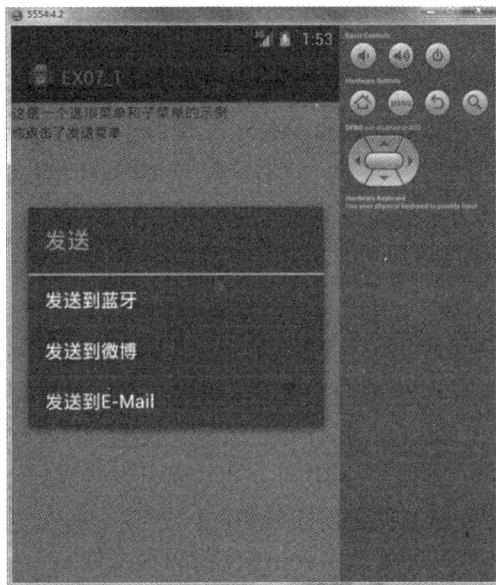

图 7-2　发送子菜单

7.2.1　ContextMenu 类简介

上下文菜单不支持快捷键，菜单选项也不能附带图标，但是可以为标题指定图标。ContextMenu 类常用的方法如表 7-4 所示。使用上下文菜单类常用到 Activity 类的成员方法，如表 7-5 所示。

表 7-4　ContextMenu 类常用的方法

方　　法	参 数 说 明	说　　明
（1）ContextMenu setHeaderIcon (Drawable icon) （2）ContextMenu setHeaderIcon (int iconRes)	❑　iconRes：图片资源的标识符 ❑　icon：图标 Drawable 对象	设置上下文菜单头部图标
（1）ContextMenu setHeaderTitle (int titleRes) （2）ContextMenu setHeaderTitle (CharSequence title)	❑　titleRes：标题文本的资源 id ❑　title：标题文本对象	设置上下文菜单头部标题栏的文字
ContextMenu setHeaderView(View view)	❑　View：上下文菜单头部要使用的 View	设置 View 到上下文菜单头部，将替代上下文菜单头部的图标和标题

表7-5　上下文菜单类常用到 Activity 类的成员方法

方 法 名 称	方 法 说 明
onCreateContextMenu(ContextMenu menu,View v,ContextMenu.ContextMenuInfo menuinfo)	每次为 View 对象呼出上下文菜单
onContextItemSelected(MenuItem item)	当用户选择了上下文菜单选项后调用该方法进行处理
RegisterForContextMenu(View view)	为指定的 View 对象注册一个上下文菜单

在使用 ContextMenu 菜单时，首先需要使用 RegisterForContextMenu()方法为某个控件注册上下文菜单，然后重写 OnCreateContextMenu()方法，在该方法中通过使用 Menu 类的 add 方法增加菜单项；同时通过重写 OnContextItemSelected()方法，为 ContextMenu 菜单的菜单项增加功能。

7.2.2　上下文菜单使用实例

本实例将介绍上下文菜单 ContextMenu 的使用方法。在本实例中，将在 TextView 控件和 EditText 控件绑定上下文菜单，将 TextView 控件中的内容复制到 EditText 控件中，实现复制/粘贴的功能。本实例开发步骤如下：

（1）创建项目 EX07_2。

（2）修改主 Activity 的布局文件 activity_main.xml，编写代码如下：

```
01 <?xml version="1.0" encoding="utf-8"?>
02 <LinearLayout xmlns:android="http://schemas.android.com/apk/res/android"
03     android:orientation="vertical"
04     android:layout_width="fill_parent"
05     android:layout_height="fill_parent"
06     >
07 <TextView
08     android:id="@+id/tv"
09     android:layout_width="fill_parent"
10     android:layout_height="wrap_content"
11     android:text="这是一个上下文菜单 ContextMenu 的实例"
12     />
13 <EditText
14     android:id="@+id/myEd"
15     android:layout_width="fill_parent"
16     android:layout_height="wrap_content"
17     />
18 </LinearLayout>
```

说明：

❑　第 2~6 行：定义一个纵向的线性布局及其大小。

❑　第 7~12 行：定义一个 TextView 控件及其大小、文字。

❑　第 13~17 行：定义一个 EditText 控件及其大小，ID 为 myEd。

（3）修改主 Activity 的类文件 MainActivity.java，编写代码如下：

```
01 package com.example.EX07_2;
02 import android.app.Activity;
03 import android.os.Bundle;
04 import android.view.ContextMenu;
05 import android.view.ContextMenu.ContextMenuInfo;
06 import android.view.MenuItem;
07 import android.view.View;
08 import android.widget.EditText;
09 import android.widget.TextView;
10 public class MainActivity extends Activity {
11     /** Called when the activity is first created. */
12    private String tempStr;
13    private TextView tv;
14    private EditText myEd;
15    @Override
16    public void onCreate(Bundle savedInstanceState) {
17        super.onCreate(savedInstanceState);
18        setContentView(R.layout.activity_main);
19        this.registerForContextMenu(findViewById(R.id.tv));
20        this.registerForContextMenu(findViewById(R.id.myEd));
21    }
22    @Override
23    public void onCreateContextMenu(ContextMenu menu, View v,ContextMenuInfo menuInfo)
24    {
25        // TODO Auto-generated method stub
26        menu.setHeaderIcon(R.drawable.ic_launcher);
27        if(v==findViewById(R.id.tv))
28        {
29            menu.add(0,1,0,"复制");
30            menu.add(0,2,0,"剪切");
31            menu.add(0,3,0,"删除");
32        }
33        if(v==findViewById(R.id.myEd))
34        {
35            menu.add(0,4,0,"粘贴");
36            menu.add(0,5,0,"删除");
37        }
38    }
39    @Override
40    public boolean onContextItemSelected(MenuItem item)
41    {
42        // TODO Auto-generated method stub
43        tv=(TextView)findViewById(R.id.tv);
44        myEd=(EditText)findViewById(R.id.myEd);
45        switch(item.getItemId())
46        {
47            case 1:tempStr=tv.getText().toString();
48                break;
```

```
49        case 2:tempStr=tv.getText().toString();
50              tv.setText("");
51              break;
52        case 3:tv.setText("");
53              break;
54        case 4:myEd.setText(tempStr);
55              break;
56        case 5:myEd.setText("");
57              break;
58      }
59      return true;
60    }
61 }
```

说明：

❑ 第 12~14 行：分别定义 String、TextView、EditText 对象。

❑ 第 19 行：为 TextView 控件绑定上下文菜单。

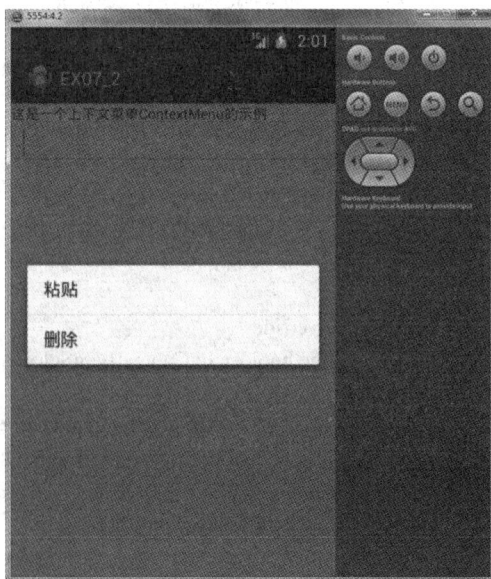

❑ 第 20 行：为 EditText 控件绑定上下文菜单。

❑ 第 23~38 行：重写 onCreateContextMenu()方法，用于创建上下文菜单。

❑ 第 26 行：为上下文菜单设置图标。

❑ 第 27~32 行：为 TextView 控件的上下文菜单增加菜单项。

❑ 第 33~37 行：为 EditText 控件的上下文菜单增加菜单项。

❑ 第 40~60 行：重写 onContextItemSelected()方法，为每一个菜单项增加方法。当 Menu 有命令被选择时，会调用此方法。

本实例运行结果如图 7-3 和图 7-4 所示。

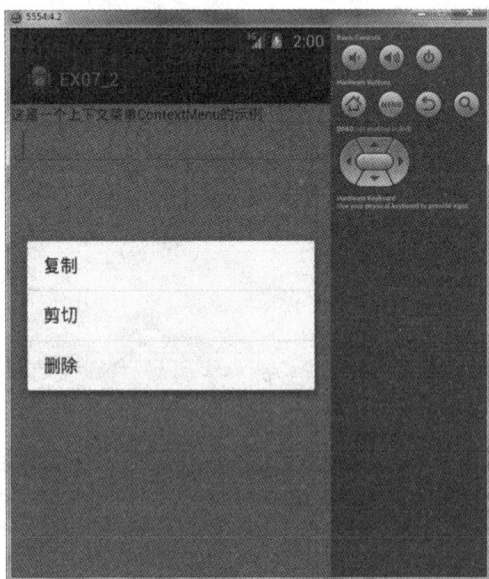

图 7-3　TextView 上下文菜单　　　　图 7-4　EditText 上下文菜单

7.3 对 话 框

在用户界面中，除了经常用到菜单之外，对话框也是程序与用户进行交互的主要途径之一。Android 平台下的对话框非常丰富，有各种对话框，例如普通对话框、选项对话框、单选多选对话框、日期和时间对话框等。本节将对 Android 平台下对话框的使用进行介绍。

7.3.1 对话框简介

对话框是 Activity 运行时显示的小窗口。当显示对话框时，当前的 Activity 失去焦点，对话框获得焦点与用户进行交流。对话框作为 Activity 的一部分，在程序中创建对话框的方法如下。

- ❑ onCreateDialog(int)：用于初始化对话框。当使用这个回调函数时，Android 系统设置这个 Activity 为对话框的所有者，从而自动管理每个对话框的状态并挂靠到 Activity 上。这样，每个对话框继承这个 Activity 的特定属性。

- ❑ showDialog(int)：用于显示对话框。当想要显示一个对话框时，调用 showDialog (int id)方法并传递一个唯一标识这个对话框的整数。当对话框第一次被请求时，Android 从 Activity 中调用 onCreateDialog(int id)，这个回调方法被传以和 showDialog (int id)相同的 ID。当创建这个对话框后，在 Activity 的最后返回这个对象。

- ❑ onPrepareDialog(int, Dialog)：在对话框被显示之前，Android 还调用了可选的回调函数 onPrepareDialog(int id, Dialog)。如果想在每一次对话框被打开时改变它的任何属性，可以定义这个方法。这个方法在每次打开对话框时被调用，而 onCreateDialog (int)仅在对话框第一次打开时被调用。如果不定义 onPrepareDialog()，那么这个对话框将保持和上次打开时一样。这个方法的参数为被传递对话框的 ID 和在 onCreateDialog()中创建的对话框对象。

- ❑ dismissDialog(int)：当准备关闭对话框时，可以通过调用 dismiss()来消除这个对话框；也可以从这个 Activity 中调用 dismissDialog(int id)方法，这时也将为这个对话框调用 dismiss()方法。如果使用 onCreateDialog(int id)方法来管理对话框的状态，则每次对话框消除时，这个对话框的状态将由该 Activity 保留。如果不再需要这个对象或者清除该状态，那么应该调用 removeDialog(int id)移出该 ID 号对应的对话框。

7.3.2 对话框使用实例

在 7.3.1 节中，介绍了对话框的创建方法与过程，本节将通过实例介绍对话框的使用。在本实例中，将通过不同的按钮显示不同的对话框。本实例的开发步骤如下：

（1）创建项目 EX07_3。

（2）修改主 Activity 的布局文件 activity_main.xml，编写代码如下：

```
01 <?xml version="1.0" encoding="utf-8"?>
02 <LinearLayout xmlns:android="http://schemas.android.com/apk/res/android"
03     android:orientation="vertical"
04     android:layout_width="fill_parent"
05     android:layout_height="fill_parent"
06     >
07 <TextView
08     android:layout_width="fill_parent"
09     android:layout_height="wrap_content"
10     android:text="这是一个对话框的实例"
11     />
12 <Button
13     android:id="@+id/bt_showCommonDialog"
14     android:layout_width="fill_parent"
15     android:layout_height="wrap_content"
16     android:text="显示普通对话框"
17     />
18 <Button
19     android:id="@+id/bt_showButtonDialog"
20     android:layout_width="fill_parent"
21     android:layout_height="wrap_content"
22     android:text="显示带按钮的对话框"
23     />
24 <Button
25     android:id="@+id/bt_showInputDialog"
26     android:layout_width="fill_parent"
27     android:layout_height="wrap_content"
28     android:text="显示输入对话框"
29     />
30 <Button
31     android:id="@+id/bt_showListDialog"
32     android:layout_width="fill_parent"
33     android:layout_height="wrap_content"
34     android:text="显示列表对话框"
35     />
36 <Button
37     android:id="@+id/bt_showRadioDialog"
38     android:layout_width="fill_parent"
39     android:layout_height="wrap_content"
40     android:text="显示单选按钮对话框"
41     />
42 <Button
43     android:id="@+id/bt_showCheckBoxDialog"
44     android:layout_width="fill_parent"
45     android:layout_height="wrap_content"
46     android:text="显示复选框对话框"
47     />
48 <Button
49     android:id="@+id/bt_showDatetimePickDialog"
```

```
50        android:layout_width="fill_parent"
51        android:layout_height="wrap_content"
52        android:text="显示日期时间对话框"
53        />
54 <Button
55        android:id="@+id/bt_showProgressDialog"
56        android:layout_width="fill_parent"
57        android:layout_height="wrap_content"
58        android:text="显示进度条对话框"
59        />
60 <Button
61        android:id="@+id/bt_showMyDialog"
62        android:layout_width="fill_parent"
63        android:layout_height="wrap_content"
64        android:text="显示自定义对话框"
65        />
66 </LinearLayout>
```

说明：

- 第 2~6 行：定义一个纵向的线性布局及其大小为整个屏幕。
- 第 7~11 行：定义一个 TextView 控件及其大小、文本。
- 第 12~17 行：定义一个 ID 为 bt_showCommonDialog 的 Button 控件及其大小、文本。
- 第 18~23 行：定义一个 ID 为 bt_showButtonDialog 的 Button 控件及其大小、文本。
- 第 24~29 行：定义一个 ID 为 bt_showInputDialog 的 Button 控件及其大小、文本。
- 第 30~35 行：定义一个 ID 为 bt_showListDialog 的 Button 控件及其大小、文本。
- 第 36~41 行：定义一个 ID 为 bt_showRadioDialog 的 Button 控件及其大小、文本。
- 第 42~47 行：定义一个 ID 为 bt_showCheckBoxDialog 的 Button 控件及其大小、文本。
- 第 48~53 行：定义一个 ID 为 bt_showDatetimePickDialog 的 Button 控件及其大小、文本。
- 第 54~59 行：定义一个 ID 为 bt_showProgressDialog 的 Button 控件及其大小、文本。
- 第 60~65 行：定义一个 ID 为 bt_showMyDialog 的 Button 控件及其大小、文本。

（3）新建 login.xml 布局文件，作为自定义对话框的布局，编写代码如下：

```
01 <?xml version="1.0" encoding="utf-8"?>
02 <LinearLayout xmlns:android="http://schemas.android.com/apk/res/android"
03        android:layout_width="fill_parent"
04        android:layout_height="fill_parent"
05        android:orientation="vertical" >
06        <LinearLayout
07            android:layout_width="fill_parent"
08            android:layout_height="wrap_content"
09            android:gravity="center"
10            android:orientation="horizontal">
```

```
11      <TextView
12          android:layout_width="wrap_content"
13          android:layout_height="wrap_content"
14          android:layout_weight="1"
15          android:text="用户名： " />
16      <EditText
17          android:layout_width="wrap_content"
18          android:layout_height="wrap_content"
19          android:layout_weight="1" />
20  </LinearLayout>
21  <LinearLayout
22      android:layout_width="fill_parent"
23      android:layout_height="wrap_content"
24      android:gravity="center"
25      android:orientation="horizontal">
26      <TextView
27          android:layout_width="wrap_content"
28          android:layout_height="wrap_content"
29          android:layout_weight="1"
30          android:text="密    码： " />
31      <EditText
32          android:layout_width="wrap_content"
33          android:layout_height="wrap_content"
34          android:layout_weight="1" />
35  </LinearLayout>
36 </LinearLayout>
```

说明：

❑   第 6~10 行：在纵向的线性布局中嵌套一个横向的线性布局，对齐方式为居中。

❑   第 11~15 行：定义一个 TextView 控件及其大小、文本。

❑   第 16~19 行：定义一个 EditText 控件及其大小。

❑   第 21~25 行：在纵向的线性布局中嵌套一个横向的线性布局，对齐方式为居中。

❑   第 26~30 行：定义一个 TextView 控件及其大小、文本。

❑   第 31~34 行：定义一个 EditText 控件及其大小。

（4）修改主 Activity 的类文件 MainActivity.java，编写代码如下：

```
001 package com.example.EX07_3;
002 import java.util.Calendar;
003 import android.app.Activity;
004 import android.app.AlertDialog;
005 import android.app.DatePickerDialog;
006 import android.app.Dialog;
007 import android.app.ProgressDialog;
008 import android.content.DialogInterface;
009 import android.os.Bundle;
010 import android.view.LayoutInflater;
011 import android.view.View;
012 import android.view.View.OnClickListener;
```

```
013 import android.widget.Button;
014 import android.widget.EditText;
015 public class MainActivity extends Activity {
016     /** Called when the activity is first created. */
017     private Button bt_showCommonDialog;
018     private Button bt_showButtonDialog;
019     private Button bt_showInputDialog;
020     private Button bt_showListDialog;
021     private Button bt_showRadioDialog;
022     private Button bt_showCheckBoxDialog;
023     private Button bt_showDatetimePickDialog;
024     private Button bt_showProgressDialog;
025     private Button bt_showMyDialog;
026     final String []arrayHobby={"篮球","足球","羽毛球","兵兵球"};
027     @Override
028     public void onCreate(Bundle savedInstanceState) {
029     super.onCreate(savedInstanceState);
030     setContentView(R.layout.activity_main);
031     bt_showCommonDialog=(Button)findViewById(R.id.bt_showCommonDialog);
032     bt_showButtonDialog=(Button)findViewById(R.id.bt_showButtonDialog);
033     bt_showInputDialog=(Button)findViewById(R.id.bt_showInputDialog);
034     bt_showListDialog=(Button)findViewById(R.id.bt_showListDialog);
035     bt_showRadioDialog=(Button)findViewById(R.id.bt_showRadioDialog);
036     bt_showCheckBoxDialog=(Button)findViewById(R.id.bt_showCheckBoxDialog);
037     bt_showDatetimePickDialog=(Button)findViewById(R.id.bt_showDatetimePickDialog);
038     bt_showProgressDialog=(Button)findViewById(R.id.bt_showProgressDialog);
039     bt_showMyDialog=(Button)findViewById(R.id.bt_showMyDialog);
040     bt_showCommonDialog.setOnClickListener(new BtClickListener());
041     bt_showButtonDialog.setOnClickListener(new BtClickListener());
042     bt_showInputDialog.setOnClickListener(new BtClickListener());
043     bt_showListDialog.setOnClickListener(new BtClickListener());
044     bt_showRadioDialog.setOnClickListener(new BtClickListener());
045     bt_showCheckBoxDialog.setOnClickListener(new BtClickListener());
046     bt_showDatetimePickDialog.setOnClickListener(new BtClickListener());
047     bt_showProgressDialog.setOnClickListener(new BtClickListener());
048     bt_showMyDialog.setOnClickListener(new BtClickListener());
049     }
050     class BtClickListener implements OnClickListener
051     {
052         @Override
053         public void onClick(View v)
054         {
055             // TODO Auto-generated method stub
056             switch (v.getId())
057             {
058                 case R.id.bt_showCommonDialog: showDialog(1);break;
059                 case R.id.bt_showButtonDialog: showDialog(2);break;
060                 case R.id.bt_showInputDialog: showDialog(3);break;
061                 case R.id.bt_showListDialog: showDialog(4);break;
```

```
062          case R.id.bt_showRadioDialog: showDialog(5);break;
063          case R.id.bt_showCheckBoxDialog: showDialog(6);break;
064          case R.id.bt_showDatetimePickDialog: showDialog(7);break;
065          case R.id.bt_showProgressDialog: showDialog(8);break;
066          case R.id.bt_showMyDialog: showDialog(9);break;
067        }
068      }
069    }
070    @Override
071    protected Dialog onCreateDialog(int id) {
072      // TODO Auto-generated method stub
073      Dialog alertDialog=null;
074      switch(id)
075      {
076        case 1 :
077          alertDialog = new AlertDialog.Builder(this)
078              .setTitle("普通对话框")
079              .setMessage("这是一个普通对话框")
080              .setIcon(R.drawable.ic_launcher)
081              .create();
082          break;
083        case 2:
084          alertDialog = new AlertDialog.Builder(this)
085              .setTitle("确定退出？")
086              .setMessage("您确定退出程序吗？")
087              .setIcon(R.drawable.ic_launcher)
088            .setPositiveButton("确定", new DialogInterface.OnClickListener() {
089                  @Override
090                  public void onClick(DialogInterface dialog, int which) {
091                    // TODO Auto-generated method stub
092                    finish();
093                  }
094                })
095            .setNegativeButton("取消", new DialogInterface.OnClickListener() {
096                  @Override
097                  public void onClick(DialogInterface dialog, int which) {
098                    // TODO Auto-generated method stub
099                  }
100                })
101              .create();
102          break;
103        case 3:
104          alertDialog = new AlertDialog.Builder(this)
105              .setTitle("请输入")
106              .setIcon(R.drawable.ic_launcher)
107              .setView(new EditText(this))
108              .setPositiveButton("确定", null)
109              .setNegativeButton("取消", null)
110              .create();
```

```
111                break;
112            case 4:
113                alertDialog = new AlertDialog.Builder(this)
114                    .setTitle("运动列表")
115                    .setIcon(R.drawable.ic_launcher)
116                    .setItems(arrayHobby, null)
117                    .setPositiveButton("确认", null)
118                    .setNegativeButton("取消", null)
119                    .create();
120                break;
121            case 5:
122                alertDialog = new AlertDialog.Builder(this)
123                    .setTitle("你喜欢哪种运动？")
124                    .setIcon(R.drawable.ic_launcher)
125                    .setSingleChoiceItems(arrayHobby, 0,null)
126                    .setPositiveButton("确认", null)
127                    .setNegativeButton("取消", null)
128                    .create();
129                break;
130            case 6:
131                alertDialog = new AlertDialog.Builder(this)
132                    .setTitle("你喜欢哪些运动？")
133                    .setIcon(R.drawable.ic_launcher)
134                    .setMultiChoiceItems(arrayHobby,null,null)
135                    .setPositiveButton("确认", null)
136                    .setNegativeButton("取消", null)
137                    .create();
138                break;
139            case 7:Calendar c=Calendar.getInstance();
140                alertDialog=new DatePickerDialog(this,null,c.get(Calendar.YEAR),
                            c.get(Calendar.MONTH),c.get(Calendar.DAY_OF_MONTH));
141                break;
142            case 8:
143                ProgressDialog pd=new ProgressDialog(this);
144                    pd.setTitle("下载进度");
145                    pd.setMax(100);
146                    pd.setProgressStyle(ProgressDialog.STYLE_HORIZONTAL);
147                    pd.setProgress(10);
148                    pd.setCancelable(true);
149                alertDialog=(Dialog)pd;
150                break;
151            case 9:
152                LayoutInflater layoutInflater = LayoutInflater.from(this);
153                View loginView = layoutInflater.inflate(R.layout.login, null);
154                alertDialog = new AlertDialog.Builder(this)
155                    .setTitle("用户登录")
156                    .setIcon(R.drawable.ic_launcher)
157                    .setView(loginView)
158                    .setPositiveButton("登录", null)
```

```
159                .setNegativeButton("取消", null)
160                .create();
161          break;
162      }
163      return alertDialog;
164    }
165 }
```

说明：

- ❑ 第 17~25 行：分别定义 Button 类对象。
- ❑ 第 26 行：定义字符数组 arrayHobby。
- ❑ 第 31~39 行：获取 Button 控件的引用。
- ❑ 第 40~48 行：为 Button 控件增加单击监听事件，setOnClickListener 的参数为继承于 OnClickListener 类的内部类 BtClickListener 对象。
- ❑ 第 50~69 行：实现内部类 BtClickListener。在该类中重载了 OnClick()函数，根据单击的 Button 按钮不同，显示不同的对话框。showDialog()函数的参数为对话框的 ID。
- ❑ 第 70~163 行：重载 onCreateDialog()函数。根据 ID 的不同，显示不同的对话框。
- ❑ 第 78 行：设置对话框的标题。
- ❑ 第 79 行：设置对话框的消息。
- ❑ 第 80 行：设置对话框的图标。
- ❑ 第 81 行：创建该对话框。
- ❑ 第 88~94、95~100 行：为对话框设置按钮，并为该按钮增加单击监听事件。
- ❑ 第 107 行：为对话框设置视图，在该视图中增加一个 EditText 对象。
- ❑ 第 116 行：为对话框设置列表项目。
- ❑ 第 125 行：为对话框设置单选列表项目。
- ❑ 第 134 行：为对话框设置多选列表项目。
- ❑ 第 139 行：声明一个日历对象，并获取当前实例。
- ❑ 第 140 行：定义一个日期对话框，并使用当前年、月、日初始化该日期对话框。
- ❑ 第 143 行：声明一个进度条对话框。
- ❑ 第 144 行：设置该进度条对话框的标题。
- ❑ 第 145 行：设置该进度条对话框的最大值。
- ❑ 第 146 行：设置进度条对话框的样式。
- ❑ 第 147 行：设置进度条对话框的当前进度。
- ❑ 第 148 行：设置该进度条对话框是否可以取消。
- ❑ 第 149 行：将进度条对话框强制转换为 Dialog 对象，并赋值给 alertDialog。
- ❑ 第 152~153 行：获取 login 布局对象。
- ❑ 第 157 行：设置对话框的布局。

本实例运行结果（部分对话框界面）如图 7-5~图 7-8 所示。

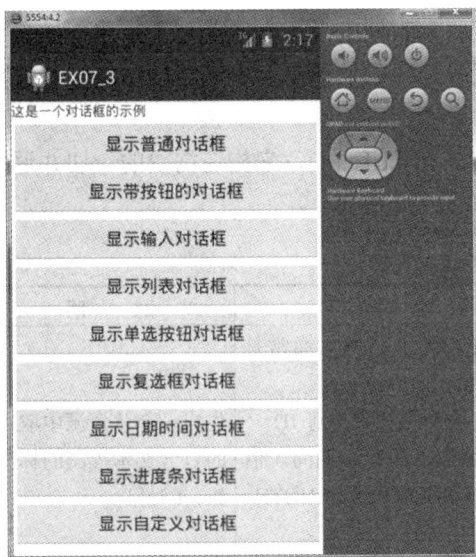

图 7-5 主界面

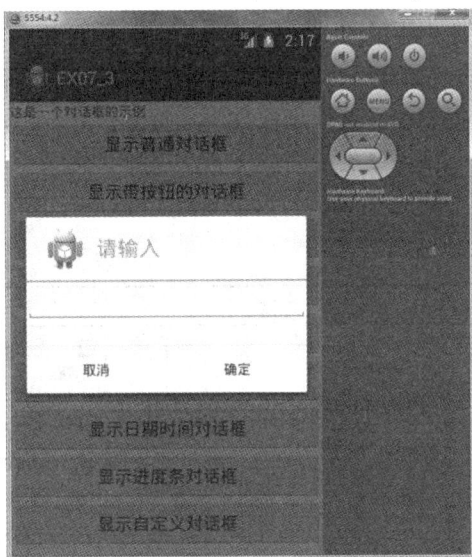

图 7-6 输入对话框

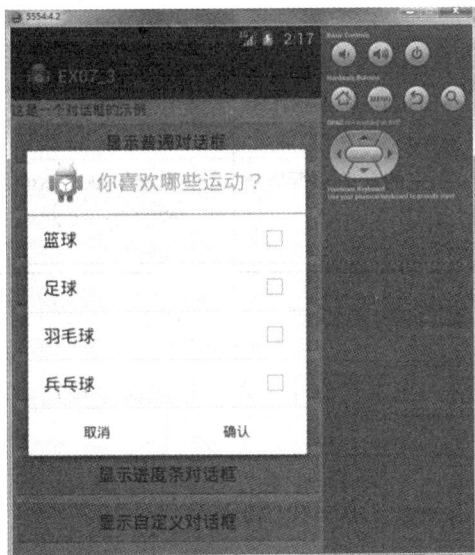

图 7-7 复选框对话框

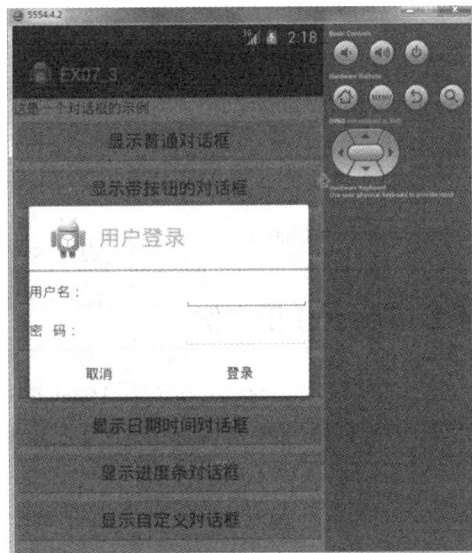

图 7-8 自定义对话框

7.4 Toast 消息提示

在 Android 平台下，除了使用 7.3 节介绍的对话框进行消息提示外，还可以使用 Toast 进行消息提示。本节将介绍 Toast 的使用方法。

7.4.1 Toast 简介

Toast 是一种提供给用户简洁信息的视图，可以创建和显示信息，该视图以浮于应用程序之上的形式呈现给用户。因为它并不获得焦点，即使用户正在输入什么也不会受到影响。它的目标是尽可能以不显眼的方式，使用户看到提供的信息。有两个例子就是音量控制提示和设置信息保存成功提示。

使用该类最简单的方法就是调用一个静态方法 makeText()，来构造需要的一切并返回一个新的 Toast 对象。Toast 类的一些主要方法如表 7-6 所示。

表 7-6　Toast 类的主要方法

方　　法	参 数 说 明	说　　明
（1）Toast makeText(Context context, int resId, int duration) （2）Toast makeText(Context context, CharSequence text, int duration)	❑ context：使用的上下文。通常是 Activity 对象 ❑ resId：要使用的字符串资源 ID ❑ duration：该信息的存续期间。值为 LENGTH_SHORT 或 LENGTH_ LONG ❑ text：Toast 显示的文本	生成一个从资源中取得的包含文本视图的标准 Toast 对象
void setGravity(int gravity, int xOffset, int yOffset)		设置提示信息在屏幕上的显示位置
void setDuration(int duration)	❑ Duration：该信息的存续期间。值为 LENGTH_SHORT 或 LENGTH_ LONG	设置存续期间
（1）void setText(int resId) （2）void setText(CharSequence s)	❑ resId：Toast 指定的新的字符串资源 ID ❑ S：Toast 指定的新的文本	之前通过 makeText()方法生成的 Toast 对象的文本内容

7.4.2　Toast 使用实例

本节将通过一个实例来介绍 Toast 的使用方法。在本实例中，单击相应命令按钮，将会产生一个 Toast 提示。本实例的开发步骤如下：

（1）创建项目 EX07_4。

（2）修改主 Activity 的布局文件 activity_main.xml，编写代码如下：

```
01 <?xml version="1.0" encoding="utf-8"?>
02 <LinearLayout xmlns:android="http://schemas.android.com/apk/res/android"
03     android:orientation="vertical"
04     android:layout_width="fill_parent"
05     android:layout_height="fill_parent"
06     >
07 <TextView
08     android:layout_width="fill_parent"
09     android:layout_height="wrap_content"
10     android:text="这是一个 Toast 实例"
11     />
12 <Button
13     android:id="@+id/bt_showToast"
```

```
14      android:layout_width="fill_parent"
15      android:layout_height="wrap_content"
16      android:text="显示 Toast"
17      />
18 </LinearLayout>
```

说明：

❑　第 2~5 行：定义一个纵向的线性布局，其大小为整个屏幕。

❑　第 7~11 行：定义一个 TextView 控件及其大小、文本。

❑　第 12~17 行：定义一个 ID 为 bt_showToast 的 Button 控件及其大小、文本。

（3）修改主 Activity 的类文件 MainActivity.java，编写代码如下：

```
01 package com.example.EX07_4;
02
03 import android.app.Activity;
04 import android.os.Bundle;
05 import android.view.Gravity;
06 import android.view.View;
07 import android.widget.Button;
08 import android.widget.ImageView;
09 import android.widget.LinearLayout;
10 import android.widget.Toast;
11
12 public class MainActivity extends Activity {
13     /** Called when the activity is first created. */
14     private Button bt_showToast;
15     @Override
16     public void onCreate(Bundle savedInstanceState) {
17         super.onCreate(savedInstanceState);
18         setContentView(R.layout.activity_main);
19
20         bt_showToast=(Button)findViewById(R.id.bt_showToast);
21         bt_showToast.setOnClickListener(new Button.OnClickListener()
22         {
23             @Override
24             public void onClick(View v) {
25                 Toast toast=Toast.makeText(MainActivity.this,"这是一个 Toast 消息",
                        Toast.LENGTH_LONG);
26                 toast.show();
27             }
28         });
29     }
30 }
```

说明：

❑　第 14 行：声明一个 Button 对象。

❑　第 20 行：获取 Button 控件的引用。

❑　第 21~28 行：为 Button 控件增加单击监听事件，并重写 onClick(View v)函数。

❑ 第 25 行：生成一个 Toast 对象。

❑ 第 26 行：显示该 Toast 对象。

本实例运行结果如图 7-9~图 7-10 所示。

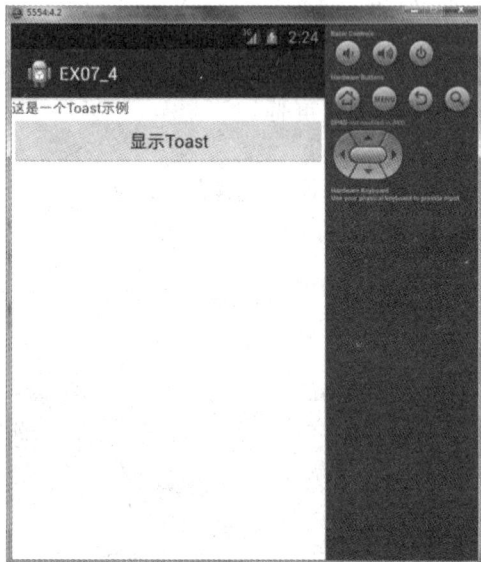

图 7-9　程序主界面

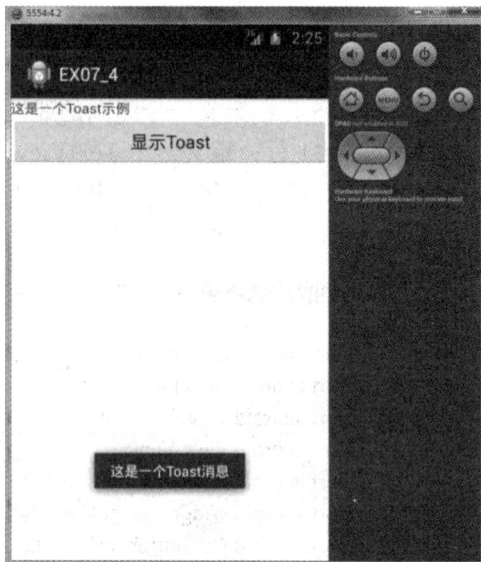

图 7-10　显示 Toast

7.5　Notification 状态栏通知

Notification 是 Android 平台下另外一种消息提示的方式。Notification 位于手机的状态栏（位于屏幕的最上方，通常显示电池电量、信号强度等），用手指按下状态栏并向下拉可以查看状态栏的系统提示消息。

7.5.1　Notification 类简介

Notification 类表示一个持久的通知，可以让应用程序在没有开启情况下或在后台运行提醒用户。它是看不见的程序组件（Broadcast Receiver、Service 和不活跃的 Activity）提醒用户有需要注意的事件发生的最好途径。

Notification 类的主要方法如表 7-7 所示。

表 7-7　Notification 类的主要方法

方　　法	参 数 说 明	说　　明
（1）void cancel(int id) （2）void cancel(String tag, int id)	❑　id：通知的 id ❑　tag：通知的标签	移除一个已经显示的通知，如果该通知是短暂的，会隐藏视图；如果通知是持久的，会从状态栏中移除
void cancelAll()		移除所有的已经显示的通知

续表

方　法	参 数 说 明	说　明
（1）void notify(int id,Notification notification) （2）void notify(String tag,int id, Notification notification)	❑　id：应用中通知的唯一标识 ❑　notification：一个通知对象用来描述向用户展示什么信息，不能为空 ❑　tag：用来标识通知的字符串，可以为空	提交一个通知在状态栏中显示。如果拥有相同 id 的通知已经被提交而且没有被移除,该方法会用新的信息来替换之前的通知
void setLatestEventInfo (Context context, CharSequence contentTitle, CharSequence contentText,PendingIntent contentIntent)	❑　context：上下文环境 ❑　contentTitle：状态栏中的大标题 ❑　contentText：状态栏中的小标题 ❑　contentIntent：单击后将发送 PendingIntent 对象	显示在拉伸状态栏中的 Notification 属性，单击后将发送 PendingIntent 对象

创建一个 Notification 的步骤简单可以分为以下 4 步：

（1）通过 getSystemService()方法得到 NotificationManager 对象。

（2）对 Notification 的一些属性进行设置，如内容、图标、标题、相应 notification 的动作进行处理等。

（3）通过 NotificationManager 对象的 notify()方法来执行一个 notification 的通知。

（4）通过 NotificationManager 对象的 cancel()方法来取消一个 notification 的通知。

7.5.2　Notification 使用实例

本节将通过一个实例来介绍 Notification 的使用方法。本实例开发步骤如下：

（1）创建项目 EX07_5。

（2）修改主 Activity 的布局文件 activity_main.xml，编写代码如下：

```
01 <?xml version="1.0" encoding="utf-8"?>
02 <LinearLayout xmlns:android="http://schemas.android.com/apk/res/android"
03     android:orientation="vertical"
04     android:layout_width="fill_parent"
05     android:layout_height="fill_parent"
06     >
07 <TextView
08     android:layout_width="fill_parent"
09     android:layout_height="wrap_content"
10     android:text="这是一个 Notification 使用实例"
11     />
12 <Button
13     android:id="@+id/bt_sendNotification"
14     android:layout_width="fill_parent"
15     android:layout_height="wrap_content"
16     android:text="发送 Notification"
17     />
18 </LinearLayout>
```

说明：

- 第 2~6 行：定义一个纵向的线性布局，其大小为整个屏幕。
- 第 7~11 行：定义一个 TextView 控件及其大小、文本。
- 第 12~17 行：定义一个 ID 为 bt_sendNotification 的 Button 控件及其大小、文本。

（3）新建 second.xml 布局文件，作为通过 Notification 启动的 Activity 的布局，编写代码如下：

```
01 <?xml version="1.0" encoding="utf-8"?>
02 <LinearLayout xmlns:android="http://schemas.android.com/apk/res/android"
03     android:orientation="vertical"
04     android:layout_width="fill_parent"
05     android:layout_height="fill_parent"
06     >
07 <TextView
08     android:layout_width="fill_parent"
09     android:layout_height="wrap_content"
10     android:text="这是一个通过 Notification 启动的 Activity"
11     />
12 </LinearLayout>
```

说明：

- 第 2~6 行：定义一个纵向的线性布局，其大小为整个屏幕。
- 第 7~11 行：定义一个 TextView 控件及其大小、文本。

（4）修改主 Activity 的类文件 MainActivity.java，编写代码如下：

```
01 package com.example.EX07_5;
02
03 import android.app.Activity;
04 import android.app.Notification;
05 import android.app.NotificationManager;
06 import android.app.PendingIntent;
07 import android.content.Intent;
08 import android.os.Bundle;
09 import android.view.View;
10 import android.widget.Button;
11
12 public class MainActivity extends Activity {
13     /** Called when the activity is first created. */
14     private Button bt_sendNotification = null;
15     private Intent mIntent = null;
16     private PendingIntent mPendingIntent = null;
17     private Notification mNotification = null;
18     private NotificationManager mNotificationManager = null;
19     @Override
20     public void onCreate(Bundle savedInstanceState) {
21         super.onCreate(savedInstanceState);
22         setContentView(R.layout.activity_main);
23         bt_sendNotification=(Button)findViewById(R.id.bt_sendNotification);
```

```
24          bt_sendNotification.setOnClickListener(new View.OnClickListener()
25          {
26              @Override
27              public void onClick(View v)
28              {
29                  mNotificationManager = (NotificationManager)getSystemService
                                        (NOTIFICATION_SERVICE);
30                  mIntent = new Intent(MainActivity.this, SecondActivity.class);
31                  mPendingIntent = PendingIntent.getActivity(MainActivity.this, 0, mIntent, 0);
32                  mNotification = new Notification();
33                  mNotification.icon=R.drawable.ic_launcher;
34                  mNotification.tickerText = "实例";
35                  mNotification.defaults = Notification.DEFAULT_ALL;
36                  mNotification.flags = Notification.FLAG_INSISTENT;
37                  mNotification.setLatestEventInfo(MainActivity.this, "单击查看",
                                        "这是一个 Notification 实例", mPendingIntent);
38                  mNotificationManager.notify(1, mNotification);
39              }
40          });
41      }
42 }
```

说明：

- 第 14 行：声明一个 Button 对象。
- 第 15 行：声明一个 Intent 对象。
- 第 16 行：声明一个 PendingIntent 对象，PendingIntent 可以理解为延迟执行的 intent，是对 Intent 一个包装。
- 第 17 行：声明一个 Notification 对象。
- 第 18 行：声明一个 NotificationManager 对象，用来管理 Notification 对象。
- 第 23 行：获取 Button 控件的引用。
- 第 24~40 行：为 Button 控件增加单击监听事件，并重写 onClick(View v)函数。
- 第 29 行：通过 getSystemService()方法得到 NotificationManager 对象。
- 第 30 行：定义 Intent 对象，用于启动 SecondActivity 类。
- 第 31 行：定义 PendingIntent 对象，用于跳转到一个 activity 组件。
- 第 32 行：定义 Notification 对象。
- 第 33 行：设置 Notification 对象的图标。
- 第 34 行：设置 Notification 对象的提示文字。
- 第 35 行：设置 Notification 对象的提示方式。常用的常量说明如表 7-8 所示。

表 7-8　常用的常量说明

常　　量	说　　明
DEFAULT_ALL	使用所有默认值，如声音、震动、闪屏等
DEFAULT_LIGHTS	使用默认闪光提示
DEFAULT_SOUNDS	使用默认提示声音
DEFAULT_VIBRATE	使用默认手机震动

注意

加入手机震动，一定要在 manifest.xml 中加入权限：

```
<uses-permission android:name="android.permission.VIBRATE" />
```

以上的效果常量可以叠加，如下所示：

```
mNotifaction.defaults =DEFAULT_SOUND | DEFAULT_VIBRATE;
```

或

```
mNotifaction.defaults |=DEFAULT_SOUND;
```

❏ 第 36 行：设置 Notification 对象的 Flag 位。常用的常量说明如表 7-9 所示。

表 7-9　常用的常量说明

常　　量	说　　明
FLAG_AUTO_CANCEL	该通知能被状态栏的清除按钮给清除掉
FLAG_NO_CLEAR	该通知能被状态栏的清除按钮给清除掉
FLAG_ONGOING_EVENT	通知放置在正在运行
FLAG_INSISTENT	是否一直进行，例如音乐一直播放，知道用户响应

❏ 第 37 行：显示在拉伸状态栏中的 Notification 属性，单击后将发送 PendingIntent 对象。

❏ 第 38 行：提交通知在状态栏中显示。

（5）建立 SecondActivity.java 文件，编写代码如下：

```
01 package com.example.EX07_5;
02
03 import android.app.Activity;
04 import android.os.Bundle;
05
06 public class SecondActivity extends Activity {
07     /** Called when the activity is first created. */
08     @Override
09     public void onCreate(Bundle savedInstanceState) {
10         super.onCreate(savedInstanceState);
11         setContentView(R.layout.second);
12     }
13 }
```

（6）开发一个新的 Activity 对象 SecondActivity，需要在 AndroidManifest.xml 中进行声明，否则系统将无法得知该 Activity 的存在，并进行权限设置。打开 AndroidManifest.xml 文件，在<application>与</application>标记之间加入如下代码：

```
<activity android:name=".SecondActivity"
            android:label="@string/app_name"> </activity>
<uses-permission android:name="android.permission.VIBRATE" />
```

本实例运行结果如图 7-11 和图 7-12 所示。

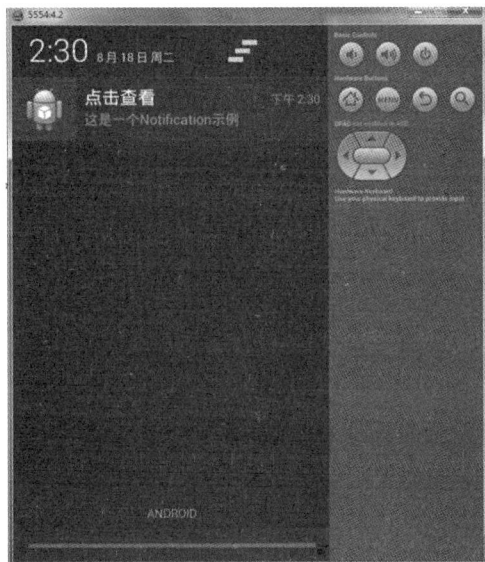

图 7-11　查看 Notification

图 7-12　通过 Notification 打开第二个界面

7.6　习　　题

1. 在 Android 程序中，实现以下选项菜单，如图 7-13 所示。单击"更多"选项后，显示如图 7-14 所示菜单。

图 7-13　选项菜单

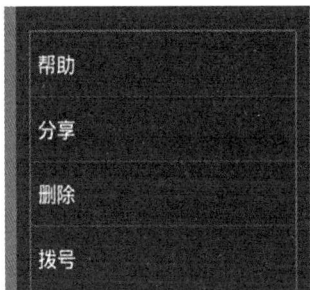

图 7-14　更多选项菜单

2. 在 Android 程序中，使用 Alert 对话框，模拟 QQ 的登录界面。

3. 设计一个 Android 程序，实现以下功能：

（1）使用 ListView 显示手机中联系人的姓名。

（2）在 ListView 中注册上下文菜单，通过上下文菜单的命令，查看该联系人的详细信息。

（3）通过 ListView 的上下文菜单，对联系人信息进行删除，删除后，使用 Toast 进行提示。

4. 设计一个 Android 程序，按手机的返回键时，程序在后台运行，程序的图标使用 Notification 在状态栏显示；通过在状态中单击后，显示该程序的界面。

第 **8** 章
Android 程序调试

【本章内容】

- ❑ DDMS 介绍
- ❑ 启动 DDMS
- ❑ 使用 DDMS 进程管理
- ❑ 使用 DDMS 进行文件操作
- ❑ 使用模拟器控制
- ❑ 使用程序日志 LogCat
- ❑ 在模拟器或者目标设备上截屏
- ❑ 使用手机调试 Android 程序

在前面几章，介绍了 Android 应用程序开发的基本组件、控件及消息提示。通过上述几章的介绍，读者可以开发设计一些简单的 Android 应用程序，但是在开发程序的过程，不可避免地会遇到各种各样的错误。当遇到错误时，开发人员除了要凭借错误提示以及经验之外，还可以借助于编译器自身的工具进行调试程序、排查错误，来解决问题。在 Android 平台下，程序的开发人员可以借助 DDMS 工具进行程序的调试工作。除此之外，还可以通过手机进行 Android 程序的调试。

8.1 DDMS 介绍

DDMS 的全称是 Dalvik Debug Monitor Service，是 Android 开发环境中的 Dalvik 虚拟机调试监控服务。它主要是对系统运行后台日志、系统线程、模拟器状态进行监控，还可以提供以下功能：为测试设备截屏、针对特定的进程查看正在运行的线程以及堆信息、Logcat、广播状态信息、模拟电话呼叫、模拟收发短信、发送虚拟地理坐标等。

如果开发人员使用的是安装了 Android 开发工具插件（Android Development Tools Plug-In）的 Eclipse 集成开发环境（Inregrated Development Environment，IDE），那么 DDMS 工具已经紧密地融合到了开发环境中。通过 DDMS 视图，可以浏览任何一个在开发机上运行的模拟器实例，并且能够查看通过 USB 连接的 Android 设备。如果没有使用 Eclipse，那么 DDMS 也可以在单独的进程中运行，它位于/Tools 目录下。在这种情况下，DDMS 将运行在自己的进程中。

DDMS 的工作原理：DDMS 搭建起 IDE 与测试终端（Emulator 或者 connected device）

的链接，它们应用各自独立的端口监听调试信息，DDMS 可以实时监测到测试终端的连接情况。当有新的测试终端连接后，DDMS 将捕捉到终端的 ID，并通过 adb 建立调试器，从而实现发送指令到测试终端的目的。

8.2　启动 DDMS

（1）在 eclipse 界面的右上角，单击添加工具图标，选中 DDMS 确定，如图 8-1 所示。

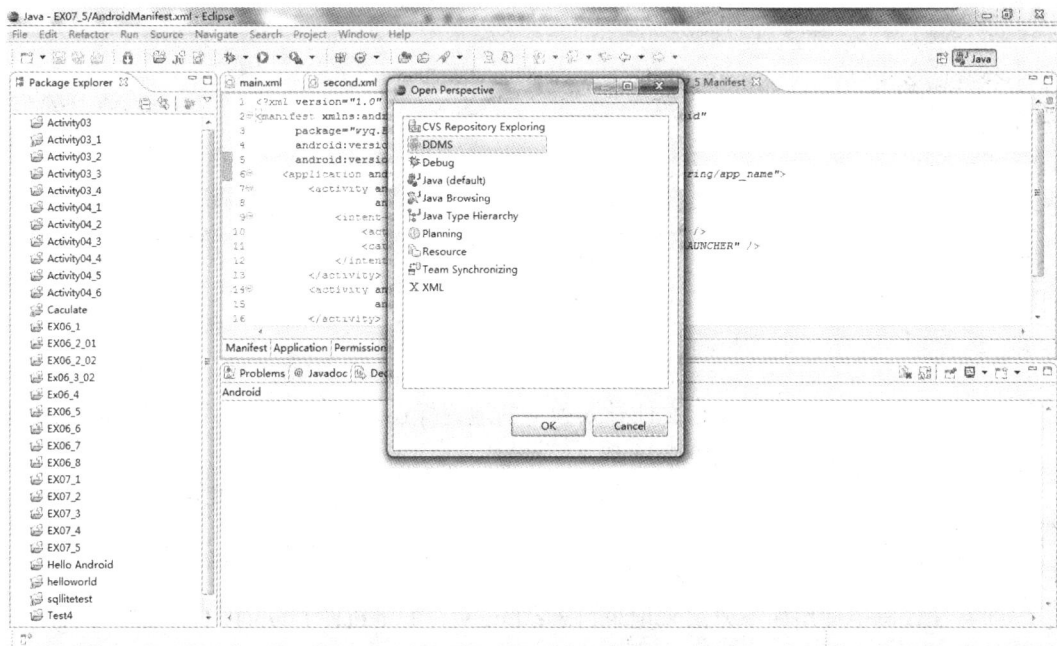

图 8-1　添加 DDMS

（2）eclipse 右上角就会出现 DDMS 图标，单击该图标开启 DDMS，如图 8-2 所示。

（3）DDMS 各部分组成的功能简介。

① Devices：可以查看到所有与 DDMS 连接的模拟器详细信息，以及每个模拟器正在运行的 APP 进程，每个进程最右边相对应的是与调试器链接的端口。

② Emulator Control：可以实现对模拟器的控制，如接听电话、根据选项模拟各种不同网络情况、模拟接受 SMS 消息和发送虚拟地址坐标用于测试 GPS 功能等。

❏　Telephony Status：通过选项模拟语音质量以及信号连接模式。

❏　Telephony Actions：模拟电话接听和发送 SMS 到测试终端。

❏　Location Control：模拟地理坐标或者模拟动态的路线坐标变化并显示预设的地理标识，可以通过以下 3 种方式。

●　Manual：手动为终端发送二维经纬坐标。

●　GPX：通过 GPX 文件导入序列动态变化地理坐标，从而模拟行进中 GPS 变化的数值。

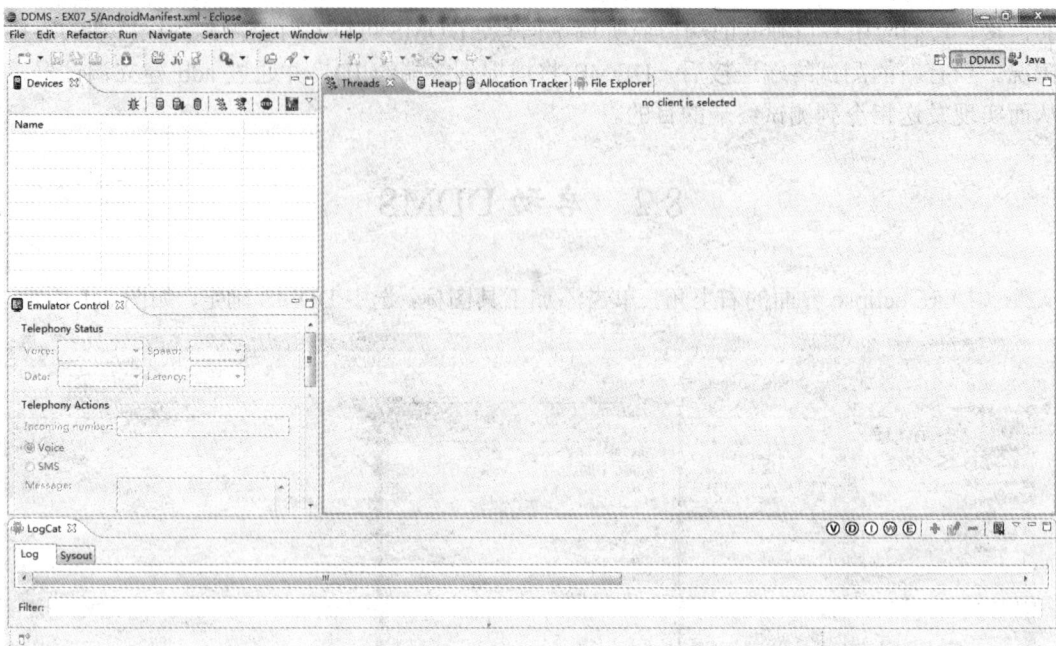

图 8-2　DDMS 界面

● KML：通过 KML 文件导入独特的地理标识，并以动态形式根据变化的地理坐标显示在测试终端。

③ LogCat：主要显示日志信息，日志包括 ERROR、WARN、INFO、DEBUG、VERBOSE 等 5 种类型，在 LogCat 中使用其首字母大写来代替：V 为所有的信息，D 为 Debug 信息，I 为 info 信息，W 为警告信息，E 为错误的信息。

通常在代码中使用如下方法来记录日志：Log.v()、Log.d()、Log.i()、Log.w()、Log.e()，具体的参数可以参考 API。在运行项目时可以通过这里监控到很多的系统日志，了解系统的运行状况。

④ Threads：可以查看某个进程中的所有线程的活动。

⑤ Heap：可以监测应用进程使用内存情况。

⑥ File Exporler：最常用的就是 File Exporler 文件浏览器，通过 File Exporler 可以查看 Android 模拟器中的文件，还可以把文件上传到 android 手机，或者从手机下载下来，也可以进行删除操作。

8.3　使用 DDMS 进程管理

DDMS 非常有用的一个特性在于可以同进程打交道。每一个 Android 应用程序都是用其自己的用户 ID 运行在操作系统的单独的 VM（虚拟机）中。

通过 DDMS 左侧的面板，可以查看所在设备上运行的 VM 实例，每一个均以其包名称作为标识。在 DDMS 的进程管理中，可以进行以下操作：

（1）在 Eclipse 中关联（attach）并调试应用程序。

（2）监视进程。

（3）监视堆。

（4）终止进程。

（5）强制进行垃圾回收（Garbage Collection，GC）。

1. 向 Android 应用程序关联调试器

虽然大多数情况下会使用 Eclipse 调试参数来运行并调试应用程序，但也可以使用 DDMS 来选择任何需要调试的应用程序，并直接关联和调试它。

要为一个进程关联调试器，需要在 Eclipse 工作区中打开对应包的源代码，然后执行以下步骤进行调试。

（1）在模拟器或设备上，确认想要调试的应用程序处于运行状态。

（2）在 DDMS 中，找到这个应用程序的包，并且单击它使其高亮。

（3）单击绿色的小虫图标（ ▓ ）开始调试。

（4）在必要时切换到 Eclipse 的调试视图，像通常一样进行调试。

2. 监视 Android 应用程序的线程活动

可以使用 DDMS 来监视每一个 Android 应用程序的线程活动。步骤如下：

（1）在模拟器或设备上，确认想要监视的应用程序处于运行状态。

（2）在 DDMS 中，找到应用程序的包，并且单击它使其高亮。

（3）单击带有 3 个箭头的小图标（ ▓ ）以显示应用程序的线程。它们将出现在 Thread 标签的右侧。默认情况下，这里显示的数据每 4s 进行一次更新。

（4）在 Thread 标签中，可以选择某个特定的线程并且单击 Refresh 按钮来深入查看这个线程。其中包含的类将会显示在下方区域。结果如图 8-3 所示。

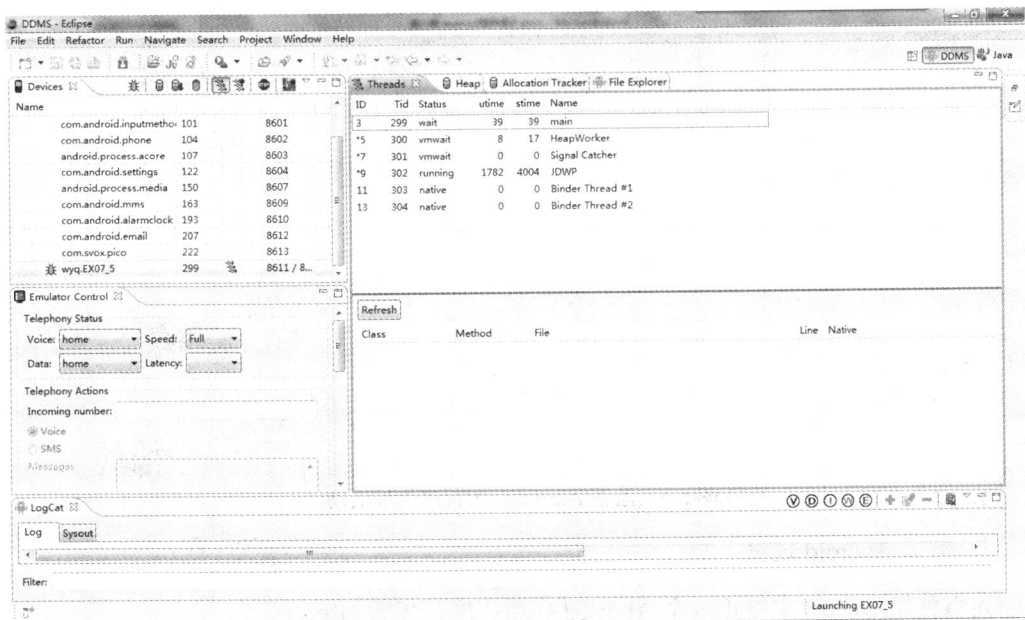

图 8-3　监视 Android 应用程序的线程活动

3. 在 Android 应用程序中触发垃圾回收（GC）

可以使用 DDMS 来强制进行垃圾回收（Garbage Collection，GC），步骤如下：

（1）在模拟器或设备上，确认想要进行 GC 的应用程序处于运行状态。

（2）在 DDMS 中，找到这个应用程序的包，并且单击它使其高亮。

（3）展开下拉菜单（倒三角 ▼）并且选择 Cause GC。也可以在 Heap 标签中执行这一操作。

4. 监视 Android 应用程序的堆活动

可以使用 DDMS 来监视每一个 Android 应用程序的堆统计数据。在每次 GC 后堆的统计数据将进行更新。步骤如下：

（1）在模拟器或设备上，确认想要监视的应用程序处于运行状态。

（2）在 DDMS 中，找到这个应用程序的包，并且单击它使其高亮。

（3）单击绿色的圆筒图标（🛢）以显示该应用程序的堆信息。统计数据将出现在 Heap 标签的右侧。这一数据将在每次 GC 后予以更新。也可以通过单击 Heap 标签中的 Cause GC 按钮来触发一个 GC 操作。

（4）在 Heap 标签中，可以选择特定类型的对象。它的使用情况图表将显示在 Heap 标签的底部。结果如图 8-4 所示。

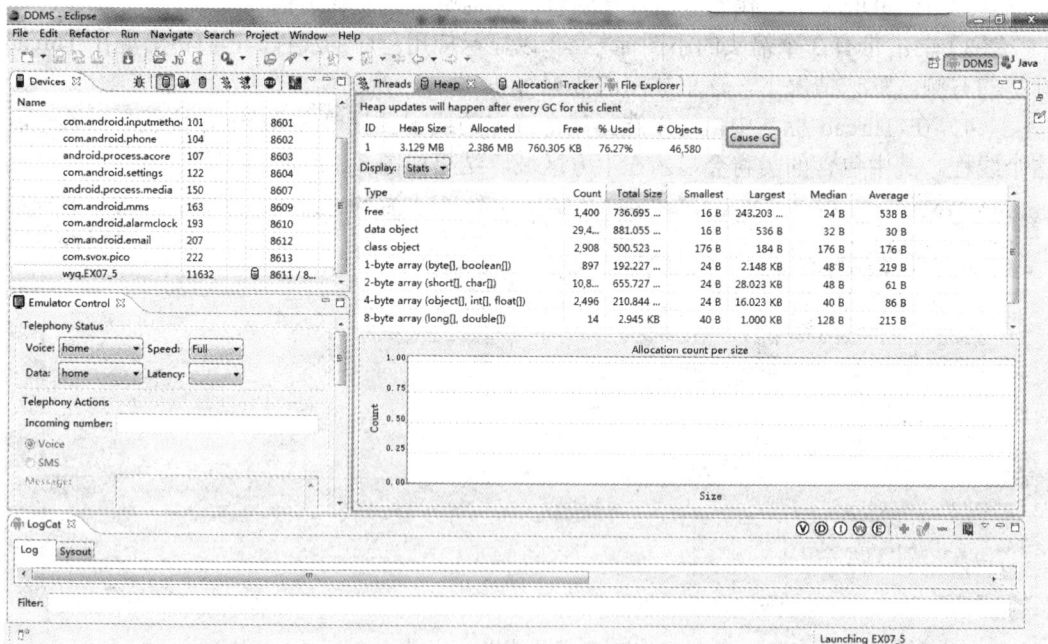

图 8-4　监视 Adroid 应用程序的堆活动

5. 终止 Android 进程

可以使用 DDMS 来终止一个 Andriod 应用程序，步骤如下：

（1）在模拟器或者设备上，确认想要终止的应用程序处于运行状态。

（2）在 DDMS 中，找到这个应用程序包，并且单击它使其高亮。

（3）单击带有红色停止符号的图标（ ）终止该进程。

8.4　使用 DDMS 进行文件操作

开发人员可以使用 DDMS 来查看并操作模拟器或设备上的 Android 文件系统。表 8-1 给出了 Android 文件系统中的某些重要区域。

表 8-1　Android 文件系统中的某些重要区域

目　　录	说　　明
/data/data/\<packagename\>/	应用程序顶层目录 例如：/data/data/com.androidbook.pettracker
/data/data/\<packagename\>/shared_prefs/	应用程序共享首选项目录 命名的首选项以 XML 文件的方式进行存储
/data/data/\<packagename\>/files/	应用程序文件目录
/data/data/\<packagename\>/cache/	应用程序缓存目录
/data/data/\<packagename\>/databases/	应用程序数据库目录 例如：/data/data/com.androidbook.pettracker/databases/test.db
/sdcard/download/	用于存储模拟器上的浏览器下载图像
/data/app/	用于存储第三方 Android 应用程序的 APK 文件

通过 DDMS，可以进行以下操作：

（1）浏览 Android 文件系统。

（2）从模拟器或设备上复制文件。

（3）向模拟器或设备复制文件。

（4）删除模拟器或设备上的文件夹。

1. 浏览 Android 文件系统

要浏览 Android 文件系统，步骤如下：

（1）在 DDMS 中，选择想要浏览的模拟器或设备。

（2）切换到 File Explorer 标签，将看到底层显示的目录。

（3）浏览某个文件夹或文件。

2. 从模拟器或设备上复制文件

可以使用文件夹浏览器将模拟器或设备上的文件或文件夹复制到计算机上，步骤如下：

（1）使用文件夹浏览器导航至需要复制的文件或文件夹，单击使其高亮。

（2）在文件浏览器的右上角，单击 Disk 图标（ ）提取设备中的文件。另外，可以展开图标旁边的下拉菜单（ ），并从中选择 Pull File 来执行这一操作。

（3）输入计算机上用于存放这一文件或文件夹的路径，然后单击 Save 按钮。

3. 向模拟器或设备复制文件

可以使用文件夹浏览器将计算机上的文件复制到模拟器或设备的文件系统中，步骤如下：

（1）使用文件夹浏览器导航至需要复制文件的文件夹，单击使其高亮。

（2）在文件夹浏览器的右上角，单击 Phone 图标（🖳）向设备中添加文件。另外，可以展开图标旁边的下拉菜单（▾），并从中选择 Push File 来执行这一操作。

（3）选择计算机上待复制的文件，然后单击 Open 按钮。

文件浏览器还支持鼠标拖曳，这也是唯一可以向 Andriod 文件系统中复制文件夹的操作。不过，并不推荐向 Android 文件系统中复制文件夹，因为并没有用于删除它们的选项。但如果拥有许可权限，则需要使用程序来删除这些文件夹。总之，可以从计算机上将一个文件或文件夹拖到文件浏览器中，并在适当的位置释放它。

4. 删除模拟器或设备上的文件夹

可以使用文件浏览器来删除模拟器或设备上的文件（但不能删除文件夹），步骤如下：

（1）使用文件浏览器导航至需要删除的文件，单击使其高亮。

（2）在文件浏览器的右上角，单击红色的减号图标（➖）来删除文件。

执行这一操作时需要特别小心，因为没有任何确认提示，文件将立即删除并且没有办法恢复。

8.5　使用模拟器控制

可以通过 DDMS 的 Emulator Control（模拟控制）标签来操作模拟器实例，在此之前必须选中需要操作的模拟器。可以针对下面的目的使用模拟器控制标签：

（1）修改通话（telephony）状态。

（2）模拟语音通话呼入。

（3）模拟 SMS 接收。

（4）发送位置坐标。

1. 模拟语音来电

要使用模拟器控制标签来模拟语音呼入，执行以下步骤：

（1）在 DDMS 中，选择想要拨打的模拟器。

（2）切换到 Emulator 选项卡，将使用 Telephony Actions。

（3）输入模拟呼入的电话号码，它可以包括任意数字、"+" 和 "#"。

（4）选中 Voice 单选按钮。

（5）单击 Call 按钮。

（6）模拟器将会接收到呼入并响铃。接听电话。

（7）模拟器可以像正常情况一样挂断电话，也可以使用 DDMS 中的 Hang Up 按钮终止通话。过程如图 8-5 和图 8-6 所示。

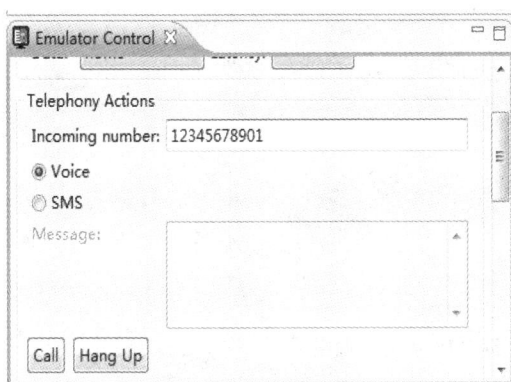

图 8-5　使用 DDMS 拨打电话

图 8-6　模拟器接听电话

2. 模拟短消息接收

DDMS 提供了最稳定的向模拟器发送 SMS 的方法。其过程同模拟语音来电类似。要使用模拟器控制标签模拟发送 SMS，步骤如下：

（1）在 DDMS 中，选择需要接收 SMS 的模拟器。

（2）切换到 Emulator 选项卡，将使用 Telephony Actions。

（3）输入模拟发送电话号码，它可以包括任意数字、"+"和"#"。

（4）选中 SMS 单选按钮。

（5）输入 SMS 消息的正文。

（6）单击 Send 按钮。

（7）模拟器将会接收到 SMS 并显示通知。

操作过程如图 8-7 和图 8-8 所示。

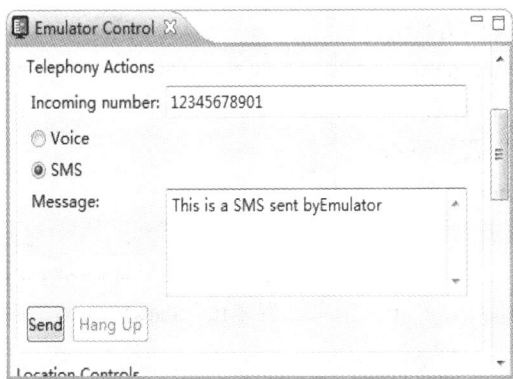

图 8-7　使用 DDMS 发送短信

图 8-8　模拟器接收短信

3. 发送位置坐标

向模拟器发送 GPS 坐标，只需要在模拟器控制标签中简单地输入 GPS 坐标，单击 Send 按钮，然后就可以使用模拟器上的 Maps 应用程序接收当前位置，如图 8-9 所示。

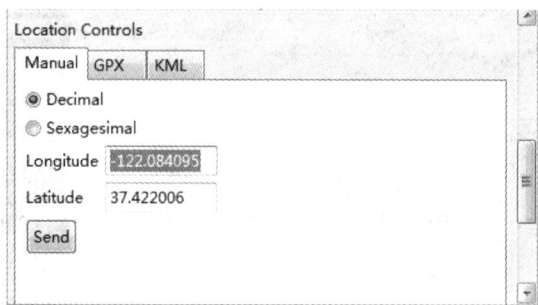

图 8-9　使用 DDMS 发送位置坐标

8.6　使用程序日志 LogCat

DDMS 中融合了 LogCat 工具，它为 DDMS 用户界面中底部的一个标签。可以通过单击内含字母的圆圈图标（Ⓥ Ⓓ Ⓘ Ⓦ Ⓔ）来控制信息的显示量。默认的 Ⓥ 代表 Verbose（即显示所有信息），其余可选图标包括 Ⓓ（Debug，调试）、Ⓘ（Information，信息）、Ⓦ（Warning，警告）和 Ⓔ（Error，错误）。

1．增加 LogCat 视图

除了上面几种视图之外，LogCat 还可以创建自定义过滤标签以显示仅与调试标记（Debug Tag）相关的 LogCat 信息。可以通过 "+"
按钮来添加一个过滤标签以显示仅与特定标记匹配的日志信息。对应用程序创建专有的调试标记将非常有用，这样，就可以过滤 LogCat，以保证只显示与应用程序相关的日志活动。

下面介绍在 Eclipse 中增加 LogCat 视图的方法，将过滤器命名为 Sysout 并且设置标记为 System.out。这样，就拥有了一个名为 Sysout 的 LogCat 标签，它将只显示 System.out 输出的日志信息。步骤如下：

（1）选择 Windows→Show View→Other 命令，在弹出的对话框中，选择 Android→LogCat 选项，如图 8-10 所示。

（2）单击 OK 按钮，在 Eclipse 中会增加 LogCat 视图，如图 8-11 所示。

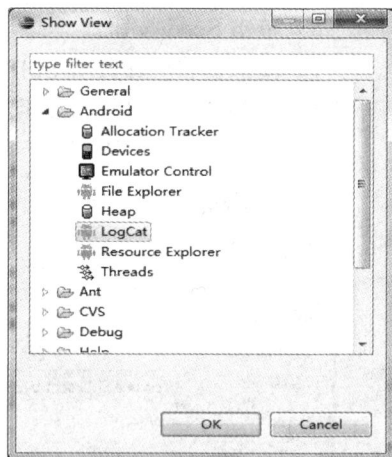

图 8-10　ShowView 对话框

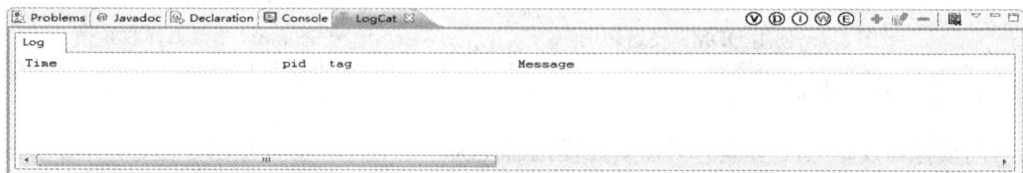

图 8-11　LogCat 视图

（3）虽然有了 Log 视图，但是并不会显示 System.out.println()函数的输出信息，需要再增加一个过滤器，单击 ✚ 按钮，如图 8-12 所示。

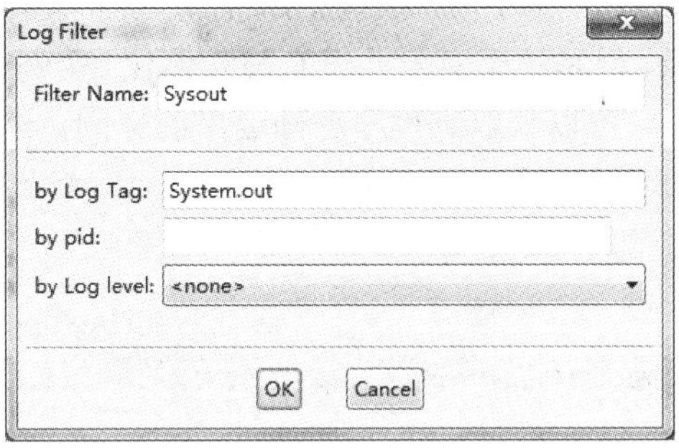

图 8-12　增加 Log Filter

（4）单击 OK 按钮，就会增加一个 Sysout 过滤器，用来显示 System.out 函数输出的信息，如图 8-13 所示。

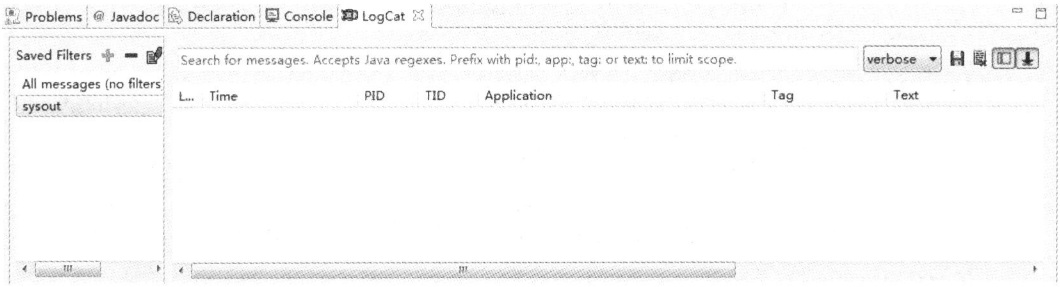

图 8-13　Sysout 过滤器

2.　通过 LogCat 获取错误信息

在进行 Android 程序的设计开发过程中，开发人员会遇到各种各样的错误。除了基本的语法错误之外，还有程序运行过程中发生的错误。对于语法错误，开发人员能够快速地找到，并根据提示进行修改。但是运行时产生的错误，就很难寻找原因，除了进行必要的异常处理外，更重要的是能够寻找到产生错误的原因，而 LogCat 就是获取此类错误信息的一个有效工具。

下面以第 7 章的 EX07_5 为例来说明如何通过 LogCat 获取错误。

在该项目中，将 MainActivity.java 文件中的第 29 行"mNotificationManager = (NotificationManager)getSystemService(NOTIFICATION_SERVICE);"注释掉，然后运行该程序，那么会产生一个错误，导致程序的意外退出。

当遇到此类错误时，仅仅根据程序的提示，是无法知道程序的错误发生在什么地方的。但是程序的运行会在 LogCat 形成日志，即程序的运行过程。当遇到此类的错误时，可以通过查看 LogCat 获取发生错误的原因。在 LogCat 中，单击 Ⓖ 图标，即可看到程序运行过程中所产生的错误及原因，如图 8-14 所示。

在图 8-14 中，可以看到发生的错误很多，那么究竟哪个才是发生错误的主要原因呢？在图中的下半部分（即图中选中行以下的部分）为异常堆栈的追踪信息，上半部分是产生异常的原因。在本例中，产生的异常原因是：java.lang.nullPointerExpection。LogCat 不但明确地告诉了产生错误的原因，还告诉了发生错误代码的位置：com.example.ex07_5. MainActivity 类的第 38 行。通过查看 EX07_5 实例的代码，在第 38 行使用了 mNotificationManager 对象，但是这个对象并没有被实例化（实例化的代码已经被注释掉）。因为通过 LogCat，开发人员可以获取到程序意外退出的原因。

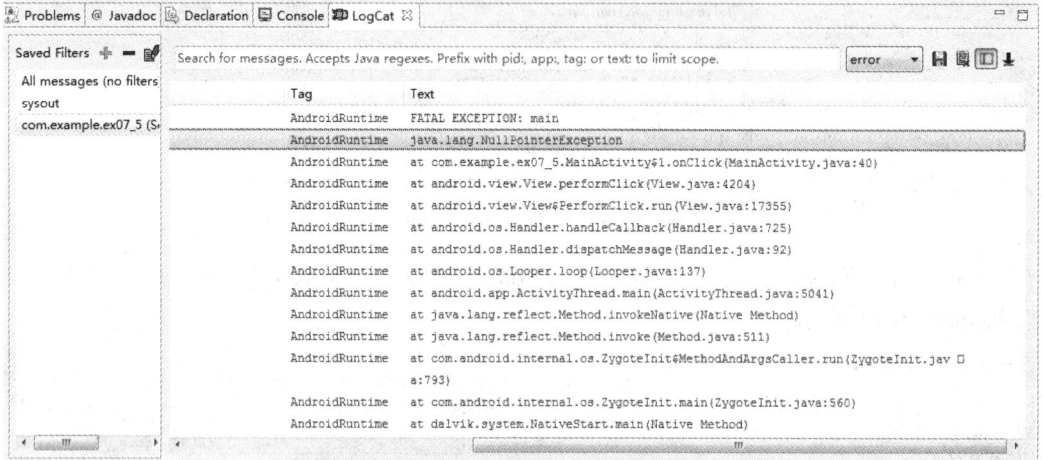

图 8-14　LogCat 错误信息

8.7　在模拟器或者目标设备上截屏

可以在 DDMS 中截取模拟器或设备的屏幕显示。设备屏幕对于调试来讲非常有用，它使 DDMS 工具特别适合 QA 人员，并且受到开发人员的欢迎。要进行屏幕截取，可以执行以下步骤：

（1）在 DDMS 中，选择需要截屏的模拟器或设备。

（2）在模拟器或设备上，确认屏幕显示的正是你想要截取的画面。

（3）单击带有方形彩色图案的图标（）进行截屏。此时将启动一个截屏窗口。

（4）在截屏窗口中，单击 Save 按钮保存屏幕截图。

8.8　使用手机调试 Android 程序

Android 开发平台的模拟器运行速度非常的慢，如果程序设计人员忍受不了其运行速度，可以在真实的手机上进行程序的调试。步骤如下：

（1）设置 Android 手机为 USB 调试模式。步骤：Menu→设置→应用程序→开发，选择"USB 调试"选项，如图 8-15 所示。

（2）用 USB 连接手机和计算机，在这一步需要安装手机的驱动程序。

（3）确定手机和计算机已连接成功，打开 DDMS，在 Device 中，可以看到连接的手机设备，如图 8-16 所示。

图 8-15 设置 USB 调试

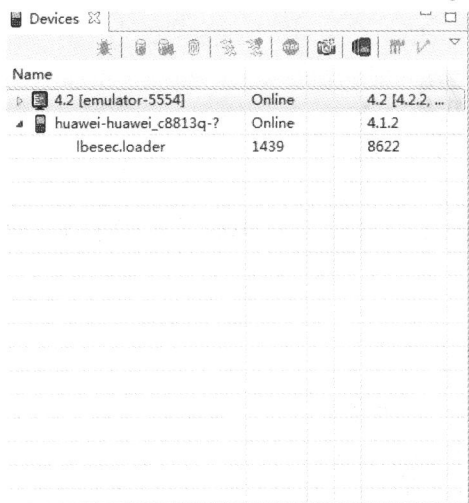

图 8-16 显示设备列表

（4）运行程序，弹出选择设备对话框，选择手机设备，即可在手机中运行调试程序，如图 8-17 所示。

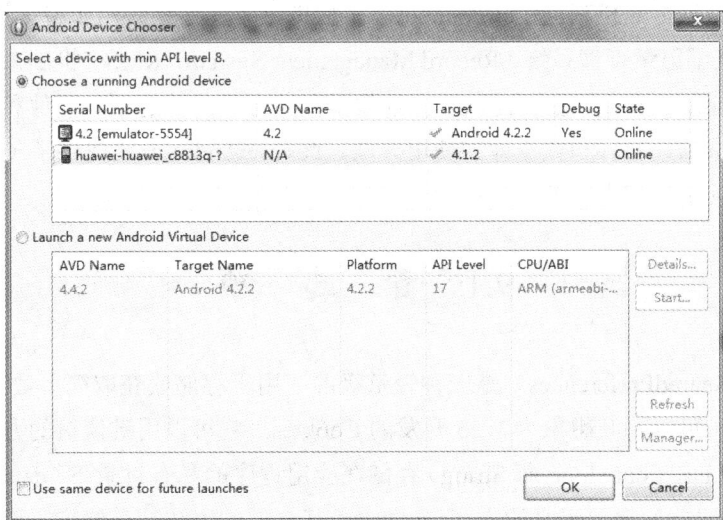

图 8-17 真机调试程序

8.9 习　　题

1．简述 DDMS 的运行原理。

2．通过 File Explorer 向模拟器中导入/导出文件。

3．将一个 Android 应用程序安装到手机上并且运行。

4．通过 LogCat 查看运行程序所产生的日志。

5．在 LogCat 中增加一个名为 DebugError 的过滤器，用于显示调试过程中的错误信息。

第9章

Android 数据存储与处理

【本章内容】

- ❑ 首选项
- ❑ 文件系统
- ❑ SQLite 数据库
- ❑ ContentProvider 类

无论是在桌面平台还是移动平台，应用程序都需要持久存储其数据，所以每个平台都提供了相应的数据存储机制。例如，Windows 平台提供了文件系统用于持久存储用户数据；J2ME 平台提供了记录管理系统（Record Management System，RMS）机制来存储用户的记录数据。在 Android 平台，主要提供了 3 种数据存储方式：首选项、文件和数据库。本章将分别介绍首选项、文件和数据库的使用方法。此外，Android 还提供了 ContentProvider 类来实现不同应用程序之间共享数据。

9.1 首 选 项

首选项（SharedPreferences）是一种轻量级的、用于存储或获取简单数据类型的"键-值"项的机制，可以将其想象为 Web 开发的 Cookies。它可以用键值对的方式把简单数据类型（boolean、int、float、long 和 String）存储在应用程序的私有目录下（data/data/<package name>/shared_prefs/）自己定义的 xml 文件中。其典型的用法是存储应用程序的首选项，如程序的基本设置等，这些选项将在应用程序启动时被载入，大多数应用程序都提供了首选项设置的功能。

9.1.1 SharedPreferences 类简介

SharedPreferences 保存的数据主要是类似于配置信息格式的数据，因此保存的数据主要是简单类型的键值对（key-value），它保存的是一个 xml 文件，常用的属性和方法如表 9-1 所示。

表 9-1　SharedPreferences 常用的属性和方法

方 法 名 称	参 数 说 明	描　　述
public abstract boolean contains (String key)	❑ key：想要判断的 preference 的名称	判断 preferences 是否包含一个 preference。如果 preferences 中存在 preference，则返回 true，否则返回 false
public abstract SharedPreferences. Editor edit()		针对 preferences 创建一个新的 Editor 对象，通过它用户可以修改 preferences 中的数据，并且原子化地将这些数据提交回 SharedPreferences 对象。返回一个 SharedPreferences.Editor 的新实例，允许用户修改 SharedPreferences 对象中的值
public abstract Map<String, ?> getAll()		取得 preferences 中的所有值。返回一个 map，其中包含一列 preferences 中的键值对
public abstract XXX get XXX (String key, XXX defValue)	❑ key：获取的 preference 的名称 ❑ defValue：当此 preference 不存在时返回的默认值	从 preferences 中获取一个 XXX 类型的值。其中 XXX 可以是 boolean、float、int、long、string 等基本数据类型。如果 preference 存在，则返回 preference 的值，否则返回 defValue
public abstract void register OnShared PreferenceChangeListener (SharedPreferences.OnSharedPreferenceChangeListener listener)	❑ listener：将会被调用的回调函数	注册一个回调函数，当一个 preference 发生变化时调用
public abstract void unregister OnShared PreferenceChangeListener (SharedPreferences.OnSharedPreferenceChangeListener listener)	❑ listener：要被注销的回调函数	注销一个之前（注册）的回调函数

　　由于 SharedPreference 是一个接口，而且在这个接口中并没有提供写入数据和读取数据的能力。但是在其内部有一个 Editor 内部的接口，这个接口有一系列的方法用于操作 SharedPreference。Editor 接口的常用方法如表 9-2 所示。

表 9-2　Editor 接口的常用方法

方 法 名 称	描　　述
Public abstract SharedPreferences.Editor clear()	清空 SharePreferences 中所有的数据
Public abstract Boolean commit()	当 Editor 编辑完成后，调用该方法可以提交修改，而且必须要调用这个数据才修改
sharedPreferences.Editor remove(String key)	删除 SharePreferences 中指定 key 对应的数据项
SharePreferences.Editor putXXX(String key, XXX value)	向 SharePreferences 存入指定的 key 对应的数据，其中 XXX 可以是 boolean、float、int、long、string 等基本数据类型

　　SharedPreferences 只是一个接口，程序是无法创建 SharedPreferences 实例的，可以通

过 Context.getSharedPreferences(String name,int mode)来得到一个 SharedPreferences 实例。

- □ name：是指文件名称，不需要加扩展名.xml，系统会自动添加上文件扩展名。一般这个文件存储在/data/data/<package name>/shared_prefs 下。
- □ mode：是指定读写方式，其值有 3 种，分别介绍如下。
  - Context.MODE_PRIVATE：指定该 SharedPreferences 数据只能被本应用程序读写。
  - Context.MODE_WORLD_READABLE：指定该 SharedPreferences 数据能被其他应用程序读，但不能写。
  - Context.MODE_WORLD_WRITEABLE：指定该 SharedPreferences 数据能被其他应用程序读写。

Android 提供 preference 这个键值对的方式来处理这种情况，自动保存这些数据，并立刻生效，同时 Android 提供一种类似的 layout 的方式来进行 Preference 的布局。

preference 的组织方式有 PreferenceScreen 和 PreferenceCategory，PreferenceCategory 是带层次组织关系，而 PreferenceScreen 就是最基础的方式。

在 xml 文件中定义了一个 PreferenceScreen，然后创建 ListPreference 作为子屏幕。对于 PreferenceScreen，设置了 3 个属性：key、title 和 summary。Key 是一个字符串，可用于以编程的方式表示项（类似于使用 android:id 的方式）；title 表示标题；summary 表示用途。PreferenceScreen 的常用属性如表 9-3 所示。

表 9-3　PreferenceScreen 的常用属性

属　　性	说　　明
android:key	选项的名称或键（例如 selected_flight_sort_option）
android:title	选项的标题
android:summary	选项的简短摘要
android:entries	可将选项设置成列表项的文本
android:entryValues	定义每个列表项的值。注意：每个列表项有一些文本和一个值。文本由 entries 定义，值由 entryValues 定义
android:dialogTitle	对话框的标题，在视图显示为模态对话框时使用
android:defaultValue	项列表中选项的默认值

SharePreferences 的使用步骤如下：

首先，创建首选项 xml 文件来描述首选项，在/res/xml/目录下的 xml 文件中定义首选项。

其次，要向用户显示首选项，编写一个活动类来扩展预定义的 Android 类 android. preference.PreferenceActivity，然后使用 addPreferencesFromResource()方法将资源添加到活动的资源集合中。

9.1.2　SharedPreferences 使用实例

本节将通过实例介绍 SharedPreferences 的使用方法。在本实例中，可以在主界面设置账户，也可以通过选项菜单打开程序的设置账户及其他选项，然后在主界面显示程序设置的结果。

本实例的开发步骤如下：

（1）新建项目 EX09_1。

（2）修改主 Activity 的布局文件 activity_main.xml，编写代码如下：

```xml
01 <?xml version="1.0" encoding="utf-8"?>
02 <LinearLayout xmlns:android="http://schemas.android.com/apk/res/android"
03     android:orientation="vertical"
04     android:layout_width="fill_parent"
05     android:layout_height="fill_parent"
06     >
07 <TextView
08     android:layout_width="fill_parent"
09     android:layout_height="wrap_content"
10     android:text="这是一个首选项 SharedPreferences 实例"
11     />
12 <TextView
13     android:layout_width="fill_parent"
14     android:layout_height="wrap_content"
15     android:text="输入用户名："
16     />
17 <EditText
18     android:layout_width="fill_parent"
19     android:layout_height="wrap_content"
20     android:id="@+id/user"
21     />
22 <Button
23     android:layout_width="wrap_content"
24     android:layout_height="wrap_content"
25     android:id="@+id/bt_OK"
26     android:text="确    定"
27     android:gravity="center_horizontal"
28     />
29 <TextView
30     android:layout_width="fill_parent"
31     android:layout_height="wrap_content"
32     android:text="首选项的设置为："
33     />
34 <TextView
35     android:layout_width="fill_parent"
36     android:layout_height="wrap_content"
37     android:id="@+id/tv"
38     />
39 </LinearLayout>
```

说明：

❏ 第 7~11、12~16 行：定义 TextView 控件及其大小、文本。

❏ 第 17~21 行：定义一个 ID 为 user 的 EditText 控件及其大小。

❏ 第 22~28 行：定义一个 ID 为 bt_OK 的 Button 控件及其大小、对齐方式。

❏ 第29~33行：定义一个 TextView 控件及其大小、文本。

❏ 第34~39行：定义一个 ID 为 tv 的 TextView 控件及其大小，用于显示信息。

（3）创建首选项 xml 文件来描述首选项，在 res/xml 文件夹下创建 ex091preference.xml 文件，编写代码如下：

```xml
01 <?xml version="1.0" encoding="utf-8"?>
02 <PreferenceScreen
03    xmlns:android="http://schemas.android.com/apk/res/android"
04    android:key="setting"
05    android:title="软件设置">
06    <PreferenceCategory
07        android:key="basicSet"
08        android:title="基本设置">
09        <EditTextPreference
10            android:key="username"
11            android:title="账户"
12            android:defaultValue=" "
13            android:summary="设置账户名"
14            />
15        <CheckBoxPreference
16            android:key="nightmode"
17            android:title="夜间模式"
18            android:summaryOn="已启用"
19            android:summaryOff="未启用"
20            />
21        <RingtonePreference
22            android:key="ringtone"
23            android:title="铃声"
24            android:showSilent="true"
25            android:ringtoneType="alarm"
26            android:summary="设置通知铃声"
27            />
28    </PreferenceCategory>
29    <PreferenceCategory
30        android:key="textSet"
31        android:title="文本设置">
32        <ListPreference
33            android:key="fontSize"
34            android:title="字体大小"
35            android:summary="设置字体大小"
36            android:entries="@array/fontsize"
37            android:entryValues="@array/fontsizevalue"
38            android:dialogTitle="选择字体大小"
39            />
40    </PreferenceCategory>
41 </PreferenceScreen>
```

说明：

❏ 第2~5行：定义一个 PreferenceScreen，其键为 setting，标题为"软件设置"。

- ❑ 第 6~8 行：定义一个 PreferenceCategory，其键为 basicSet，标题为"基本设置"，用于把下面的 3 个组件组织起来。
- ❑ 第 9~14 行：定义一个 EditTextPreference，其键为 username，标题为"账户"，摘要为设置账户名。当单击该组件时，弹出输入框进行输入。
- ❑ 第 15~20 行：定义一个 CheckBoxPreference，其键为 nightmode，标题为"夜间模式"。第 18 行设置当该复选框被选中时显示的摘要，第 19 行设置当该复选框未被选中时显示的摘要。
- ❑ 第 21~27 行：定义一个 RingtonePreference，其键为 ringtone，标题为"铃声"，摘要为设置通知铃声。
- ❑ 第 29~40 行：定义一个 PreferenceCategory，其键为 textSet，标题为"文本设置"，其中包含一个 ListPreference 组件。第 32~39 行：定义一个 ListPreference，其键为 fontSize，标题为"字体大小"，摘要为设置字体大小。第 36 行定义该列表显示的内容，该数组需要在 string.xml 资源文件中定义，第 37 行定义该列每项显示内容的值，该数组也需要在 string.xml 资源文件中定义，第 38 行设置所显示的对话框的标题。

（4）编写 string 资源文件，在 string.xml 文件中加入以下代码：

```xml
<string-array name="fontsize">
        <item>小</item>
        <item>正常</item>
        <item>大</item>
</string-array>
<string-array name="fontsizevalue">
        <item>0</item>
        <item>1</item>
        <item>2</item>
</string-array>
```

说明：

定义 fontsize 和 fontsizevalue 两个数组，分别用于首选项布局文件中 ListPreference 组件的显示项及对应项的值。

（5）创建首选项的活动类 SetPreferenceActivity，派生于 PreferenceActivity 类，编写代码如下：

```java
01 package com.example.ex09_1;
02 import android.os.Bundle;
03 import android.preference.PreferenceActivity;
04 public class SetPreferenceActivity extends PreferenceActivity {
05     @Override
06     protected void onCreate(Bundle savedInstanceState) {
07         super.onCreate(savedInstanceState);
08         addPreferencesFromResource(R.xml.ex091preference);
09     }
10 }
```

说明：

- 第 8 行：调用 addPreferencesFromResource()为 SetPreferenceActivity 传入 R.xml. ex091preference 资源。

（6）修改主 Activity 的类文件 MainActivity.java，编写代码如下：

```
001 package com.example.ex09_1;
002
003 import android.app.Activity;
004 import android.content.Intent;
005 import android.content.SharedPreferences;
006 import android.content.SharedPreferences.Editor;
007 import android.os.Bundle;
008 import android.view.Menu;
009 import android.view.MenuItem;
010 import android.view.View;
011 import android.widget.Button;
012 import android.widget.EditText;
013 import android.widget.TextView;
014
015 public class MainActivity extends Activity {
016     private TextView tv;
017     private EditText edtUser;
018     private Button bt_OK;
019     private SharedPreferences pref;
020     /** Called when the activity is first created. */
021     @Override
022     public void onCreate(Bundle savedInstanceState) {
023         super.onCreate(savedInstanceState);
024         setContentView(R.layout. activity_main);
025         edtUser=(EditText)findViewById(R.id.user);
026         bt_OK=(Button)findViewById(R.id.bt_OK);
027         bt_OK.setOnClickListener(new View.OnClickListener()
028         {
029             @Override
030             public void onClick(View v) {
031                 // TODO Auto-generated method stub
032                 pref= getSharedPreferences("wyq.EX09_1_preferences",
                            MODE_WORLD_WRITEABLE);
033                 Editor editor=pref.edit();
034                 String userName=edtUser.getText().toString();
035                 editor.putString("username", userName);
036                 editor.commit();
037                 showSetting();
038             }
039         });
040     }
041     @Override
042     public boolean onCreateOptionsMenu(Menu menu)
```

```
043      {
044          menu.add(Menu.NONE, Menu.FIRST + 1, 1, "设置");
045          menu.add(Menu.NONE, Menu.FIRST + 2, 2, "退出");
046          return true;
047      }
048      @Override
049      public boolean onOptionsItemSelected(MenuItem item)
050      {
051          switch (item.getItemId())
052          {
053              case Menu.FIRST + 1: Intent intent=new Intent();
054                          intent.setClass(this, SetPreferenceActivity.class);
055                          startActivityForResult(intent,1);
056                          break;
057              case Menu.FIRST + 2:finish();
058                          break;
059          }
060          return super.onOptionsItemSelected(item);
061      }
062      @Override
063      protected void onActivityResult(int requestCode, int resultCode, Intent data) {
064          // TODO Auto-generated method stub
065          super.onActivityResult(requestCode, resultCode, data);
066          showSetting();
067      }
068      private void showSetting()
069      {
070          String settingStr;
071          tv=(TextView)findViewById(R.id.tv);
072          pref= getSharedPreferences("wyq.EX09_1_preferences",MODE_WORLD_READABLE);
073          String username=pref.getString("username", "");
074          settingStr="您设置的账户名为:"+username+"\n";
075
076          Boolean nightmode=pref.getBoolean("nightmode",false);
077          if(nightmode)
078          {
079              settingStr=settingStr+"夜间模式：已启用\n";
080          }
081          else
082          {
083              settingStr=settingStr+"夜间模式：未启用\n";
084          }
085          String fontSize = pref.getString("fontSize", "0");
086          if(fontSize.equals("0"))
087          {
088              settingStr=settingStr+"字体：小"+"\n";
089          }
090          if(fontSize.equals("1"))
091          {
```

```
092                settingStr=settingStr+"字体：正常"+"\n";
093            }
094            else if(fontSize.equals("2"))
095            {
096                settingStr=settingStr+"字体：大"+"\n";
097            }
098            tv.setText(settingStr);
099        }
100 }
```

说明：

- ❑ 第 16~19 行：定义 TextView、EditText、Button、SharedPreferences 对象。
- ❑ 第 25 行：获取 EditText 控件的引用。
- ❑ 第 26 行：获取 Button 控件的引用。
- ❑ 第 27~40 行：为 Button 控件添加单击监听事件。
- ❑ 第 32 行：获取当前的首选项文件，第一个参数：用来指定存储首选项值的文件的名称，格式为：包名_preferences，本项目的包名为 wyq.EX09_1，所以文件名为 wyq.EX09_1_preferences，第二个参数为打开模式。在本 Activity 中，要将 EditText 中输入的账户保存在首选项文件中，所以打开模式为 MODE_WORLD_WRITEABLE。
- ❑ 第 33 行：获取首选项的编辑器。
- ❑ 第 34 行：获取文本框的内容。
- ❑ 第 35 行：将文本框的内容写入到首选项中，第一个参数为要写入的首选项的键，第二个参数为该键的值，即从文本框中获取到的内容。
- ❑ 第 36 行：提交修改。在编辑首选项后，一定要进行提交，否则不会写入到首选项文件中。
- ❑ 第 37 行：调用 showSetting()用于在 TextView 中显示首选项的设置。
- ❑ 第 42~47 行：创建选项菜单。
- ❑ 第 49~61 行：为选项菜单增加事件。
- ❑ 第 55 行：单击选项菜单的"设置"时，程序跳转到首选项设置的 Activity，并且因为设置完成后要显示设置的结果，所以使用 startActivityForResult()而不是 startActivity()。
- ❑ 第 63~67 行：重写 onActivityResult()函数，在该函数中调用 showSetting()函数，显示首选项设置的结果。
- ❑ 第 68~100 行：定义 showSetting()函数。
- ❑ 第 72 行：获取当前的首选项文件，打开模式为 MODE_WORLD_READABLE。
- ❑ 第 73 行：获取首选项中的 username 键的值，第一个参数为键名，第二个参数为默认值。
- ❑ 第 74 行：获取首选项中的 nightmode 键的值。对于复选框，其选中或者未被选中，使用 boolean 来表示，所以使用 getBoolean()函数来获取复选框首选项组件的值。
- ❑ 第 85 行：获取列表首选项组件的值，获取到的是每一项对应的 value，及 fontsizevalue

数组中的值，而不是显示的值。

❑ 第 98 行：设置 TextView 的显示内容。在获取到各个首选项组件的值后，拼接了 settingStr 字符串，用于描述首选项的设置内容。

（7）修改 AndroidManifest.xml 文件，为第二个 Activity 进行配置。在该文件的 <application>节点中增加如下代码：

```
<activity
            android:name="com.example.ex09_1.SetPreferenceActivity"
            android:label="@string/app_name" >
</activity>
```

本实例运行结果如图 9-1 和图 9-2 所示。

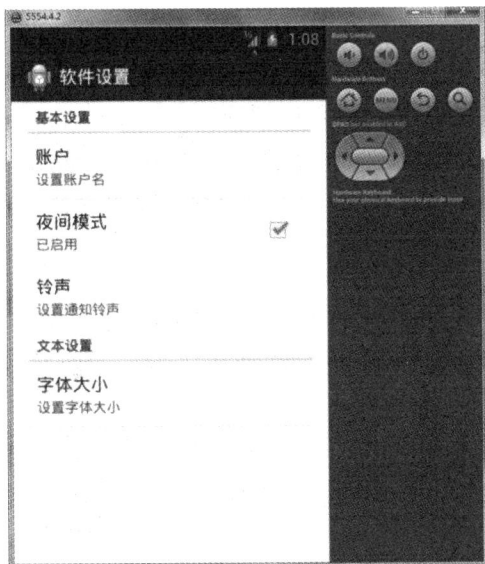

图 9-1　设置首选项

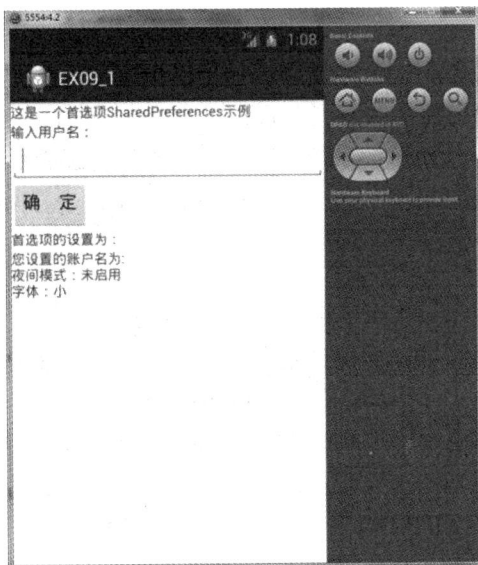

图 9-2　显示首选项

9.2　文　件

和桌面平台一样，Android 平台允许应用程序在移动设备或者移动存储设备上直接存储文件。不同的是，Android 应用程序所存储的文件默认是不能被其他应用程序访问的，因为 Android 的文件系统是基于 Linux 并且支持基于模式的权限。在 Android 应用程序中可以创建和读取文件、访问作为资源使用的原始文件，还可以创建和访问自定义 xml 文件。本节将介绍在 Android 应用程序中文件的创建、访问方法。

9.2.1　文件访问

1. 创建文件

在 Android 平台中，可以轻松地创建文件，并将创建的文件存储在文件系统中当前应用程序的数据路径下。Android 提供了一种简单的方法来创建文件，用 OpenFileOutput 获取 FileOutputStream 引用，来获取创建文件的数据流，该文件将存储在 Android 平台下的 data/data/[包名]/files/文件名。创建数据流之后，可以使用传统的 Java 访问方法向其写入数据。在文件创建后，可以通过 adb（Android Debug Bridge）工具或者 DDMS 的 File Explorer 从 Android 平台获取文件。

2. 访问文件

访问文件与创建文件是两个相反的操作。在输入时，可以使用 OpenFileInput 获取 FileInputStream 引用，来获取读取文件的数据流，然后通过 Java 方法来读取文件。

3. 访问资源文件

资源文件存放在 res/raw 中。如果系统在应用程序中需要使用任何形式（文本、图像、文档）的原始文件，则可以将该文件放在 res/raw 下。存储在 res/raw 的文件不会被平台编译，而是作为可用的原始资源。获取原始资源文件与获取文件类似，获取一个 InputStream，然后将该数据流分配给一个原始资源的引用。通过 getResources()获取 Resource 的引用，然后调用 openRawResource(int id)链接到特定的资源上，该 ID 可以从 R.raw.ID 获取到。

4. xml 文件

xml 用于标记电子文件使其具有结构性的标记语言，可以用来标记数据、定义数据类型，是一种允许用户对自己的标记语言进行定义的源语言。在 Android 平台中，自定义的 xml 文件存储在 res/xml 中。xml 文件在程序部署时将被编译为有效的二进制类型。要处理 xml 资源，需要使用 XmlPullParser 类，这个类使用 SAX 解析器遍历 xml。该解析器为遇到的每个元素都提供了一个由整型数据表示的事件类型，例如 START_TAG、END_TAG、START_DOCUMENT、END_DOCUMENT。使用 next()方法来检索当前的时间类型值并将它与类中的事件进行比较。遇到每个元素都有一个名称、文本值和可选的属性，通过 getAttriCount()获取每个项目的属性数，并通过 getAttributeName()与 getAttributeValue()获取取节点的名称和值。

9.2.2 文件访问实例

本节将通过实例演示各种文件的访问方式。本实例的开发步骤如下：
（1）创建项目 EX09_2。
（2）修改主 Activity 的布局文件 activity_main.xml，编写代码如下：

```
01 <?xml version="1.0" encoding="utf-8"?>
02 <LinearLayout xmlns:android="http://schemas.android.com/apk/res/android"
03     android:orientation="vertical"
04     android:layout_width="fill_parent"
05     android:layout_height="fill_parent"
06 >
07 <TextView
```

```
08        android:layout_width="fill_parent"
09        android:layout_height="wrap_content"
10        android:text="这是一个文件操作的实例"
11 />
12 <Button
13        android:layout_width="fill_parent"
14        android:layout_height="wrap_content"
15        android:id="@+id/bt_createFile"
16        android:text="创建文件"
17 />
18 <Button
19        android:layout_width="fill_parent"
20        android:layout_height="wrap_content"
21        android:id="@+id/bt_readFile"
22        android:text="读取文件"
23 />
24 <Button
25        android:layout_width="fill_parent"
26        android:layout_height="wrap_content"
27        android:id="@+id/bt_readRawFile"
28        android:text="读取资源文件"
29 />
30 <Button
31        android:layout_width="fill_parent"
32        android:layout_height="wrap_content"
33        android:id="@+id/bt_readXMLFile"
34        android:text="读取 XML 文件"
35 />
36 <Button
37        android:layout_width="fill_parent"
38        android:layout_height="wrap_content"
39        android:id="@+id/bt_createXMLFile"
40        android:text="创建 xml 文件"
41 />
42 </LinearLayout>
```

说明：

❑ 第 2~6 行：定义一个纵向的线性布局，其大小为整个屏幕。

❑ 第 7~11 行：定义一个 TextView 控件及其大小、文本。

❑ 第 12~17、18~23、24~29、30~35、36~41 行：依次定义 Button 控件及其大小、文本、ID。

（3）修改主 Activity 的类文件 MainActivity.java，编写代码如下：

```
01 package com.example.ex09_2;
02
03 import android.app.Activity;
04 import android.content.Intent;
05 import android.os.Bundle;
```

```
06 import android.view.View;
07 import android.widget.Button;
08
09 public class MainActivity extends Activity {
10     /** Called when the activity is first created. */
11     private Button bt_createFile;
12     private Button bt_readFile;
13     private Button bt_readRawFile;
14     private Button bt_readXMLFile;
15     private Button bt_createXMLFile;
16     @Override
17     public void onCreate(Bundle savedInstanceState) {
18       super.onCreate(savedInstanceState);
19       setContentView(R.layout. activity_main);
20       bt_createFile=(Button)findViewById(R.id.bt_createFile);
21       bt_readFile=(Button)findViewById(R.id.bt_readFile);
22      bt_readRawFile=(Button)findViewById(R.id.bt_readRawFile);
23      bt_readXMLFile=(Button)findViewById(R.id.bt_readXMLFile);
24      bt_createXMLFile=(Button)findViewById(R.id.bt_createXMLFile);
25
26        bt_createFile.setOnClickListener(new btClickListener());
27        bt_readFile.setOnClickListener(new btClickListener());
28        bt_readRawFile.setOnClickListener(new btClickListener());
29        bt_readXMLFile.setOnClickListener(new btClickListener());
30        bt_createXMLFile.setOnClickListener(new btClickListener());
31     }
32     class btClickListener implements View.OnClickListener
33     {
34        Intent intent=new Intent();
35        @Override
36        public void onClick(View v) {
37            // TODO Auto-generated method stub
38            switch (v.getId())
39            {
40            case R.id.bt_createFile:
41                    intent.setClass(MainActivity .this, CreateFileActivity.class);
42                    startActivity(intent);
43                    break;
44            case R.id.bt_readFile:
45                    intent.setClass(MainActivity .this, ReadFileActivity.class);
46                    startActivity(intent);
47                    break;
48            case R.id.bt_readRawFile:
49                    intent.setClass(MainActivity .this, ReadRawFileActivity.class);
50                    startActivity(intent);
51                    break;
52            case R.id.bt_readXMLFile:
53                    intent.setClass(MainActivity .this, ReadXmlFileActivity.class);
54                    startActivity(intent);
```

```
55                break;
56            case R.id.bt_createXMLFile:
57                intent.setClass(MainActivity .this, CreateXmlFileActivity.class);
58                startActivity(intent);
59                break;
60            }
61        }
62    }
63 }
```

说明：

❑　第 11~15 行：定义 5 个 Button 类对象。

❑　第 20~24 行：获取 Button 控件的引用。

❑　第 26~30 行：为每个 Button 控件添加单击监听事件。参数是一个 btClickListener 类对象，具体的监听事件在 btClickListener 类中实现。

❑　第 32~63 行：实现 btClickListener 类，实现 OnClickListener 接口。在 btClickListener 类中，根据所单击 Button 的 ID 的不同，进行不同的事件处理。在这里就是单击不同的 Button，跳转到不同的 Activity 中。第 38 行 v.getId()用于获取所单击的 Button 的 ID。

（4）创建 createfile.xml 文件，编写代码如下：

```
01 <?xml version="1.0" encoding="utf-8"?>
02 <LinearLayout
03    xmlns:android="http://schemas.android.com/apk/res/android"
04    android:layout_width="fill_parent"
05    android:layout_height="fill_parent"
06    android:orientation="vertical">
07    <TextView
08        android:layout_width="fill_parent"
09        android:layout_height="wrap_content"
10        android:text="请输入文件内容:"
11        />
12    <EditText
13        android:layout_width="fill_parent"
14        android:layout_height="wrap_content"
15        android:scrollHorizontally="true"
16        android:id="@+id/edt_file"
17        android:lines="10"
18        />
19    <TextView
20        android:layout_width="fill_parent"
21        android:layout_height="wrap_content"
22        android:text="请输入文件名:"
23        />
24    <EditText
25        android:layout_width="fill_parent"
26        android:layout_height="wrap_content"
```

```
27      android:id="@+id/edt_filename"
28      />
29  <Button
30      android:layout_width="fill_parent"
31      android:layout_height="wrap_content"
32      android:id="@+id/bt_saveFile"
33      android:text="保存文件"
34      />
35  </LinearLayout>
```

说明：

在本布局文件中，先定义一个纵向的线性布局。在线性布局中依次定义 TextView 控件、EditText 控件与 Button 控件。第一个 EditText 控件用于输入要保存的文件内容，第二个 EditText 控件用于输入文件名，Button 控件作为保存命令按钮产生保存事件。

（5）创建 CreateFileActivity 类文件 CreateFileActivity.java，在这个类中，输入文件内容与文件名后，单击"保存"按钮保存文件。编写代码如下：

```java
01 package com.example.ex09_2;
02
03 import java.io.FileOutputStream;
04 import java.io.IOException;
05 import android.app.Activity;
06 import android.content.Context;
07 import android.os.Bundle;
08 import android.view.View;
09 import android.widget.Button;
10 import android.widget.EditText;
11 import android.widget.Toast;
12
13 public class CreateFileActivity extends Activity {
14     private EditText edt_file;
15     private EditText edt_filename;
16     private Button bt_saveFile;
17     @Override
18     protected void onCreate(Bundle savedInstanceState) {
19         // TODO Auto-generated method stub
20         super.onCreate(savedInstanceState);
21         setContentView(R.layout.createfile);
22         edt_file=(EditText)findViewById(R.id.edt_file);
23         edt_filename=(EditText)findViewById(R.id.edt_filename);
24         bt_saveFile=(Button)findViewById(R.id.bt_saveFile);
25
26         bt_saveFile.setOnClickListener(new Button.OnClickListener()
27         {
28             @Override
29             public void onClick(View v) {
30                 // TODO Auto-generated method stub
31                 FileOutputStream fos=null;
```

```
32              String filename=edt_filename.getText().toString();
33              try
34              {
35                  fos=openFileOutput(filename,Context.MODE_PRIVATE);
36                  fos.write(edt_file.getText().toString().getBytes());
37              }
38              catch(Exception e)
39              {
40                  Toast.makeText(CreateFileActivity.this, "文件保存失败",
                        Toast.LENGTH_LONG).show();
41              }
42              finally
43              {
44                  if(fos!=null)
45                  {
46                      try
47                      {
48                          fos.flush();
49                          fos.close();
50                      }
51                      catch(IOException e)
52                      {}
53                  }
54              }
55          }
56      });
57  }
58 }
```

说明：

❑　第 14~16 行：定义两个 EditText 控件对象与一个 Button 控件对象。

❑　第 22~24 行：获取控件的引用。

❑　第 26 行：为 Button 控件添加单击监听事件，实现文件的保存。

❑　第 31 行：定义一个 FileOutputStream 文件输出流的对象。

❑　第 33~37 行：将文件的操作放入一个 try/catch 中，捕获文件操作的异常。

❑　第 35 行：打开文件，用 OpenFileOutput 获取 FileOutputStream 引用，获取创建文件的数据流。第一个参数为创建的文件的文件名，第二个参数为打开模式。

❑　第 36 行：写入文件内容。

❑　第 40 行：当文件操作出现异常时，使用 Toast 显示错误提示信息。

❑　第 48~49 行：当文件操作完毕后，关闭文件。

（6）创建 readfile.xml 文件，编写代码如下：

```
01 <?xml version="1.0" encoding="utf-8"?>
02 <LinearLayout xmlns:android="http://schemas.android.com/apk/res/android"
03     android:orientation="vertical"
04     android:layout_width="fill_parent"
```

```
05        android:layout_height="fill_parent"
06        >
07        <TextView
08            android:layout_width="fill_parent"
09            android:layout_height="wrap_content"
10            android:text="输入文件名:"
11            />
12        <EditText
13            android:layout_width="fill_parent"
14            android:layout_height="wrap_content"
15            android:id="@+id/edt_fname"
16            />
17        <Button
18            android:layout_width="wrap_content"
19            android:layout_height="wrap_content"
20            android:id="@+id/bt_readOutFile"
21            android:text="读取文件"
22            />
23        <TextView
24            android:layout_width="fill_parent"
25            android:layout_height="fill_parent"
26            android:id="@+id/tv_filecontent"
27            />
28 </LinearLayout>
```

说明：

　　在本布局文件中，先定义一个纵向的线性布局。在线性布局中依次定义两个 TextView 控件，第二个 TextView 用于显示文件的内容。

　　（7）创建 ReadFileActivity 类文件 ReadFileActivity.java，在这个类中，输入文件名后，单击按钮显示所读取文件的内容。编写代码如下：

```
01 package com.example.ex09_2;
02
03 import java.io.FileInputStream;
04 import java.io.IOException;
05 import android.app.Activity;
06 import android.os.Bundle;
07 import android.widget.Toast;
08 import android.view.View;
09 import android.widget.Button;
10 import android.widget.EditText;
11 import android.widget.TextView;
12
13 public class ReadFileActivity extends Activity {
14     private EditText edt_fname;
15     private TextView tv_fileContent;
16     private Button bt_readoutfile;
17     @Override
```

```
18    protected void onCreate(Bundle savedInstanceState) {
19        // TODO Auto-generated method stub
20        super.onCreate(savedInstanceState);
21        setContentView(R.layout.readfile);
22
23        edt_fname=(EditText)findViewById(R.id.edt_fname);
24        tv_fileContent=(TextView)findViewById(R.id.tv_filecontent);
25        bt_readoutfile=(Button)findViewById(R.id.bt_readOutFile);
26
27        bt_readoutfile.setOnClickListener(new Button.OnClickListener()
28        {
29            @Override
30            public void onClick(View v) {
31                // TODO Auto-generated method stub
32                FileInputStream fis=null;
33                String filename=edt_fname.getText().toString();
34                try
35                {
36                    fis=openFileInput(filename);
37                    byte[] reader=new byte[fis.available()];
38                    while(fis.read(reader)!=-1)
39                    {}
40                    tv_fileContent.setText(new String(reader));
41                }
42                catch(Exception e)
43                {
44                    Toast.makeText(ReadFileActivity.this, "文件读取失败",
                        Toast.LENGTH_LONG).show();
45                }
46                finally
47                {
48                    if(fis!=null)
49                    {
50                        try
51                        {
52                            fis.close();
53                        }
54                        catch(IOException e)
55                        {
56                        }
57                    }
58                }
59            }
60        });
61    }
62 }
```

说明：

❑　第 14~16 行：分别定义一个 EditText、TextView、Button 控件对象。

❑ 第 23~25 行：获取控件的引用。

❑ 第 27 行：为 Button 控件添加单击监听事件，实现文件的读取。

❑ 第 32 行：定义一个 FileInputStream 文件输入流的对象。

❑ 第 36 行：使用 OpenFileInput 获取 FileInputStream 引用，来获取读取文件的数据流。

❑ 第 37 行：根据文件输入流的大小定义一个二进制数据数组，存放读取出的文件内容。

❑ 第 40 行：在 TextView 控件中显示文件内容。

❑ 第 44 行：当文件操作出现异常时，使用 Toast 显示错误提示信息。

❑ 第 52 行：当文件操作完毕后，关闭文件。

（8）创建 readrawfile.xml 文件，编写代码如下：

```
01 <?xml version="1.0" encoding="utf-8"?>
02 <LinearLayout xmlns:android="http://schemas.android.com/apk/res/android"
03     android:orientation="vertical"
04     android:layout_width="fill_parent"
05     android:layout_height="fill_parent"
06     >
07     <TextView
08         android:layout_width="fill_parent"
09         android:layout_height="wrap_content"
10         android:text="读取 res/raw/wang.txt 文件:"
11         />
12     <TextView
13         android:layout_width="fill_parent"
14         android:layout_height="fill_parent"
15         android:id="@+id/tv_rawfilecontent"
16         />
17 </LinearLayout>
```

说明：

在本布局文件中，先定义一个纵向的线性布局。在线性布局中依次定义两个 TextView 控件，第二个 TextView 用于显示资源文件的内容。

（9）创建 ReadRawFileActivity 类文件 ReadRawFileActivity.java。首先在 res 下新建 raw 文件夹，用于存放原始资源文件，然后向该文件夹复制 wang.txt 文件（wang.txt 文件的内容最好为英文字符）。在这个类中，将读取 wang.txt，显示该文件的内容。编写代码如下：

```
01 package com.example.ex09_2;
02
03 import java.io.IOException;
04 import java.io.InputStream;
05 import android.app.Activity;
06 import android.content.res.Resources;
07 import android.os.Bundle;
08 import android.widget.TextView;
```

```
09 import android.widget.Toast;
10
11 public class ReadRawFileActivity extends Activity {
12     private TextView tv_filerawContent;
13     @Override
14     protected void onCreate(Bundle savedInstanceState) {
15         // TODO Auto-generated method stub
16         super.onCreate(savedInstanceState);
17         setContentView(R.layout.readrawfile);
18
19         tv_filerawContent=(TextView)findViewById(R.id.tv_rawfilecontent);
20         Resources rs=this.getResources();
21         InputStream is=null;
22         try
23         {
24             is=rs.openRawResource(R.raw.wang);
25             byte[] reader=new byte[is.available()];
26             while(is.read(reader)!=-1)
27             {}
28             tv_filerawContent.setText(new String(reader));
29         }
30         catch(Exception e)
31         {
32             Toast.makeText(ReadRawFileActivity.this, "文件读取失败",
                    Toast.LENGTH_LONG).show();
33         }
34         finally
35         {
36             if(is!=null)
37             {
38                 try
39                 {
40                     is.close();
41                 }
42                 catch(IOException e)
43                 {}
44             }
45         }
46     }
47 }
```

说明：

❑　第 20 行：获取项目的资源。

❑　第 21 行：定义一个 InputStream 输入流对象。

❑　第 24 行：将输入流分配给一个原始资源的引用。

❑　第 25 行：根据文件输入流的大小定义一个二进制数据数组，存放读取出的文件内容。

❑　第 28 行：在 TextView 控件中显示文件内容。

❑ 第 32 行：当文件操作出现异常时，使用 Toast 显示错误提示信息。

❑ 第 40 行：当文件操作完毕后，关闭文件。

（10）创建 readxmlfile.xml 文件，编写代码如下：

```xml
01 <?xml version="1.0" encoding="utf-8"?>
02 <LinearLayout xmlns:android="http://schemas.android.com/apk/res/android"
03     android:orientation="vertical"
04     android:layout_width="fill_parent"
05     android:layout_height="fill_parent"
06     >
07     <TextView
08         android:layout_width="fill_parent"
09         android:layout_height="wrap_content"
10         android:text="读取 Res/xml/book.xml 文件:"
11         android:textSize="20px"
12         />
13     <TextView
14         android:layout_width="fill_parent"
15         android:layout_height="fill_parent"
16         android:id="@+id/tv_xmlfilecontent"
17         />
18 </LinearLayout>
```

说明：

在本布局文件中，先定义一个纵向的线性布局。在线性布局中依次定义两个 TextView 控件，第二个 TextView 用于显示资源文件的内容。

（11）首先在 res 下新建 xml 文件夹，用于存放自定义的 xml 文件，然后编写 xml 文件。编写代码如下：

```xml
01 <BookList>
02     <Book Category="Android 类">
03         <bookitem name="Google Android 揭秘" author="W.Franl Ableson"/>
04         <bookitem name="Android 应用开发揭秘" author="杨丰盛"/>
05         <bookitem name="精通 Android 3" author="Satya Komatineni"/>
06     </Book>
07     <Book Category="程序设计类">
08         <bookitem name="Java 编程思想" author="埃史尔"/>
09         <bookitem name="Java 语言程序设计" author="Y.Daniel Liang"/>
10         <bookitem name="Java 核心技术(卷 1)" author="Horstmann Gay S"/>
11     </Book>
12 </BookList>
```

（12）创建 ReadXmlFileActivity 类文件 ReadXmlFileActivity.java。在这个类中，将读取 res/xml 下的 xml 文件，显示该文件的内容。编写代码如下：

```java
01 package com.example.ex09_2;
02
03 import org.xmlpull.v1.XmlPullParser;
```

```
04
05 import android.app.Activity;
06 import android.os.Bundle;
07 import android.widget.TextView;
08 import android.widget.Toast;
09 public class ReadXmlFileActivity extends Activity {
10     private TextView tv_xmlfilecontent;
11     @Override
12     protected void onCreate(Bundle savedInstanceState) {
13         // TODO Auto-generated method stub
14         super.onCreate(savedInstanceState);
15         setContentView(R.layout.readxmlfile);
16
17         tv_xmlfilecontent=(TextView)findViewById(R.id.tv_xmlfilecontent);
18         XmlPullParser xp=this.getResources().getXml(R.xml.book);
19         String content="";
20         try
21         {
22             while(xp.next()!=XmlPullParser.END_DOCUMENT)
23             {
24                 String nodeName=xp.getName();
25                 String bookCategory=null;
26                 String bookName=null;
27                 String bookAuthor=null;
28
29                 if(nodeName!=null && nodeName.equals("Book"))
30                 {
31                     if(nodeName.equals("Book") && xp.getAttributeCount()!=-1 )
32                     {
33                         bookCategory=xp.getAttributeValue(0);
34                     }
35                     if(bookCategory!=null)
36                     {
37                         content=content+"图书类别:"+bookCategory+"\n";
38                     }
39                 }
40                 if(nodeName!=null && nodeName.equals("bookitem"))
41                 {
42                     for(int i=0;i<xp.getAttributeCount();i++)
43                     {
44                         String attrName=xp.getAttributeName(i);
45                         String attrValue=xp.getAttributeValue(i);
46                         if(attrName.equals("name"))
47                             bookName=attrValue;
48                         if(attrName.equals("author"))
49                             bookAuthor=attrValue;
50                     }
51                 }
```

```
52              if(bookName!=null && bookAuthor!=null)
53              {
54                  content=content+"书名:"+bookName+",作者:"+bookAuthor+"\n";
55              }
56          }
57          this.tv_xmlfilecontent.setText(content);
58      }
59      catch(Exception e)
60      {
61          Toast.makeText(ReadXmlFileActivity.this, "文件读取失败",
                          Toast.LENGTH_LONG).show();
62      }
63    }
64 }
```

说明:

❑ 第 18 行：定义一个 XmlPullParser 对象，来解析 xml 文件。要处理二进制 xml 资源，需要使用 XmlPullParser，这个类以 SAX 方式遍历 xml 文件。

❑ 第 22~58 行：遍历 xml 文件。SAX 解析器为遇到的每个元素都提供了一个有整型数据表示的事件类型，例如 START_TAG、END_TAG、START_DOCUMENT、END_DOCUMENT。使用 next()方法来检索当前的时间类型值并将它与类中的事件进行比较。END_DOCUMENT 表示文档结束事件。

❑ 第 24 行：获取节点的名字。

❑ 第 31~39 行：获取根节点的属性值。其中，第 31 行：用于判断当前节点是否为 Book 节点（在本 xml 文件中为根节点），且判断该节点是否有属性，getAttributeCount() 获取节点属性的个数，如果该节点没有属性，则返回-1；第 33 行：获取节点的属性值。

❑ 第 40~51 行：获取 xml 文件中其他节点的值。其中，第 44 行：获取节点的属性名；第 45 行：获取节点的属性值。

（13）创建 createxmlfile.xml 文件，编写代码如下：

```
01 <?xml version="1.0" encoding="utf-8"?>
02 <LinearLayout
03   xmlns:android="http://schemas.android.com/apk/res/android"
04   android:layout_width="fill_parent"
05   android:layout_height="fill_parent"
06   android:orientation="vertical">
07     <LinearLayout
08      android:layout_width="fill_parent"
09      android:layout_height="wrap_content"
10      android:orientation="horizontal">
11        <TextView
12          android:layout_width="wrap_content"
13          android:layout_height="wrap_content"
14          android:text="用户名:"
```

```
15                  />
16              <EditText
17                  android:layout_width="fill_parent"
18                  android:layout_height="wrap_content"
19                  android:id="@+id/edt_username"
20                  />
21          </LinearLayout>
22          <LinearLayout
23          android:layout_width="fill_parent"
24          android:layout_height="wrap_content"
25          android:orientation="horizontal">
26              <TextView
27                  android:layout_width="wrap_content"
28                  android:layout_height="wrap_content"
29                  android:text="密　码:"
30                  />
31              <EditText
32                  android:layout_width="fill_parent"
33                  android:layout_height="wrap_content"
34                  android:id="@+id/edt_userpwd"
35                  />
36          </LinearLayout>
37          <Button
38              android:layout_width="fill_parent"
39              android:layout_height="wrap_content"
40              android:id="@+id/bt_save"
41              android:text="保存"
42              />
43 </LinearLayout>
```

说明：

❑　第 2~6 行：定义一个纵向的线性布局，其大小为整个屏幕。

❑　第 7~21 行：在线性布局中嵌套一个横向的线性布局，包含一个 TextView、EditText 控件。

❑　第 22~36 行：在线性布局中嵌套另一个横向的线性布局，包含一个 TextView、EditText 控件。

❑　第 37~42 行：定义一个 Button 控件。

（14）创建 CreateXmlFileActivity 类文件 CreateXmlFileActivity.java。在这个类中，将实现在 xml 中保存用户名和密码，该 xml 文件将被保存在 data/data/[包名]/files 下。编写代码如下：

```
01 package com.example.ex09_2;
02
03 import java.io.OutputStream;
04 import java.io.OutputStreamWriter;
05 import java.io.StringWriter;
```

```
06 import org.xmlpull.v1.XmlSerializer;
07 import android.app.Activity;
08 import android.os.Bundle;
09 import android.util.Xml;
10 import android.view.View;
11 import android.widget.Button;
12 import android.widget.EditText;
13 import android.widget.Toast;
14
15 public class CreateXmlFileActivity extends Activity {
16     private EditText edt_username;
17     private EditText edt_userpwd;
18     private Button bt_save;
19     @Override
20     protected void onCreate(Bundle savedInstanceState) {
21         // TODO Auto-generated method stub
22         super.onCreate(savedInstanceState);
23         setContentView(R.layout.createxmlfile);
24         edt_username=(EditText)findViewById(R.id.edt_username);
25         edt_userpwd=(EditText)findViewById(R.id.edt_userpwd);
26         bt_save=(Button)findViewById(R.id.bt_save);
27
28         bt_save.setOnClickListener(new Button.OnClickListener()
29         {
30             @Override
31             public void onClick(View v) {
32                 // TODO Auto-generated method stub
33                 String username=edt_username.getText().toString();
34                 String userpwd=edt_userpwd.getText().toString();
35                 XmlSerializer serialer=Xml.newSerializer();
36                 StringWriter writer=new StringWriter();
37                 try
38                 {
39                     serialer.setOutput(writer);
40                     serialer.startDocument("utf-8",true);
41                     serialer.startTag("", "UserList");
42                     serialer.startTag("", "user");
43                     serialer.attribute("", "username", username);
44                     serialer.attribute("", "userpwd", userpwd);
45                     serialer.endTag("", "user");
46                     serialer.endTag("", "UserList");
47                     serialer.endDocument();
48                     OutputStream os=openFileOutput("user.xml",MODE_PRIVATE);
49                     OutputStreamWriter oswriter=new OutputStreamWriter(os ,"GB2312");
50                     oswriter.write(writer.toString());
51                     oswriter.close();
52                     os.close();
53                 }
```

```
54                  catch(Exception e)
55                  {
56                      Toast.makeText(CreateXmlFileActivity.this, "用户信息保存不成功",
                        Toast.LENGTH_SHORT).show();
57                  }
58              }
59
60          });
61      }
62 }
```

说明：

- ❑ 第 28~53 行：为 Button 增加单击监听事件，实现 xml 文件的保存。
- ❑ 第 35 行：获取 XmlSerializer 对象。
- ❑ 第 39 行：设置输出流对象。
- ❑ 第 40 行：设置 xml 的文档开始。
- ❑ 第 41 行：设置 xml 的根节点。
- ❑ 第 42 行：设置 xml 的一个子节点。
- ❑ 第 43、44 行：设置 xml 子节点的属性与值。
- ❑ 第 45 行：设置 xml 子节点的结束。
- ❑ 第 46 行：设置 xml 根节点的结束。
- ❑ 第 47 行：设置 xml 文档的结束。
- ❑ 第 48 行：获取 xml 文件输出流的引用。
- ❑ 第 49 行：创建 OutputStreamWriter，以 GB2312 的编码格式往指定文件中写入内容，这样可以避免中文乱码的问题。OutputStreamWriter 是字符流通向字节流的桥梁。
- ❑ 第 50 行：写入 xml 数据。
- ❑ 第 51 行：关闭 OutputStreamWriter。
- ❑ 第 52 行：关闭输出流。

（15）修改 AndroidManifest.xml 文件，为其余的 Activity 进行配置。在该文件的 <application>节点中增加如下代码：

```
<activity
    android:name="com.example.ex09_2.CreateFileActivity"
    android:label="@string/app_name" >
</activity>
<activity
    android:name="com.example.ex09_2.CreateXmlFileActivity"
    android:label="@string/app_name" >
</activity>
<activity
    android:name="com.example.ex09_2.ReadFileActivity"
    android:label="@string/app_name" >
</activity>
```

```
<activity
    android:name="com.example.ex09_2.ReadRawFileActivity"
    android:label="@string/app_name" >
</activity>
<activity
    android:name="com.example.ex09_2.ReadXmlFileActivity"
    android:label="@string/app_name" >
</activity>
```

该实例运行结果如图 9-3~图 9-9 所示。

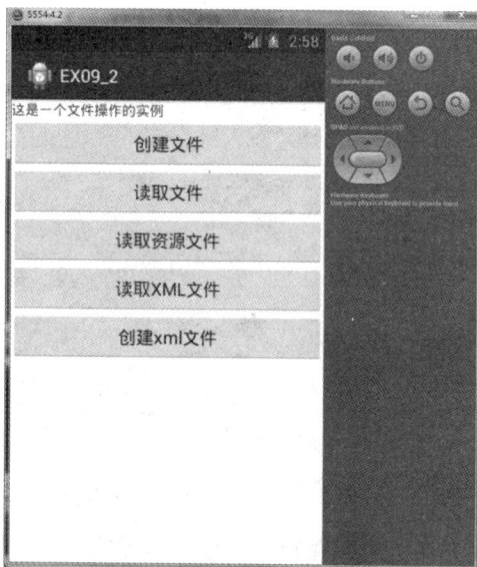

图 9-3　EX09_2 运行界面

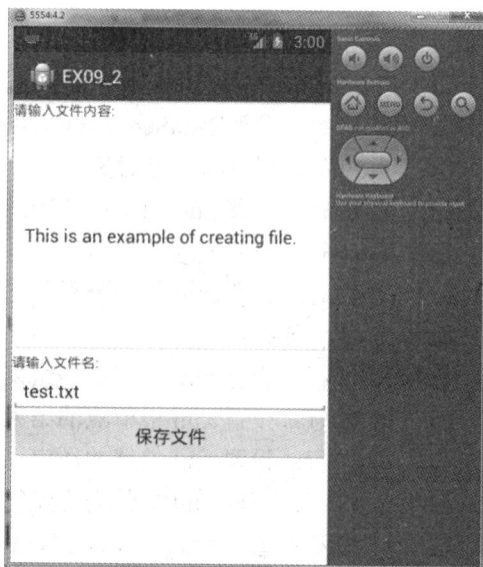

图 9-4　创建文件

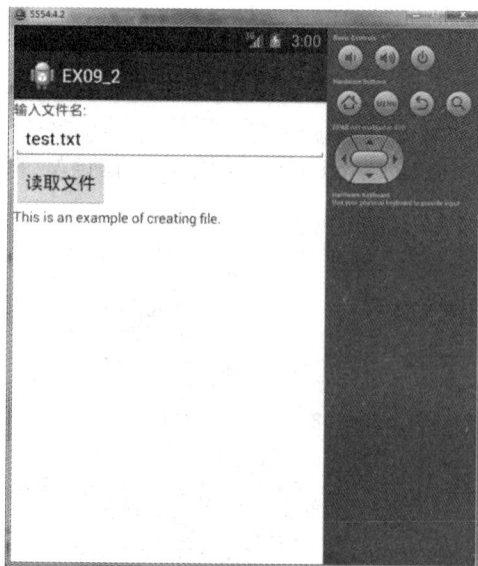

图 9-5　读取文件

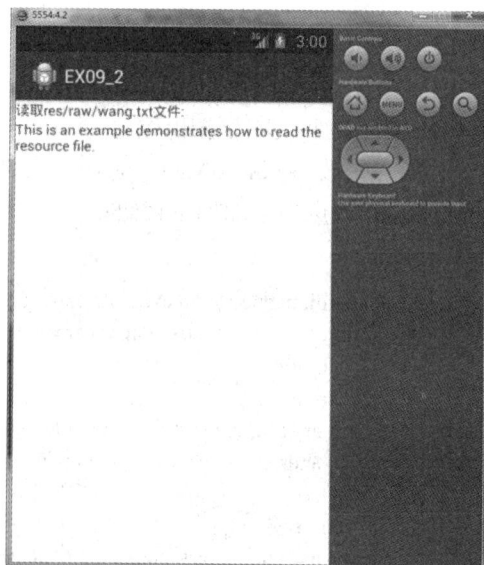

图 9-6　读取资源文件

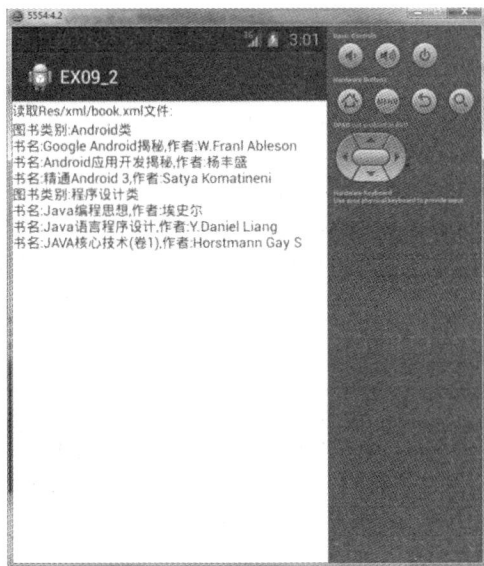

图 9-7　读取 xml 文件

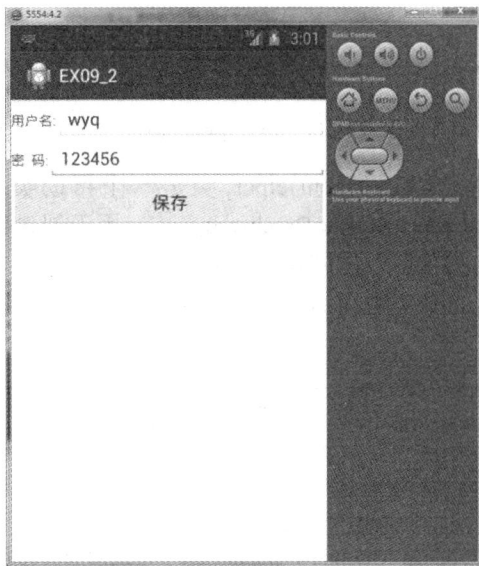

图 9-8　创建 xml 文件

▲ 🗁 com.example.ex09_2		2015-09-24　03:00	drwxr-x--x
▷ 🗁 cache		2015-09-24　02:49	drwxrwx--x
▲ 🗁 files		2015-09-24　03:01	drwxrwx--x
📄 test.txt	36	2015-09-24　03:00	-rw-rw----
📄 user.xml	117	2015-09-24　03:01	-rw-rw----
🗁 lib		2015-09-24　02:57	lrwxrwxrwx　-> /data/a...

图 9-9　File Explorer 查看文件

9.3 数 据 库

数据库机制实际上也可以视为文件方式，Android 平台提供了创建和使用 SQLite 数据库的 API。与文件存取机制一样，每个数据库是其创建程序私有的，并不像普通桌面平台，数据库系统本身一般都是共享的，数据的访问权限是通过数据库管理系统来管理的。

SQLite 是一款轻型的嵌入式数据库，遵守 ACID 的关系式数据库管理系统，占用资源非常的低。目前已经在很多嵌入式产品中使用了 SQLite，因为在嵌入式设备中，SQLite 可能只需要几百千字节的内存。它能够支持 Windows、Linux、UNIX 等主流的操作系统，同时能够与很多程序语言相结合，如 C#、PHP、Java 等，以及接口。与 MySQL、PostgreSQL 这两款开源世界著名的数据库管理系统相比，它的处理速度更快。SQLite 第一个 Alpha 版本诞生于 2000 年 5 月，至今已经有 16 个年头，SQLite 也迎来了一个版本——SQLite 3，其已经发布。

在 Android 平台下，除了可以在 Android 程序中操作 SQLite 数据库之外，还可以在命令行模式下进行各种数据库的操作，包括表的各种操作，对数据的增加、删除、修改、查询。本节将通过实例介绍 SQLite 数据库的访问方式。

9.3.1 SQLite 数据库操作相关类简介

1. SQLiteOpenHelper

SQLiteOpenHelper 类是一个帮助类，使用该类时，必须创建一个子类来实现其 onCreate(SQLiteDatabase)方法，用于创建数据库和数据库版本管理。打开数据库进行操作必须保证数据库存在，如果不存在则创建它。使用本类提供的方法创建数据库是非常容易的，该类常用的方法如表 9-4 所示。

表 9-4　SQLiteOpenHelper 常用方法

方 法 名 称	方 法 描 述
public SQLiteOpenHelper(Context context, String name, SQLiteDatabase. CursorFactory factory, int version)	创建一个帮助对象，打开或者管理数据库。该方法通常快速返回。数据库并没有实际创建或打开，直到 getWritableDatabase()或 getReadableDatabase()其中一个被调用
Public synchronized void close()	关闭任何打开的数据库对象
Public String getDatabaseName()	返回正被打开的通过构造函数传递进来的 SQLite 数据库的名字
Public synchronized SQLiteDatabase getReadableDatabase()	创建或打开一个数据库。这和 getWritableDatabase()返回的对象是同一个，除非一些因素要求数据库只能以 read-only 的方式被打开，如磁盘满了。在这种情况下，一个只读的数据库对象将被返回。如果这个问题被修改，将来调用 getWritableDatabase()就可能成功，而这时 read-only 数据库对象将被关闭，并且读写对象将被返回
Public synchronized SQLiteDatabase getWritableDatabase()	创建或打开一个数据库，用于读写。该方法第一次被调用时，数据库被打开，并且 onCreate(SQLiteDatabase)、onUpgrade(SQLiteDatabase, int,int)或 onOpen(SQLiteDatabase)将被调用
Public abstract void onCreate (SQLiteDatabase db)	当第一次创建数据库时调用，表格的创建在这里完成

2. SQLiteDatabase

SQLiteDatabase 用于管理 SQLite 数据库，对数据库中的数据进行增加、修改、删除、查询、执行 SQL 命令，并完成其他常见的数据库管理任务。该类常用的方法如表 9-5 所示。

表 9-5　SQLiteDatabase 常用方法

方 法 名 称	参 数 说 明	方 法 描 述
（1）public void beginTransaction() （2）public void beginTransactionWithListener (SQLiteTransactionListener transactionListener)	❑ transactionListener：通知在事务开始时，提交或回滚调用的监听器	开始事务
Public void endTransaction()		结束事务
（1）public void execSQL(String sql, Object[] bindArgs) （2）public void execSQL(String sql)	❑ Sql：Sql 语句 ❑ bindArgs：Sql 语句的参数	执行一个非查询的SQL 语句
public long insert(String table, String null ColumnHack, ContentValues values)	❑ table：表名 ❑ values：插入的数据，键应该是列名和列值的列值	插入数据

续表

方 法 名 称	参 数 说 明	方 法 描 述
public int delete(String table, String whereClause, String[] whereArgs)	❑ table：表名 ❑ whereClause：删除数据的条件，如果为 null，则删除表中所有的数据	删除数据
public int update(String table, ContentValues values, String whereClause, String[] whereArgs)	❑ table：表名 ❑ values：修改的数据 ❑ whereClause：修改数据的条件，如果为 null，则修改表中所有的数据	修改数据
（1）public Cursor query(191oolean distinct, String table, String[] columns, String selection, String[] selectionArgs, String groupBy, String having, String orderBy, String limit) （2）public Cursor query(String table, String[] columns, String selection, String[] selectionArgs, String groupBy, String having, String orderBy) （3）public Cursor query(String table, String[] columns, String selection, String[] selectionArgs, String groupBy, String having, String orderBy, String limit)	❑ distinct：如果为 true，则在查询结果中去掉重复的行 ❑ table：表名 ❑ columns：查询列的列表 ❑ selection：查询条件 ❑ selectArgs：查询条件参数 ❑ groupBy：分组字段，格式化为一个 SQL 的 GROUP BY 子句 ❑ having：格式化为 SQL HAVING 子句 ❑ orderBy：格式化为一个 SQL ORDER BY 子句 ❑ limit：返回的行数	查询数据

9.3.2　SQLite 数据库使用实例

9.3.1 节介绍了 SQLite 数据库操作的相关类，本节将通过一个实例介绍 SQLite 数据库的使用方法。在本实例中，将创建一个数据库 Db_People，在该数据库中创建一张表 tb_people，表结构如表 9-6 所示。

表 9-6　tb_people 表结构

列　　名	数 据 类 型	描　　述	说　　明
_id	integer	编号	primary key autoincrement
name	varchar(20)	姓名	
phone	varchar(12)	电话	
mobile	varchar(12)	手机	
email	varchar(30)	电子信箱	

本实例要实现以下功能：

（1）使用 ListView 控件显示 tb_people 表中的数据。

（2）在 ListView 控件上绑定上下文菜单，在上下文菜单中，对 ListView 选中项可以进行修改和删除。

（3）通过选项菜单可以跳转到插入数据的 Activity，向 tb_people 表中插入数据。本实例的开发步骤如下：

（1）创建项目 EX09_3。

（2）编写数据库帮助类 DbHelper 文件 DbHelper.java，编写代码如下：

```
01 package com.example.ex09_3;
02
03 import android.content.Context;
04 import android.database.sqlite.SQLiteDatabase;
05 import android.database.sqlite.SQLiteDatabase.CursorFactory;
06 import android.database.sqlite.SQLiteOpenHelper;
07
08 public class DbHelper extends SQLiteOpenHelper {
09
10    public DbHelper(Context context,String name,CursorFactory factory,int version)
11    {
12        super(context,name,factory,version);
13    }
14    @Override
15    public void onCreate(SQLiteDatabase db) {
16        // TODO Auto-generated method stub
17        db.execSQL("create table if not exists tb_people" +
18                "(_id integer primary key autoincrement, " +
19                "name varchar(20)," +
20                "phone varchar(12)," +
21                "mobile varchar(12)," +
22                "email varchar(30))");
23    }
24    @Override
25    public void onUpgrade(SQLiteDatabase db, int oldVersion, int newVersion) {
26        // TODO Auto-generated method stub
27    }
28 }
```

说明：

❑ 第 10~13 行：重写 DbHelper 的构造函数，回调父函数的 super(context,name,factory, version)。

❑ 第 15~23 行：重写 OnCreate() 函数。在本函数中，创建数据库中的表。因为在本例中要使用 SimpleCursorAdapter，而 SimpleCursorAdapter 要求表的主键为_ID，否则会出现"不存在_ID 列"的错误，所以本表的主键列为_ID。

（3）修改主 Activity 的布局文件 activity_main.xml，编写代码如下：

```
01 <?xml version="1.0" encoding="utf-8"?>
02 <LinearLayout xmlns:android="http://schemas.android.com/apk/res/android"
03     android:orientation="vertical"
04     android:layout_width="fill_parent"
05     android:layout_height="fill_parent"
06     >
07     <TextView
08         android:layout_width="fill_parent"
```

```
09        android:layout_height="wrap_content"
10        android:text="所有联系人："
11        android:textSize="15px"
12      />
13  <LinearLayout
14    android:orientation="horizontal"
15    android:layout_width="fill_parent"
16    android:layout_height="wrap_content">
17       <TextView
18      android:layout_width="40px"
19      android:layout_height="wrap_content"
20      android:text="编号"
21      />
22      <TextView
23      android:layout_width="50px"
24      android:layout_height="wrap_content"
25      android:text="姓名"
26      />
27       <TextView
28      android:layout_width="80px"
29      android:layout_height="wrap_content"
30      android:text="电话"
31      />
32      <TextView
33      android:layout_width="80px"
34      android:layout_height="wrap_content"
35      android:text="手机"
36      />
37      <TextView
38      android:layout_width="fill_parent"
39      android:layout_height="wrap_content"
40      android:text="电子信箱"
41      />
42  </LinearLayout>
43  <ListView
44      android:layout_width="wrap_content"
45      android:layout_height="fill_parent"
46      android:id="@+id/list_people"
47      />
48 </LinearLayout>
```

说明：

在本布局文件中，首先定义一个屏幕大小的纵向线性布局，包含一个 TextView 控件、一个嵌套的横向线性布局和一个 ListView 控件。横向的线性布局中包含 5 个 TextView 控件，用作显示用户信息列表的表头。ListView 控件用于显示从数据库中读取的数据。

（4）编写 ListView 的 Item 显示布局文件 peoplelist.xml，编写代码如下：

```
01 <?xml version="1.0" encoding="utf-8"?>
02 <LinearLayout
```

```
03    xmlns:android="http://schemas.android.com/apk/res/android"
04    android:layout_width="wrap_content"
05    android:layout_height="wrap_content"
06    android:orientation="horizontal">
07    <TextView
08        android:id="@+id/id"
09        android:layout_width="40px"
10        android:layout_height="wrap_content"
11        />
12     <TextView
13        android:id="@+id/name"
14        android:layout_width="50px"
15        android:layout_height="wrap_content"
16        />
17    <TextView
18        android:id="@+id/phone"
19        android:layout_width="80px"
20        android:layout_height="wrap_content"
21        />
22    <TextView
23        android:id="@+id/mobile"
24        android:layout_width="80px"
25        android:layout_height="wrap_content"
26        />
27    <TextView
28        android:id="@+id/email"
29        android:layout_width="fill_parent"
30        android:layout_height="wrap_content"
31        />
32 </LinearLayout>
```

（5）修改主 Activity 的类文件 MainActivity .java。在这个 Activity 中，首先使用 ListView 显示数据库中所有的数据，在 ListView 中绑定了上下文菜单，在某一项上长按，可以对该项进行修改和删除；通过选项菜单可以增加数据和退出程序。编写代码如下：

```
001 package com.example.ex09_3;
002
003 import android.app.Activity;
004 import android.content.Intent;
005 import android.database.Cursor;
006 import android.database.sqlite.SQLiteDatabase;
007 import android.os.Bundle;
008 import android.view.ContextMenu;
009 import android.view.Menu;
010 import android.view.MenuItem;
011 import android.view.View;
012 import android.view.ContextMenu.ContextMenuInfo;
013 import android.widget.AdapterView.AdapterContextMenuInfo;
014 import android.widget.ListView;
```

```
015 import android.widget.SimpleCursorAdapter;
016 import android.widget.TextView;
017
018 public class MainActivity extends Activity {
019     /** Called when the activity is first created. */
020     private ListView list_people;
021     private DbHelper dbhelper;
022     private SQLiteDatabase db;
023     @Override
024     public void onCreate(Bundle savedInstanceState) {
025         super.onCreate(savedInstanceState);
026         setContentView(R.layout. activity_main);
027
028         list_people=(ListView)findViewById(R.id.list_people);
029
030         dbhelper=new DbHelper(this, "Db_People",null, 1);
031         db=dbhelper.getReadableDatabase();
032         Cursor c=db.query("tb_people", new String[]
                 {"_id","name","phone","mobile","email"}, null, null,null,null,null);
033         SimpleCursorAdapter adapter=new SimpleCursorAdapter(this,
034                 R.layout.peoplelist,
035                 c,
036                 new String[]{"_id","name","phone","mobile","email"},
037                 new int[]{R.id.id,R.id.name,R.id.phone,R.id.mobile,R.id.email});
038         this.list_people.setAdapter(adapter);
039
040         this.registerForContextMenu(list_people);
041     }
042     @Override
043     public Boolean onCreateOptionsMenu(Menu menu) {
044         // TODO Auto-generated method stub
045         menu.add(Menu.NONE, Menu.FIRST + 1, 1, "添加")
                 .setIcon(android.R.drawable.ic_menu_add);
046         menu.add(Menu.NONE, Menu.FIRST + 1, 2, "退出")
                 .setIcon(android.R.drawable.ic_menu_delete);
047         return true;
048     }
049     @Override
050     public boolean onOptionsItemSelected(MenuItem item)
051     {
052         switch (item.getItemId())
053         {
054             case Menu.FIRST + 1:Intent intent=new Intent();
055                 intent.setClass(MainActivity .this, AddPeopleActivity.class);
056                     startActivity(intent);
057                     break;
058         case Menu.FIRST + 2:finish();
059                     break;
060         }
```

```
061        return super.onOptionsItemSelected(item);
062    }
063    @Override
064    public void onCreateContextMenu(ContextMenu menu, View v,
                ContextMenuInfo menuInfo)
065    {
066        // TODO Auto-generated method stub
067        menu.setHeaderIcon(R.drawable.ic_launcher);
068            menu.add(0,3,0, "修改");
069            menu.add(0,4,0, "删除");
070    }
071    @Override
072    public boolean onContextItemSelected(MenuItem item)
073    {
074        AdapterContextMenuInfo menuInfo = (AdapterContextMenuInfo)
                item.getMenuInfo();
075        // TODO Auto-generated method stub
076        switch(item.getItemId())
077        {
078            case 3:
079                String name = ((TextView) menuInfo.targetView.findViewById
                        (R.id.name)).getText().toString();
080                String phone = ((TextView) menuInfo.targetView.findViewById
                        (R.id.phone)).getText().toString();
081                String mobile = ((TextView) menuInfo.targetView.findViewById
                        (R.id.mobile)).getText().toString();
082                String email = ((TextView) menuInfo.targetView.findViewById
                        (R.id.email)).getText().toString();
083                Intent intent=new Intent();
084                intent.setClass(MainActivity .this, AddPeopleActivity.class);
085                Bundle bundle=new Bundle();
086                bundle.putLong("id", menuInfo.id);
087                bundle.putString("name",name);
088                bundle.putString("phone",phone);
089                bundle.putString("mobile", mobile);
090                bundle.putString("email", email);
091                intent.putExtras(bundle);
092                startActivity(intent);
093                break;
094            case 4:
095                dbhelper=new DbHelper(this, "Db_People",null, 1);
096                db=dbhelper.getWritableDatabase();
097                db.delete("tb_people","_id=?", new String[]{menuInfo.id+""});
098                break;
099        }
100        return true;
101    }
102 }
```

说明：

❏ 第 30 行：创建 Db_People 数据库。

❏ 第 31 行：使用 getReadableDatabase()打开数据库。

❏ 第 32 行：定义一个游标，从 tb_people 表中查询数据。

❏ 第 33 行：定义 SimpleCursorAdapter 对象，使用的资源文件为 R.layout.peoplelist，用第 32 行定义的游标作为适配器的数据源。

❏ 第 38 行：将第 33 行定义的适配器设置为 ListView 控件的适配器。

❏ 第 40 行：为 ListView 控件注册上下文菜单。

❏ 第 43~48 行：创建 Menu 选项菜单。

❏ 第 50~62 行：为选项菜单增加处理事件。

❏ 第 64~70 行：创建上下文菜单。

❏ 第 72~101 行：为上下文菜单增加处理事件。

❏ 第 74 行：获得 AdapterContextMenuInfo，以此来获得选择的 ListView 项目。

❏ 第 79~82 行：获取所选择的 ListView 中 Item 中各项的值。因为 ListView 中各项的值是在 TextView 控件中显示的，获取到相应控件，就可以得到相应的值。

❏ 第 83、84 行：生成一个 Intent 对象。

❏ 第 85~91 行：为 Intent 绑定要传输的值。

❏ 第 86 行：menuInfo.id 获取所选择的 ListView 项目的 ID。

❏ 第 92 行：跳转到 AddPeopleActivity。

❏ 第 96 行：使用 getWritableDatabase()打开数据库。

❏ 第 97 行：从数据库中将选择的 ListView 项目删除。menuInfo.id 为所选择的 ListView 项目的 ID。

（6）编写布局文件 addpeople.xml，作为增加、修改数据 Activity 的布局文件，编写代码如下：

```
01 <?xml version="1.0" encoding="utf-8"?>
02 <LinearLayout
03   xmlns:android="http://schemas.android.com/apk/res/android"
04   android:layout_width="fill_parent"
05   android:layout_height="fill_parent"
06   android:orientation="vertical">
07      <LinearLayout
08      android:layout_width="fill_parent"
09      android:layout_height="wrap_content"
10      android:orientation="horizontal">
11        <TextView
12            android:layout_width="fill_parent"
13            android:layout_height="wrap_content"
14            android:text="用户名"
15            android:layout_weight="2"
16            />
17        <EditText
```

```
18              android:layout_width="fill_parent"
19              android:layout_height="wrap_content"
20              android:id="@+id/edt_name"
21              android:layout_weight="1"
22              />
23      </LinearLayout>
24      <LinearLayout
25      android:layout_width="fill_parent"
26      android:layout_height="wrap_content"
27      android:orientation="horizontal">
28          <TextView
29              android:layout_width="fill_parent"
30              android:layout_height="wrap_content"
31              android:text="联系电话"
32              android:layout_weight="2"
33              />
34          <EditText
35              android:layout_width="fill_parent"
36              android:layout_height="wrap_content"
37              android:id="@+id/edt_phone"
38              android:layout_weight="1"
39              />
40      </LinearLayout>
41      <LinearLayout
42      android:layout_width="fill_parent"
43      android:layout_height="wrap_content"
44      android:orientation="horizontal">
45          <TextView
46              android:layout_width="fill_parent"
47              android:layout_height="wrap_content"
48              android:text="手机"
49              android:layout_weight="2"
50              />
51          <EditText
52              android:layout_width="fill_parent"
53              android:layout_height="wrap_content"
54              android:id="@+id/edt_mobile"
55              android:layout_weight="1"
56              />
57      </LinearLayout>
58      <LinearLayout
59      android:layout_width="fill_parent"
60      android:layout_height="wrap_content"
61      android:orientation="horizontal">
62          <TextView
63              android:layout_width="fill_parent"
64              android:layout_height="wrap_content"
65              android:text="电子信箱"
66              android:layout_weight="2"
```

```
67             />
68         <EditText
69             android:layout_width="fill_parent"
70             android:layout_height="wrap_content"
71             android:id="@+id/edt_email"
72             android:layout_weight="1"
73             />
74     </LinearLayout>
75     <LinearLayout
76     android:layout_width="fill_parent"
77     android:layout_height="wrap_content"
78     android:orientation="horizontal">
79         <Button
80             android:layout_width="fill_parent"
81             android:layout_height="wrap_content"
82             android:id="@+id/bt_save"
83             android:text="保存"
84             android:layout_weight="1"
85             />
86         <Button
87             android:layout_width="fill_parent"
88             android:layout_height="wrap_content"
89             android:id="@+id/bt_cancel"
90             android:text="取消"
91             android:layout_weight="1"
92             />
93     </LinearLayout>
94 </LinearLayout>
```

说明：

在本布局文件中，定义一个大小为整个屏幕的纵向布局，包含嵌套在其中的 4 个横向线性布局以及一个 Button 控件。每一个横向线性布局包含一个 TextView 和 EditText 控件，用于输入数据；Button 控件用于产生命令，对数据进行添加或者修改。

（7）创建 AddPeopleActivity 类文件 AddPeopleActivity.java。在这个 Activity 中，根据从上一个 Activity 中是否有传递数据，来判断是修改所传递数据，还是向表中插入数据。编写代码如下：

```
01 package com.example.ex09_3;
02
03 import android.app.Activity;
04 import android.content.ContentValues;
05 import android.database.sqlite.SQLiteDatabase;
06 import android.os.Bundle;
07 import android.view.View;
08 import android.widget.Button;
09 import android.widget.EditText;
10 import android.widget.Toast;
11
```

```
12 public class AddPeopleActivity extends Activity {
13     private EditText edt_name;
14     private EditText edt_phone;
15     private EditText edt_mobile;
16     private EditText edt_email;
17     private Button bt_save;
18     String name,phone,mobile,email;
19     DbHelper dbhelper;
20     SQLiteDatabase db;
21     Bundle bundle;
22     @Override
23     protected void onCreate(Bundle savedInstanceState) {
24         // TODO Auto-generated method stub
25         super.onCreate(savedInstanceState);
26         setContentView(R.layout.addpeople);
27
28         edt_name=(EditText)findViewById(R.id.edt_name);
29         edt_phone=(EditText)findViewById(R.id.edt_phone);
30         edt_mobile=(EditText)findViewById(R.id.edt_mobile);
31         edt_email=(EditText)findViewById(R.id.edt_email);
32         bt_save=(Button)findViewById(R.id.bt_save);
33
34         bundle=this.getIntent().getExtras();
35         if(bundle!=null)
36         {
37                 edt_name.setText(bundle.getString("name"));
38                 edt_phone.setText(bundle.getString("phone"));
39                 edt_mobile.setText(bundle.getString("mobile"));
40                 edt_email.setText(bundle.getString("email"));
41         }
42         bt_save.setOnClickListener(new Button.OnClickListener()
43         {
44             @Override
45             public void onClick(View v) {
46                 // TODO Auto-generated method stub
47                 name=edt_name.getText().toString();
48                 phone=edt_phone.getText().toString();
49                 mobile=edt_mobile.getText().toString();
50                 email=edt_email.getText().toString();
51
52                 ContentValues value=new ContentValues();
53                 value.put("name", name);
54                 value.put("phone", phone);
55                 value.put("mobile", mobile);
56                 value.put("email", email);
57                 DbHelper dbhelper = new DbHelper
                        (AddPeopleActivity.this, "Db_People",null, 1);
58                 SQLiteDatabase db=dbhelper.getWritableDatabase();
59                 long status;
```

```
60              if(bundle!=null)
61              {
62                  status=db.update("tb_people", value, "_id=?",
                        new String[]{bundle.getLong("id")+ ""});
63              }
64              else
65              {
66                  status=db.insert("tb_people", null, value);
67              }
68              if(status!=-1)
69              {
70              Toast.makeText(AddPeopleActivity.this, "保存成功",
                        Toast.LENGTH_LONG).show();
71              }
72              else
73              {
74                  Toast.makeText(AddPeopleActivity.this, "保存失败",
                        Toast.LENGTH_LONG).show();
75              }
76          }
77      });
78  }
79 }
```

说明：

- 第 34 行：获取 intent 绑定的数据。
- 第 35~41 行：如果要修改数据，则将 intent 中绑定的数据显示在各个控件 EditText 中，进行编辑。
- 第 42~77 行：为 Button 控件增加单击监听事件，用于向数据库保存数据。在事件中，根据从上一个 Activity 是否有传递值，来判断对数据库的操作是更新还是插入。
- 第 52~56 行：生成 ContentValues，用于存放向数据库保存的数据。
- 第 57~58 行：获取数据库的引用后，打开数据库。
- 第 60~67 行：如果为 null，说明没有从上一个 Activity 传输数据，则将数据插入到数据库；如果不为 null，则修改数据库中的数据。第 62 行：更新数据库的数据。第 66 行：向数据库插入数据。
- 第 68~76 行：根据插入数据和更新数据的返回值，判断数据是否保存成功，并进行提示。

（8）修改 AndroidManifest.xml 文件，为第二个 Activity 进行配置。在该文件的 <application>节点中增加如下代码：

```
<activity
            android:name="com.example.ex09_3.AddPeopleActivity"
            android:label="@string/app_name" >
</activity>
```

本实例运行结果如图 9-10 和图 9-11 所示。

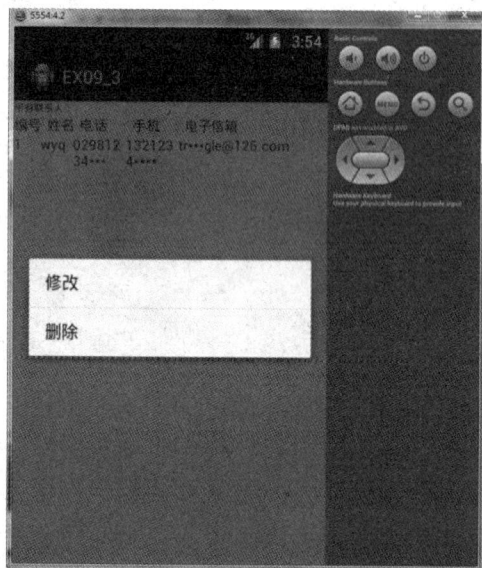

图 9-10　EX09_3 运行结果

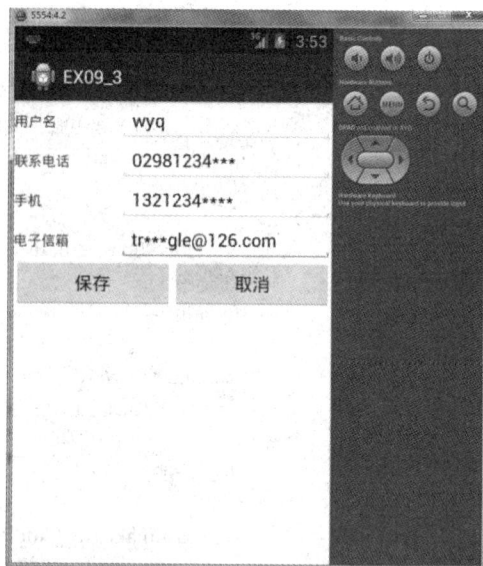

图 9-11　增加、修改信息

9.4　ContentProvider 类

在 Android 中，每个应用程序都在各自的进程中运行，并且存储于其中的数据和文件默认不能有其他应用程序访问。当然可以通过设置相应的权限，将首选项和文件设置为供不同的应用程序使用，但是对于相互了解对方详细信息的相关应用程序来说有一定的局限性。通过 ContentProvider 类，可以发布和公开一个特定的数据类型，提供增加、修改、删除和查询的操作，其他应用程序可以利用该应用程序提供的 ContentProvider 类执行数据的增加、修改、删除和查询的操作，而且不需要对方提供路径、资源，甚至谁提供了什么内容都不需要知道。

Android 中标准的 ContentProvider 实例就是联系人列表，应用程序开发人员可以在任何应用程序中使用特定的 URI（Content://contacts/people）来访问联系人进行各种操作（在 6.4 节中有介绍）。本节将通过实例来介绍 ContentProvider 的使用。

9.4.1　ContentProvider 类简介

1．URI

每个 ContentProvider 都需要公开一个唯一的 CONTENT_URI，能够表示当前所处理的内容类型。可以通过两种方式使用这个 URI 来查询数据，即单独使用和结合使用，如表 9-7 所示。

表 9-7　URI

URI	描　　述
content://authority/data	从已注册为处理 content://authority 的处理程序处返回所有数据的列表
content://authority/data/ID	从已注册为处理 content://authority 的处理程序处返回指定 ID 的数据列表

以本节将要使用的 URI content://com.example.ex09_3.Db_People/tb_people 为例，URI由以下几部分组成：

（1）标准前缀：用来说明由一个 ContentProvider 控制这些数据，此部分无法改变。

（2）URI 的标识：它定义了是哪个 ContentProvider 提供这些数据。这个标识在 <provider>元素的 authorities 属性中说明。

<provider name=".PeopleProvider" authorities="com.example.ex09_3.Db_People"/ >。

（3）路径：ContentProvider 使用这些路径来确定当前需要什么类型的数据，URI 中可能不包括路径，也可能包括多个路径。

（4）如果 URI 中包含 ID，表示需要获取的记录的 ID；如果没有 ID，就表示返回全部。

由于 URI 通常比较长，而且有时候容易出错，且难以理解。所以，在 Android 中定义了一些辅助类，并且定义了一些常量来代替这些长字符串，例如 People.CONTENT_URI。

2. ContentProvider 类

Android 提供了 ContentProvider，一个程序可以通过实现一个 ContentProvider 的抽象接口将自己的数据完全暴露出去，而且 ContentProvider 是以类似数据库中表的方式将数据暴露，也就是说 ContentProvider 就像一个“数据库”。那么外界获取其提供的数据，也就与从数据库中获取数据的操作基本一样，只不过是采用 URI 来表示外界需要访问的“数据库”。至于如何从 URI 中识别出外界需要的是哪个“数据库”，这就是 Android 底层需要做的事情。ContentProvider 向外界提供数据操作的接口如表 9-8 所示。

表 9-8 ContentProvider 接口

函 数	说 明
query(Uri, String[], String, String[], String)	查询数据
insert(Uri, ContentValues)	插入数据
update(Uri, ContentValues, String, String[])	修改数据
delete(Uri, String, String[])	删除数据

实现 ContentProvider 的过程如下：

（1）生成一个继承于 ContentProvider 的子类，实现相应的方法。

（2）ContentProvider 通常需要对外提供：CONTENT_URI、URI_AUTHORITY，以及对外的数据字段常量等。

（3）提供 UriMatcher，用来判断外部传入的 Uri 是否带有 ID。

（4）根据自己保存数据的具体实现，来重写 ContentProvider 的 query()、delete()、update()、insert()、onCreate()和 getType()方法。

（5）在 AndroidMainfest.xml 中声明该 ContentProvider。

3. ContentResolver 类

外界的程序通过 ContentResolver 接口可以访问 ContentProvider 提供的数据。在 Activity当中通过 getContentResolver()可以得到当前应用的 ContentResolver 实例。

ContentResolver 提供的接口和 ContentProvider 中需要实现的接口对应,如表 9-9 所示。

表 9-9 ContentResolver 接口

接 口 函 数	说 明
final Cursor query(Uri uri, String[] projection, String selection, String[] selectionArgs,String sortOrder)	通过 Uri 进行查询,返回一个 Cursor
final Uri insert(Uri url, ContentValues values)	将一组数据插入到 Uri 指定的地方
final int update(Uri uri, ContentValues values, String where, String[] selectionArgs)	更新 Uri 指定位置的数据
final int delete(Uri url, String where, String[] selectionArgs)	删除指定 Uri 并且符合一定条件的数据

9.4.2 ContentProvider 使用实例

本节将通过实例来介绍如何实现一个 ContentProvider,及如何在另外一个项目中使用该 ContentProvider。

在本实例中,首先在 9.3 节的实例 EX09_3 项目中,实现该项目的 ContentProvider,然后在项目 EX09_4 中对该数据库的数据进行访问操作。项目的 EX09_4 的界面、功能与 EX09_3 完全相同,所以在本节的代码中主要突出实现代码的不同之处。

本实例的开发步骤如下:

（1）在 EX09_3 项目中,新建 PeopleProvider.java 类文件,实现该项目的 ContentProvider,编写代码如下:

```
001 package com.example.ex09_3;
002
003 import android.content.ContentProvider;
004 import android.content.ContentUris;
005 import android.content.ContentValues;
006 import android.content.UriMatcher;
007 import android.database.Cursor;
008 import android.database.sqlite.SQLiteDatabase;
009 import android.net.Uri;
010 import android.text.TextUtils;
011
012 public class PeopleProvider extends ContentProvider {
013     private static final int ITEMS=1;
014     private static final int ITEM_ID=2;
015     public static final String DbName="Db_People";
016     public static final String TableName="tb_people";
017     DbHelper dbhelper;
018     SQLiteDatabase db;
019     public static final String CONTENT_ITEMS_TYPE =
            "vnd.android.cursor.items/com.example.ex09_3.Db_People";
020     public static final String CONTENT_ITEMID_TYPE =
            "vnd.android.cursor.itemid/com.example.ex09_3.Db_People";
021     public static final Uri CONTENT_URI =
```

```
                    Uri.parse("content://com.example.ex09_3.Db_People/tb_people");
022    private static final UriMatcher sMatcher;
023    static
024    {
025        sMatcher = new UriMatcher(UriMatcher.NO_MATCH);
026        sMatcher.addURI("com.example.ex09_3.Db_People", TableName, ITEMS);
027      sMatcher.addURI("com.example.ex09_3.Db_People", TableName+"/#",ITEM_ID);
028    }
029    @Override
030    public int delete(Uri uri, String selection, String[] selectionArgs) {
031        db = dbhelper.getWritableDatabase();
032        int count = 0;
033        switch (sMatcher.match(uri)) {
034        case ITEMS:
035             count = db.delete("tb_people",selection, selectionArgs);
036             break;
037        case ITEM_ID:
038             String id = uri.getPathSegments().get(1);
039             count = db.delete("tb_people", "_ID="+id+
                   (!TextUtils.isEmpty("_ID=?")?"AND("+selection+')':""), selectionArgs);
040             break;
041        default:
042             throw new IllegalArgumentException("Unknown URI"+uri);
043        }
044        getContext().getContentResolver().notifyChange(uri, null);
045        return count;
046    }
047    @Override
048    public String getType(Uri uri) {
049        // TODO Auto-generated method stub
050        switch (sMatcher.match(uri)) {
051        case ITEMS:
052           return CONTENT_ITEMS_TYPE;
053        case ITEM_ID:
054           return CONTENT_ITEMID_TYPE;
055        default:
056           throw new IllegalArgumentException("Unknown URI"+uri);
057        }
058    }
059    @Override
060    public Uri insert(Uri uri, ContentValues values) {
061        db = dbhelper.getWritableDatabase();
062        long rowId;
063        if(sMatcher.match(uri)!=ITEMS){
064            throw new IllegalArgumentException("Unknown URI"+uri);
065        }
066        rowId = db.insert("tb_people","_ID",values);
067        if(rowId>0)
068        {
```

```
069            Uri noteUri=ContentUris.withAppendedId(CONTENT_URI, rowId);
070            getContext().getContentResolver().notifyChange(noteUri, null);
071            return noteUri;
072        }
073        throw new IllegalArgumentException("Unknown URI"+uri);
074    }
075    @Override
076    public boolean onCreate() {
077        // TODO Auto-generated method stub
078        dbhelper=new DbHelper(this.getContext(), "Db_People",null, 1);
079        return true;
080    }
081    @Override
082    public Cursor query(Uri uri, String[] projection, String selection,
083            String[] selectionArgs, String sortOrder) {
084        db = dbhelper.getReadableDatabase();
085        Cursor c;
086        switch (sMatcher.match(uri)) {
087        case ITEMS:
088            c = db.query("tb_people", projection, selection, selectionArgs, null, null, null);
089            break;
090        case ITEM_ID:
091            String id = uri.getPathSegments().get(1);
092            c = db.query("tb_people", projection, "_ID="+id+(!TextUtils.isEmpty
                 (selection)?"AND("+selection+')':""),selectionArgs, null, null, sortOrder);
093        break;
094        default:
095            throw new IllegalArgumentException("Unknown URI"+uri);
096        }
097        c.setNotificationUri(getContext().getContentResolver(), uri);
098        return c;
099    }
100    @Override
101    public int update(Uri uri, ContentValues values, String selection,
102            String[] selectionArgs) {
103        db = dbhelper.getWritableDatabase();
104        int count = 0;
105        switch (sMatcher.match(uri)) {
106        case ITEMS:
107            count = db.update("tb_people",values,selection, selectionArgs);
108            break;
109        case ITEM_ID:
110            String id = uri.getPathSegments().get(1);
111            count = db.update("tb_people", values, "_ID="+id+
                 (!TextUtils.isEmpty("_ID=?")?"AND("+selection+')':""), selectionArgs);
112            break;
113        default:
114            throw new IllegalArgumentException("Unknown URI"+uri);
115    }
```

```
116            getContext().getContentResolver().notifyChange(uri, null);
117            return count;
118        }
119 }
```

说明：

- 第 13、14 行：定义两个整型常量，用于表示 UriMatcher 匹配的结果。
- 第 15、16 行：定义两个与数据库相关的常量来定义要使用的数据库名和表名。
- 第 17 行：定义 DbHelper 对象。
- 第 18 行：定义一个 SQLiteDatabase 对象，用于存储和检索提供程序处理的数据。
- 第 19、20 行：定义特定的 MIME 条目，并将它与单条目路径及多条目路径结合起来，创建两个 MIME_TYPE 表示。
- 第 21 行：定义 URI，用于发布。URI 的结构见 9.4.1 节。
- 第 22~28 行：定义 UriMatcher，用于匹配 Uri。其用法如下。
  需要把匹配 Uri 路径全部给注册上，如下：
  - "UriMatcher uriMatcher = new UriMatcher(UriMatcher.NO_MATCH);"。常量 UriMatcher. NO_MATCH 表示不匹配任何路径的返回码（-1）。
  - "addURI("com.example.ex09_3.Db_People", TableName, ITEMS);"添加需要匹配 uri，如果匹配就会返回匹配码。如果 match()方法匹配 content://EX09_3. Db_People/tb_people 路径，返回匹配码为 1。
  - "addURI("com.example.ex09_3.Db_People", TableName+"/#",ITEM_ID);"。如果 match()方法匹配 content://EX09_3.Db_People /tb_people/230 路径，返回匹配码为 2。#号为通配符。

② 注册完需要匹配的 Uri 后，就可以使用 uriMatcher.match(uri)方法对输入的 Uri 进行匹配，如果匹配就返回匹配码，匹配码是调用 addURI()方法传入的第三个参数，假设匹配 content://EX09_3.Db_People /tb_people 路径，返回的匹配码为 1。

- 第 30~46 行：实现 delete()方法，提供删除数据的方法。处理过程为：将传入的 Uri 与单一元素或这个元素集进行匹配，然后对数据库对象调用各自的删除方法。在这些方法结束部分，通知侦听程序数据已更改。
- 第 48~58 行：实现 getType()方法。提供程序将使用该方法来解析各个传入的 Uri，以确定它是否支持以及当前调用所请求的数据类型。此处返回的字符串是在类中定义的常量。
- 第 60~74 行：实现 insert()方法，提供插入数据的方法。处理过程为：调用数据库插入方法并返回生成 Uri 和新记录的附加 ID。完成插入操作之后，针对 ContentResolver 的通知系统将开始运行。在这里，由于对数据进行了修改，因此将所生成的事件通知给 ContentResolver，以便更新任何已注册的监听程序。
- 第 76~80 行：实现 OnCreate()方法，定义 DbHelper 对象。
- 第 82~99 行：实现 query()方法，提供查询数据的方法。处理过程为：将传入的 Uri 与单一元素或这个元素集进行匹配，然后对数据库对象调用各自的查询方法，并获取要返回的 Cursor 句柄。在查询方法的结束部分，使用 setNotificationUri()

方法监视 Uri 的更改，可以跟踪 Cursor 中数据何时发生了变更。

❑ 第 101~118 行：实现 update()方法，提供数据更新的方法。处理过程与 delete()方法类似。

（2）修改 EX09_3 项目的 AndroidManifest 文件，在 Application 节点之间增加以下代码：

```
<provider name=".PeopleProvider" authorities="com.example.ex09_3.Db_People"
android:exported= "true"/ >
```

（3）新建 EX09_4 项目，修改该项目主 Activity 的类文件 MainActivity .java。在这个 Activity 中，首先使用 ListView 显示数据库中所有的数据，在 ListView 中绑定了上下文菜单，在某一项上长按，可以对该项进行修改和删除；通过选项菜单可以增加数据和退出程序。编写代码如下：

```
01 package com.example.ex09_4;
02
03 import android.app.Activity;
04 import android.content.ContentResolver;
05 import android.content.Intent;
06 import android.database.Cursor;
07 import android.net.Uri;
08 import android.os.Bundle;
09 import android.view.ContextMenu;
10 import android.view.Menu;
11 import android.view.MenuItem;
12 import android.view.View;
13 import android.view.ContextMenu.ContextMenuInfo;
14 import android.widget.AdapterView.AdapterContextMenuInfo;
15 import android.widget.ListView;
16 import android.widget.SimpleCursorAdapter;
17 import android.widget.TextView;
18
19 public class MainActivity    extends Activity {
20     /** Called when the activity is first created. */
21     private ListView list_people;
22     private ContentResolver contentResolver;
23     private Uri CONTENT_URI =
            Uri.parse("content://com.example.ex09_3.Db_People/tb_people");
24     @Override
25     public void onCreate(Bundle savedInstanceState) {
26         super.onCreate(savedInstanceState);
27         setContentView(R.layout. activity_main);
28         contentResolver = this.getContentResolver();
29         list_people=(ListView)findViewById(R.id.list_people);
30         Cursor c=contentResolver.query(CONTENT_URI,
            new String[]{"_id","name","phone","mobile","email"}, null, null,null);
31         SimpleCursorAdapter adapter=new SimpleCursorAdapter(this,
32             R.layout.peoplelist,
```

```
33              c,
34              new String[]{"_id","name","phone","mobile","email"},
35              new int[]{R.id.id,R.id.name,R.id.phone,R.id.mobile,R.id.email});
36      this.list_people.setAdapter(adapter);
37      this.registerForContextMenu(list_people);
38  }
39  @Override
40  public boolean onCreateOptionsMenu(Menu menu) {
41      // TODO Auto-generated method stub
42      menu.add(Menu.NONE, Menu.FIRST + 1, 1, "添加")
                    .setIcon(android.R.drawable.ic_menu_add);
43      menu.add(Menu.NONE, Menu.FIRST + 1, 2, "退出")
                    .setIcon(android.R.drawable.ic_menu_delete);
44      return true;   }
45  @Override
46  public boolean onOptionsItemSelected(MenuItem item)
47  {
48      switch (item.getItemId())
49      {
50          case Menu.FIRST + 1:Intent intent=new Intent();
51                      intent.setClass(MainActivity .this, AddPeopleActivity.class);
52                      startActivity(intent);
53                      break;
54      case Menu.FIRST + 2:finish();
55                      break;
56      }
57      return super.onOptionsItemSelected(item);
58  }
59  @Override
60  public void onCreateContextMenu(ContextMenu menu, View v,ContextMenuInfo menuInfo)
61  {
62      // TODO Auto-generated method stub
63      menu.setHeaderIcon(R.drawable.ic_launcher);
64      menu.add(0,3,0,"修改");
65      menu.add(0,4,0,"删除");
66  }
67  @Override
68  public boolean onContextItemSelected(MenuItem item)
69  {
70      AdapterContextMenuInfo menuInfo = (AdapterContextMenuInfo)
            item.getMenuInfo();
71      // TODO Auto-generated method stub
72      switch(item.getItemId())
73      {
74          case 3:
75              String name = ((TextView) menuInfo.targetView
                        .findViewById(R.id.name)).getText().toString();
76              String phone = ((TextView) menuInfo.targetView
```

```
76                        .findViewById(R.id.phone)).getText().toString();
77              String mobile = ((TextView) menuInfo.targetView
                        .findViewById(R.id.mobile)).getText().toString();
78              String email = ((TextView) menuInfo.targetView
                        .findViewById(R.id.email)).getText().toString();
79              Intent intent=new Intent();
80              intent.setClass(MainActivity .this, AddPeopleActivity.class);
81              Bundle bundle=new Bundle();
82              bundle.putLong("id", menuInfo.id);
83              bundle.putString("name",name);
84              bundle.putString("phone",phone);
85              bundle.putString("mobile", mobile);
86              bundle.putString("email", email);
87              intent.putExtras(bundle);
88              startActivity(intent);
89              break;
90          case 4:
91              contentResolver.delete(CONTENT_URI, "_ID=?", new String[]
                        {menuInfo.id+""});
92              break;
93          }
94      return true;
95      }
96 }
```

说明：

❑ 第 23 行：定义一个 Uri。

❑ 第 28 行：通过 getContentResolver()获取当前应用的 ContentResolver 实例。

❑ 第 30 行：通过 Uri 进行查询，返回一个 Cursor。query()方法的第一个参数为 uri 地址，第二个参数为查询的列名，第三个参数是查询条件，第四个参数为查询条件的参数，第五个参数为排序条件。在这里要查询所有的数据，并且不进行排序，所以后面 3 个参数都为 null。

❑ 第 91 行：通过 Uri，根据_ID 号删除数据。

（4）创建 AddPeopleActivity 类文件 AddPeopleActivity.java。在这个 Activity 中，根据从上一个 Activity 中是否有传递数据，来判断修改所传递数据，还是向表中插入数据。编写代码如下：

```
01 package com.example.ex09_4;
02
03 import android.app.Activity;
04 import android.content.ContentResolver;
05 import android.content.ContentValues;
06 import android.net.Uri;
07 import android.os.Bundle;
08 import android.view.View;
09 import android.widget.Button;
```

```
10 import android.widget.EditText;
11 import android.widget.Toast;
12
13 public class AddPeopleActivity extends Activity {
14     private EditText edt_name;
15     private EditText edt_phone;
16     private EditText edt_mobile;
17     private EditText edt_email;
18     private Button bt_save;
19     private ContentResolver contentResolver;
20     String name,phone,mobile,email;
21     private Uri CONTENT_URI =
               Uri.parse("content://com.example.ex09_3.Db_People/tb_people");
22     Bundle bundle;
23     @Override
24     protected void onCreate(Bundle savedInstanceState) {
25         // TODO Auto-generated method stub
26         super.onCreate(savedInstanceState);
27         setContentView(R.layout.addpeople);
28         contentResolver = this.getContentResolver();
29         edt_name=(EditText)findViewById(R.id.edt_name);
30         edt_phone=(EditText)findViewById(R.id.edt_phone);
31         edt_mobile=(EditText)findViewById(R.id.edt_mobile);
32         edt_email=(EditText)findViewById(R.id.edt_email);
33         bt_save=(Button)findViewById(R.id.bt_save);
34
35         bundle=this.getIntent().getExtras();
36         if(bundle!=null)
37         {
38                 edt_name.setText(bundle.getString("name"));
39                 edt_phone.setText(bundle.getString("phone"));
40                 edt_mobile.setText(bundle.getString("mobile"));
41                 edt_email.setText(bundle.getString("email"));
42         }
43         bt_save.setOnClickListener(new Button.OnClickListener()
44         {
45             @Override
46             public void onClick(View v) {
47                 // TODO Auto-generated method stub
48                 name=edt_name.getText().toString();
49                 phone=edt_phone.getText().toString();
50                 mobile=edt_mobile.getText().toString();
51                 email=edt_email.getText().toString();
52
53                 ContentValues value=new ContentValues();
54                 value.put("name", name);
55                 value.put("phone", phone);
56                 value.put("mobile", mobile);
```

```
57              value.put("email", email);
58              long status;
59              if(bundle!=null)
60              {
61                  status=contentResolver.update(CONTENT_URI, value, "_ID=?",
                        new String[]{bundle.getLong("id")+""});   ;
62              }
63              else
64              {
65                  Uri uri2=contentResolver.insert(CONTENT_URI,value);
66                  if(uri2!=null)
67                  {
68                      status=1;
69                  }
70                  else
71                  {
72                      status=-1;
73                  }
74              }
75              if(status!=-1)
76              {
77                  Toast.makeText(AddPeopleActivity.this, "保存成功",
                        Toast.LENGTH_LONG).show();
78              }
79              else
80              {
81                  Toast.makeText(AddPeopleActivity.this, "保存失败",
                        Toast.LENGTH_LONG).show();
82              }
83          }
84      });
85  }
86 }
```

说明：

❑ 第 28 行：获取当前应用的 ContentResolver 实例。

❑ 第 61 行：通过 Uri，根据_ID 号修改数据。

❑ 第 65 行：通过 Uri，增加数据。

（5）修改 AndroidManifest.xml 文件，为第二个 Activity 进行配置。在该文件的 <application>节点中增加如下代码：

```
<activity
            android:name="com.example.ex09_4.AddPeopleActivity"
            android:label="@string/app_name" >
</activity>
```

本实例的运行结果与 EX09_3 项目的运行结果相同。

9.5　习　　题

1. 使用首选项，对软件进行以下选项设置，如图 9-12 所示。

2. 设计一个简易记事本程序。在该程序中，实现以下功能：

（1）查看文本文件。

（2）创建文本文件。

（3）输入文件内容后进行保存。

3. 设计一个 Android 程序，进行 xml 文件操作。该程序实现以下功能：

（1）创建 xml 文件。

（2）修改 xml 文件。

（3）查看 xml 文件。

图 9-12　首选项

4. 设计一个学生成绩信息管理程序。在该程序中实现以下功能：

（1）对学生信息的管理，实现增加、删除、修改、查询操作。

（2）对学生成绩信息的管理，实现增加、删除、修改、查询操作。

学生信息表结构如表 9-10 所示。

表 9-10　学生信息表结构

列　　名	含　　义	数 据 类 型	说　　明
_ID	序号	整型	主键，自增列
StuNO	学号	字符类型	
StuName	学生姓名	字符类型	
Sex	性别	字符类型	
Sbirthday	出生日期	日期时间类型	

学生成绩信息表结构如表 9-11 所示。

表 9-11　学生成绩信息表结构

列　　名	含　　义	数 据 类 型	说　　明
_ID	序号	整型	主键，自增列
StuNO	学号	字符类型	
CourseName	课程名	字符类型	
Grade	成绩	整型	

5. 编写类文件 StudentGradeProvider.java，实现第 4 题中数据库的 StudentGradeProvider 类。

6. 设计一个 Android 程序，通过第 5 题的 StudentGradeProvider 类，对学生成绩信息进行管理。

第 *10* 章

网络编程

【本章内容】

- ❑ 线程处理与 Handler
- ❑ 使用 HTTP 访问网络
- ❑ 数据提交方式

当一个程序第一次启动时，Android 会同时启动一个对应的主线程（Main Thread），主线程主要负责处理与 UI 相关的事件，既然子线程不能修改主线程的 UI，那么，子线程需要修改 UI 该怎么办呢？解决方式是使用 Handler 实现子线程与主线程之间的通信。Android 还提供了工具类 AsyncTask，方便在子线程中对 UI 进行操作。Android 系统实现网络通信最常用的方式就是 HTTP 通信。本章将讲解线程之间的通信以及使用 HTTP 协议与服务器进行网络交互。

10.1 线程处理与 Handler

10.1.1 为何使用多线程

前面创建的 Activity 及第 11 章的服务（Service）和广播（Broadcast）均是一个主线程处理，可以理解为 UI 线程。但是在一些耗时操作时，例如 I/O 读写的大文件读写、数据库操作以及网络下载，需要很长时间，为了不阻塞用户界面，出现 ANR（Application Not Response，应用程序无响应）的响应提示窗口，这时可以考虑使用 Thread 线程来解决。

Java 中实现多线程操作有两种方法：继承 Thread 类和实现 Runnable 接口。但对于 Android 平台来说，UI 控件都没有设计成为线程安全类型，主线程创建的界面只有主线程才能修改，别的线程不允许修改 UI，如果子线程修改了 UI，系统会验证当前线程是不是主线程，如果不是主线程，就会终止运行。

下面通过一个实例来演示直接在 UI 线程中开启子线程来更新 TextView 显示的内容。

（1）创建 EX10_1 项目。

（2）修改主 Activity 的布局文件 activity_main.xml。源代码如下：

```
01    <LinearLayout xmlns:android="http://schemas.android.com/apk/res/android"
02        android:orientation="vertical"
03        android:layout_width="match_parent"
```

```
04              android:layout_height="match_parent"
05      >
06      <TextView
07              android:id="@+id/tv"
08              android:layout_width="wrap_content"
09              android:layout_height="wrap_content"
10              android:text="@string/hello_world" />
11      </LinearLayout>
```

说明：

❑　第 6~10 行：声明一个 TextView 控件，id 为 tv。

（3）修改 MainActivity 的类文件，增加线程 MyThread，并在该线程中更新 View。编辑代码如下：

```
01      package com.example.ex10_1;
02      import android.app.Activity;
03      import android.os.Bundle;
04      import android.widget.TextView;
05
06      public class MainActivity extends Activity {
07              private TextView tv;
08
09              @Override
10              protected void onCreate(Bundle savedInstanceState) {
11                  super.onCreate(savedInstanceState);
12                  setContentView(R.layout.activity_main);
13
14                  tv = (TextView) findViewById(R.id.tv);
15                  new MyThread("非主线程修改").start();
16              }
17
18              private class MyThread extends Thread {
19                  private String text;
20
21                  public MyThread(String text) {
22                      this.text = text;
23                  }
24
25                  @Override
26                  public void run() {
27                      try {
28                          Thread.sleep(1000);
29                      } catch (InterruptedException e) {
30                          e.printStackTrace();
31                      }
32                      tv.setText(text);
33                  }
34              }
35      }
```

说明：

- ❑ 第 15 行：启动 MyThread 线程，同时传递字符串参数"非主线程修改"。
- ❑ 第 18 行：编写一个线程 MyThread。
- ❑ 第 26~33 行：重写 run()方法。先休眠 1 秒中，然后修改 TextView。

（4）运行结果。

运行程序，可以发现如下错误：android.view.ViewRoot$CalledFromWrongThreadException: Only the original thread that created a view hierarchy can touch its views，意思就是只有创建这个控件的线程才能去更新该控件的内容。

故非 UI 线程不能操作 UI 线程中的控件，即 UI 是非线程安全的。例如更新某个 TextView 的显示，都必须在主线程中去做，不能直接在 UI 线程中去创建子线程来修改它，也就是说，不接受非 UI 线程的修改请求。

既然子线程不能修改主线程的 UI，那么，我们的子线程如何修改 UI？解决方式是使用 Handler 实现子线程与主线程之间的通信。

10.1.2 什么是 Handler

Handler 中文翻译为处理器、处理者、管理者或者被叫作句柄。Handler 的功能是什么，它主要用于发送消息和处理消息。

1. Handler 消息处理机制原理

当 Android 应用程序的进程一创建时，系统就给这个进程提供了一个 Looper，Looper 是一个死循环，它内部维护这个消息队列。Looper 不停地从消息队列中取消息（Message），取到消息就发送给 Handler，最后 Handler 根据接收到的消息去修改 UI。Handler 的 sendMessage()方法就是将消息添加到消息队列中。工作原理如图 10-1 所示。

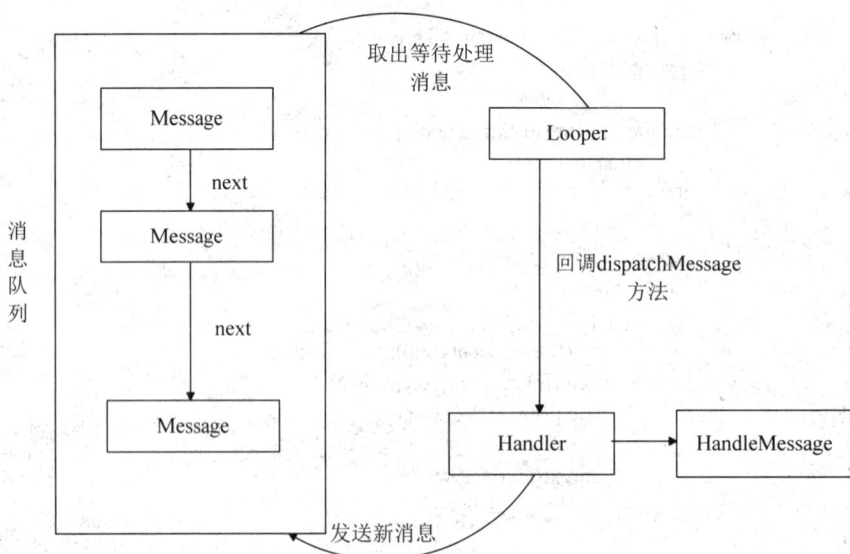

图 10-1　消息处理机制工作原理图

2.　Handler 机制的 4 个关键对象

Handler 消息机制中包含 4 个关键对象，分别是 Message、MessageQueue、Handler 和 Looper。

（1）Message

Message 是在线程之间传递的消息，它可以在内部携带少量的信息，用于在不同线程之间交换数据。

（2）MessageQueue

MessageQueue 是消息队列的意思，它主要用来存放通过 Handler 发送的消息。通过 Handler 发送的消息会存在 MessageQueue 中等待处理（每个线程只有一个 MessageQueue）。

（3）Handler

Handler 顾名思义就是处理者的意思，它主要用于发送消息和处理消息。一般使用 Handelr 对象的 sendMessage() 方法发送消息，发出的消息经过一系列的辗转处理后，最终会传递到 Handler 对象的 handlerMessage() 方法中。

（4）Looper

Looper 是每个线程中 MessageQueue 的管家。调用 Looper 的 loop() 方法后，就会进入到一个无限循环中。然后每等发现 MessageQueue 中存在一条消息，就会将它取出，并传递到 Handler 的 HandlerMessage() 方法中。此外每个线程也只会有一个 Looper 对象。

接下来通过修改 EX10_1 项目来展示以上 4 个对象的用法。

修改 MainActivity 的类文件，其余配置不变。编辑代码如下：

```
01      package com.example.ex10_1;
02
03      import android.app.Activity;
04      import android.os.*;
05      import android.widget.TextView;
06
07      public class MainActivity extends Activity {
08          private TextView tv;
09          private static final int UPDATE = 0;
10          private Handler handler = new Handler() {
11              @Override
12              public void handleMessage(Message msg) {
13                  if (msg.what == UPDATE) {
14                      tv.setText(String.valueOf(msg.obj));
15                  }
16              }
17          };
18
19          @Override
20          protected void onCreate(Bundle savedInstanceState) {
21              super.onCreate(savedInstanceState);
22              setContentView(R.layout.activity_main);
23
```

Note

```
24          tv = (TextView) findViewById(R.id.tv);
25          new MyThread("非主线程修改").start();
26      }
27
28      private class MyThread extends Thread {
29          private String text;
30
31          public MyThread(String text) {
32              this.text = text;
33          }
34
35          @Override
36          public void run() {
37              try {
38                  Thread.sleep(1000);
39              } catch (InterruptedException e) {
40                  e.printStackTrace();
41              }
42              Message msg = new Message();
43              msg.what = UPDATE;
44              msg.obj = text;
45              handler.sendMessage(msg);
46          }
47      }
48  }
```

说明：

❑ 第 9 行：定义常量 UPDATE 代表消息的类型。

❑ 第 10 行：创建一个 Handler 对象。

❑ 第 11~16 行：Handler 中提供了 handleMessage()方法来让开发人员进行 Override，
用于处理消息队列中的数据；Handler 可以根据 Message 中的 what 值的不同来分
发处理；最后，接收消息并且去更新 UI 线程上的控件 TextView 内容为"非主线
程修改"。

❑ 第 25 行：启动 MyThread 线程，同时传递字符串参数"非主线程修改"。

❑ 第 36~46 行：子线程中通过 handler 发送消息给 handler 接收，由 handler 去更新
TextView 的值。

❑ 第 42 行：创建要发送的消息对象 msg。

❑ 第 43、44 行：给消息对象 msg 的成员变量 what 和 obj 赋值。

❑ 第 45 行：发送数据的动作通过 sendMessage()方法完成，即将消息 msg 发送到
handler 的消息队列的最后。

本实例运行结果如图 10-2 所示。

从这个例子可以看出主线程的职责是创建、显示和更新 UI 控件、处理 UI 事件、启动子
线程、停止子线程；子线程的职责是向主线程发出更新 UI 消息，而不是直接更新 UI。子线
程和主线程通过消息（Message）和消息队列（MessageQueue）可以实现线程间的通信。

图 10-2　EX10_1 运行结果

10.1.3　异步任务——AsyncTask

为了方便在子线程中对 UI 进行操作，Android 提供了一些好的工具类，AsyncTask 便是其中之一。

工具类 AsyncTask，顾名思义异步执行任务。这个 AsyncTask 生来就是处理一些后台的比较耗时的任务，带来良好的用户体验，编程语法优雅，不再需要子线程和 Handler 就可以完成异步操作并且刷新用户界面。

AsyncTask 是抽象类，如果想使用它，就必须要创建一个子类去继承它，在继承时可以为 AsyncTask 类指定 3 个泛型参数，这 3 个参数的用途如下。

❑　Params：在执行 AsyncTask 时需要传入的参数，可用于在后台任务中使用。

❑　Progress：后台任务执行时，如果需要在界面上显示当前的进度，则使用这里指定的泛型作为进度单位。

❑　Result：当任务执行完毕后，如果需要对结果进行返回，则使用这里指定的泛型作为返回值类型。

通常使用 AsyncTask 时，需要重写它的 4 个方法，用法如下：

（1）onPreExecute()

该方法会在后台任务开始执行之前调用，用于进行一些界面上的初始化操作，如显示一个进度条对话框等。

（2）doInBackground(Params...)

该方法中的所有代码都会在子线程中运行，我们应该在这里去处理所有的耗时任务。任务一旦完成就可以通过 return 语句来将任务的执行结果进行返回，如果 AsyncTask 的第三个泛型参数指定的是 Void，就可以不返回任务执行结果。注意，在这个方法中是不可以进行 UI 操作的，如果需要更新 UI 元素，例如说反馈当前任务的执行进度，可以调用

publishProgress(Progress...)方法来完成。

（3）onProgressUpdate(Progress...)

当在后台任务中调用了 publishProgress(Progress...)方法后，该方法就很快会被调用，方法中携带的参数就是在后台任务中传递过来的。在该方法中可以对 UI 进行操作，利用参数中的数值就可以对界面元素进行相应的更新。

（4）onPostExecute(Result)

当后台任务执行完毕并通过 return 语句进行返回时，该方法很快就会被调用。返回的数据会作为参数传递到此方法中，可以利用返回的数据来进行一些 UI 操作，例如说提醒任务执行的结果，以及关闭掉进度条对话框等。

10.1.4　AsyncTask 实例

下面通过一个实例来实现一个网络图片查看器，可以访问网络并获取图片，并显示在界面上。

实现思路：在 Android 中获取网络图片是一件耗时的操作，如果直接获取有可能会出现应用程序无响应（Application Not Responding，ANR）对话框的情况。对于这种情况，一般采用耗时操作用线程来实现。例如，在子线程中处理网络请求，下载图片数据并通过 sendMessage()方法发送到 handler 的消息队列，最终由 Handler 接收图片数据并更新 UI 线程上的控件，显示图片。本实例使用 AsyncTask，不需要子线程和 Handler 就可以完成异步操作并且刷新用户界面，显示图片。本实例开发步骤如下：

（1）创建 EX10_2 项目。

（2）修改主 Activity 的布局文件 activity_main.xml。源代码如下：

```
01  <LinearLayout xmlns:android="http://schemas.android.com/apk/res/android"
02      xmlns:tools="http://schemas.android.com/tools"
03      android:layout_width="match_parent"
04      android:layout_height="match_parent"
05      android:orientation="vertical"
06      android:gravity="center_horizontal"
07      >
08
09      <TextView
10          android:id="@+id/tv"
11          android:layout_width="wrap_content"
12          android:layout_height="wrap_content"
13          android:text="获取网络图片" />
14
15      <Button
16          android:id="@+id/btn"
17          android:layout_width="wrap_content"
18          android:layout_height="wrap_content"
19          android:text="获取网络图片" />
20
21      <ImageView
```

```
22              android:id="@+id/img"
23              android:layout_width="wrap_content"
24              android:layout_height="wrap_content"
25              android:src="@drawable/ic_launcher" />
26      </LinearLayout>
```

说明：

- ❑　第 6 行：声明 LinearLayout 控件内的所有元素都水平居中显示。
- ❑　第 9~13 行：声明一个 TextView 控件，id 为 tv。
- ❑　第 15~19 行：声明一个 Button 控件，id 为 btn。
- ❑　第 21~25 行：声明一个 ImageView 控件，id 为 img。

（3）编写 MainActivity 的类文件，代码如下：

```
01      package com.example.ex10_2;
02
03      public class MainActivity extends Activity {
04          private Button btn;
05          private ImageView img;
06          private String image_path =
                "http://img.redocn.com/sheying/20150520/dayantaxiongzi_4358898_small.jpg";
07          private ProgressDialog dialog;
08
09          @Override
10          protected void onCreate(Bundle savedInstanceState) {
11              super.onCreate(savedInstanceState);
12              setContentView(R.layout.activity_main);
13
14              btn = (Button) findViewById(R.id.btn);
15              img = (ImageView) findViewById(R.id.img);
16
17              dialog = new ProgressDialog(MainActivity.this);
18              dialog.setTitle("提示信息");
19              dialog.setMessage("图片下载中...");
20              dialog.setProgressStyle(ProgressDialog.STYLE_HORIZONTAL);
21              dialog.setCancelable(false);
22
23              btn.setOnClickListener(new OnClickListener() {
24                  @Override
25                  public void onClick(View v) {
26                      new MyTask().execute(image_path);
27                  }
28              });
29          }
30
31          public class MyTask extends AsyncTask<String, Integer, Bitmap> {
32              @Override
33              protected void onPreExecute() {
34                  super.onPreExecute();
```

```
35              dialog.show();
36          }
37
38          @Override
39          protected Bitmap doInBackground(String... params) {
40              Bitmap bitmap = null;
41              ByteArrayOutputStream outputStream = new ByteArrayOutputStream();
42              InputStream inputStream = null;
43              try {
44                  HttpClient httpClient = new DefaultHttpClient();
45                  HttpGet httpGet = new HttpGet(params[0]);
46                  HttpResponse httpResponse = httpClient.execute(httpGet);
47                  if (200 == httpResponse.getStatusLine().getStatusCode()) {
48                      inputStream = httpResponse.getEntity().getContent();
49                      long file_length = httpResponse.getEntity().getContentLength();
50                      int len = 0;
51                      int total_length = 0;
52                      byte[] data = new byte[1024];
53                      while (-1 != (len = inputStream.read(data))) {
54                          total_length += len;
55                          int value = (int) ((total_length / (float) file_length) * 100);
56                          publishProgress(value);
57                          outputStream.write(data, 0, len);
58                      }
59                      byte[] result = outputStream.toByteArray();
60                      bitmap = BitmapFactory.decodeByteArray(result, 0,result.length);
61                  }
62              } catch (Exception e) {
63              } finally {
64                  if (inputStream != null) {
65                      try {
66                          inputStream.close();
67                      } catch (IOException e) {
68                          e.printStackTrace();
69                      }
70                  }
71              }
72              return bitmap;
73          }
74
75          @Override
76          protected void onProgressUpdate(Integer... values) {
77              super.onProgressUpdate(values);
78              dialog.setProgress(values[0]);
79          }
80
81          @Override
82          protected void onPostExecute(Bitmap result) {
83              super.onPostExecute(result);
```

```
84                         img.setImageBitmap(result);
85                         dialog.dismiss();
86                }
87            }
88    }
```

说明：

❑　第 6 行：定义网络图片的网址 image_path。

❑　第 14、15 行：实例化按钮和图片对象。

❑　第 17~21 行：创建 ProgressDialog 对象；设置进度对话框的相关属性标题和提示
信息分别为"提示信息"和"图片下载中..."；声明进度条的样式为条形进度条，
并使进度条在屏幕显示不失去焦点。

❑　第 26 行：执行异步任务的操作，这个必须写在 UI 主线程中，由 UI 主线程去操作。

❑　第 31 行：声明一个类 MyTask 继承 AsyncTask，指定好 3 个泛型的参数分别为
String、Integer 和 Bitmap。指定 3 个参数后去实现对应的方法，Eclipse 会自动生
成与参数类型相匹配的返回类型的方法。第一个参数：启动任务执行的输入参数，
例如 HTTP 请求的 URL，即为 doInBackground 接受的参数；第二个参数：后台
任务执行的百分比会发布到 UI 主线程中，即为显示进度的参数；第三个参数：
后台执行任务最终返回的结果，即为 doInBackground 返回和 onPostExecute 传入
的参数。

❑　第 32~36 行：该方法初始化操作，任务执行之前的准备工作，可以访问 UI 组件。
通过调用 ProgressDialog 的 show()方法来显示一个进度对话框。

❑　第 39 行：该方法启用后台执行任务，不可执行任何与 UI 相关的操作。本例完成
图片的下载功能，参数 String...params 表示可以传递多个 String 类型的参数，只
取一个，所以用 params[0]。

❑　第 40 行：定义图片的引用。

❑　第 41 行：创建输出流对象 outputStream，程序内部创建一个字节数组的缓冲区，
利用该对象可向数组中写入 byte 型数据。

❑　第 42 行：定义字节输入流。

❑　第 44 行：创建一个 DefaultHttpClient 的实例，HttpClient 是一个接口，提供了对
HTTP 协议的全面支持，可以使用 HttpClient 的对象来执行 HTTP GET 和 HTTP
POST 调用。

❑　第 45 行：创建一个 HttpGet 对象，传入参数 params[0]即网络图片的地址。

❑　第 46 行：执行 execute()方法之后会返回一个 HttpResponse 对象，服务器所返回
的所有信息就保存在 HttpResponse 里面。

❑　第 47 行：先取出服务器返回的状态码，如果等于 200 就说明请求和响应都成功了。

❑　第 48 行：如果请求和响应都成功了，调用 getEntity()方法获取到一个 HttpEntity
实例，通过该实例获得服务器的响应内容。

❑　第 49 行：先要获得文件的总长度。

- 第 50 行：定义每次读取字节的长度。
- 第 51 行：定义读取字节长度的总和。
- 第 52 行：定义一个字节数组，作为缓冲区。
- 第 53 行：判断是否读到文件末尾。
- 第 54 行：每次下载的长度进行叠加。
- 第 55 行：计算机每次下载完的部分占全部文件长度的百分比。计算公式"(int) ((i/(float) count) * 100)"得到的结果就是它的刻度值。
- 第 56 行：使用 publishProgress(value) 方法把刻度发布出去，它会发布到 onProgressUpdate() 方法中。
- 第 57 行：缓冲区数组 data，写入到输出流对象 outputStream 中。
- 第 59 行：将流里面的数据转换成一个字节数组。
- 第 60 行：将字节数组流转换成 Bitmap 的图片格式。
- 第 72 行：返回 bitmap 对象，最终会作为参数到 onPostExecute() 方法中，用这个方法将其推送到 UI 主线程中。
- 第 75~79 行：方法执行之后会被 UI 主线程调用，用来在 UI 主线程中实时显示计算刻度。
- 第 81~86 行：任务执行完成后调用，可以用 UI 组件，主要更新 UI 操作。
- 第 85 行：取消对话框。

（4）在 AndroidManifest.xml 中设置网络访问权限。

```
<uses-permission android:name="android.permission.INTERNET"/>
```

本实例运行结果如图 10-3 所示。

图 10-3　AsyncTask 下载网络图片

10.2　使用 HTTP 访问网络

Android 系统是网络巨头 Google 公司开发的，因此对网络功能的支持必不可少。Android 系统提供了以下几种方式实现网络通信：Socket 通信、HTTP 通信、URL 通信和 WebView，其中最常用的是 HTTP 通信。

HTTP 协议是现在 Internet 上使用最多、最重要的协议，越来越多的 Java 应用程序需要直接通过 HTTP 协议来访问网络资源。在 JDK 的 java.net 包中已经提供了访问 HTTP 协议的基本功能：HttpURLConnection。Android 客户端当然可以使用 HttpURLConnection 向网络发出 HTTP 请求。除此之外，还可以使用 HttpClient，HttpClient 就是一个增强版的 HttpURLConnection。本节针对 Android 中提供的进行 HTTP 操作的这两种方式进行讲解。

10.2.1　使用 HttpURLConnection

HttpURLConnection 是 Java 的标准类，HttpURLConnection 继承自 URLConnection，可用于向指定网站发送 GET 请求、POST 请求。它在 URLConnection 的基础上提供了如下便捷的方法，基本步骤如下：

（1）创建一个 URL 对象。

```
URL url = new URL(http://www.wqbook.com);
```

（2）利用 HttpURLConnection 对象从网络中获取网页数据。

```
HttpURLConnection conn = (HttpURLConnection) url.openConnection();
```

（3）设置连接超时。

```
conn.setConnectTimeout(6*1000);
```

（4）对响应码进行判断。

如果 conn.getResponseCode()= 200，则从 Internet 获取网页，发送请求，将网页以流的形式读回来，否则 "throw new RuntimeException("请求 url 失败");"。

（5）得到网络返回的输入流。

```
InputStream is = conn.getInputStream();
```

（6）关闭 http 连接。

```
conn.disconnect();
```

10.2.2　HttpURLConnection 实例

下面通过一个实例来演示使用 HttpURLConnection 实现网络图片查看器的示例。

（1）创建 EX10_3 项目。

（2）修改主 Activity 的布局文件 activity_main.xml。源代码如下：

```
01    <LinearLayout xmlns:android="http://schemas.android.com/apk/res/android"
02        xmlns:tools="http://schemas.android.com/tools"
03        android:layout_width="match_parent"
04        android:layout_height="match_parent"
05        android:orientation="vertical">
06
07        <ImageView
08            android:id="@+id/iv"
09            android:layout_width="fill_parent"
10            android:layout_height="fill_parent"
11            android:layout_weight="1000"/>
12
13        <EditText
14            android:id="@+id/et"
15            android:layout_width="fill_parent"
16            android:layout_height="wrap_content"
17            android:hint="请输入图片网址"
18            android:text= "http://img.redocn.com/sheying/20140917/xianzhonglouquanmao_
                        3094319_small.jpg"
19            android:singleLine="true" />
20
21        <Button
22            android:layout_width="fill_parent"
23            android:layout_height="wrap_content"
24            android:onClick="click"
25            android:text="浏览图片" />
26    </LinearLayout>
```

说明：

- 第 11 行：设置图片的权重，也代表该控件渲染的优先级，值越大，优先级越低。
- 第 19 行：设置单行显示。
- 第 24 行：显式指定按钮的 onClick 属性，单击按钮时会利用反射的方式调用对应 Activity 中的 click()方法。

（3）编写 MainActivity 的类文件，代码如下：

```
01    package com.example.ex10_3;
02
03    public class MainActivity extends Activity {
04        protected static final int UPDATE_UI = 1;
05        protected static final int ERROR = 2;
06        private EditText et;
07        private ImageView iv;
```

```
08
09        private Handler handler = new Handler() {
10            public void handleMessage(android.os.Message msg) {
11                if (msg.what == UPDATE_UI) {
12                    Bitmap bitmap = (Bitmap) msg.obj;
13                    iv.setImageBitmap(bitmap);
14                } else if (msg.what == ERROR) {
15                    Toast.makeText(MainActivity.this, "显示图片错误", 0).show();
16                }
17            }
18        };
19
20        @Override
21        protected void onCreate(Bundle savedInstanceState) {
22            super.onCreate(savedInstanceState);
23            setContentView(R.layout.activity_main);
24            et = (EditText) findViewById(R.id.et);
25            iv = (ImageView) findViewById(R.id.iv);
26        }
27
28        public void click(View view) {
29            final String path = et.getText().toString().trim();
30            if (TextUtils.isEmpty(path)) {
31                Toast.makeText(this, "图片路径不能为空", 0).show();
32            } else {
33                new Thread() {
34                    public void run() {
35                        try {
36                            URL url = new URL(path);
37                            HttpURLConnection conn = (HttpURLConnection) url
                                    .openConnection();
38                            conn.setRequestMethod("GET");
39                            conn.setConnectTimeout(5000);
40                            conn.setRequestProperty(
                            "User-Agent",
                                "Mozilla/4.0 (compatible; MSIE 6.0; Windows NT 5.1; "
                            + "SV1; .NET4.0C; .NET4.0E; .NET CLR 2.0.50727; "
                            + ".NET CLR 3.0.4506.2152; .NET CLR 3.5.30729; Shuame)");
41                            int code = conn.getResponseCode();
42                            if (code == 200) {
43                                InputStream is = conn.getInputStream();
44                                Bitmap bitmap = BitmapFactory.decodeStream(is);
45                                Message msg = new Message();
46                                msg.what = UPDATE_UI;
47                                msg.obj = bitmap;
48                                handler.sendMessage(msg);
```

```
49                               } else {
50                                   Message msg = new Message();
51                                   msg.what = ERROR;
52                                   handler.sendMessage(msg);
53                               }
54                           } catch (Exception e) {
55                               e.printStackTrace();
56                               Message msg = new Message();
57                               msg.what = ERROR;
58                               handler.sendMessage(msg);
59                           }
60                       }
61                   }.start();
62               }
63           }
64       }
```

说明：

- 第 4、5 行：定义常量 UPDATE_UI 和 ERROR，代表消息的类型。
- 第 9~18 行：主线程创建消息处理器。
- 第 33 行：开启子线程请求网络，连接服务器，使用 GET 请求获取图片。Android 4.0 以后访问网络不能放在主线程中。
- 第 36 行：创建 URL 对象。
- 第 37 行：利用 HttpURLConnection 对象 conn，根据 URL 发送 http 请求。
- 第 38 行：设置请求的方式为 GET。
- 第 39 行：设置超时时间为 5 秒。
- 第 40 行：设置请求头 User-Agent 浏览器的版本。
- 第 41 行：得到服务器返回的响应状态码。
- 第 42 行：请求网络成功后返回码是 200。
- 第 43 行：获取输入流对象。
- 第 44 行：使用 BitmapFactory 工具类将字节流转换成 Bitmap 对象。
- 第 45 行：创建一个新消息。发送消息告诉主线程：帮我更新界面。不可以直接更新界面，因为子线程不能修改 UI。
- 第 46、47 行：将数据绑定消息。
- 第 48 行：调用 handler 发送消息给主线程。
- 第 49~53 行：返回码不是 200，请求服务器失败，则发送出错的消息给主线程。

（4）在 AndroidManifest.xml 中设置网络访问权限。

```
<uses-permission android:name="android.permission.INTERNET"/>
```

本实例运行结果如图 10-4 所示。

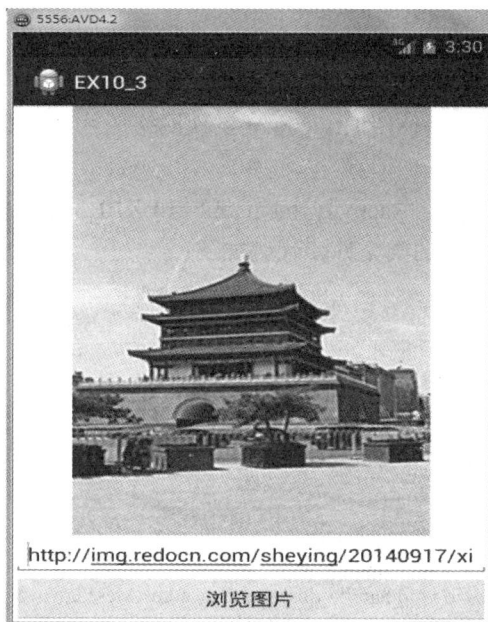

图 10-4　网络图片查看器

10.2.3　使用 HttpClient

10.2.1 节介绍了使用 java.net 包中的 HttpURLConnection 类来访问网络,在一般情况下,如果只需要到某个简单页面提交请求并获取服务器的响应,完全可以使用该技术来实现。不过,对于比较复杂的联网操作,使用 HttpURLConnection 类就不一定能满足要求。这时,可以使用 Apache 组织提供的 HttpClient 项目来实现。在 Android 中,已经成功地集成了 HttpClient,所以可以直接在 Android 中使用 HttpClient 来访问网络。

HttpClient 实际上是对 Java 提供的访问网络的方法进行了封装。HttpURLConnection 类中的输入/输出流操作,在 HttpClient 中被统一封装成了 HttpGet、HttpPost 和 HttpResponse 类,这样就简化了操作。其中,HttpGet 类代表发送 GET 请求,HttpPost 类代表发送 POST 请求,HttpResponse 类代表处理响应的对象。

同使用 HttpURLConnection 类一样,使用 HttpClient 发送 HTTP 请求也可以分为发送 GET 请求和 POST 请求两种。使用 HttpClient 访问网络大致可以分为以下几个步骤:

（1）创建 HttpClient 对象。

（2）指定网络访问方式,创建 HttpGet 对象或者 HttpPost 对象。

（3）如果需要发送请求参数,可以直接将要发送的参数连接到 URL 地址中,也可以调用 HttpGet 的 setParams()方法来添加请求参数。

（4）调用 HttpClient 对象的 execute()方法发送请求,执行该方法将返回一个 HttpResponse 对象。

（5）调用 HttpResponse 的 getEntity()方法,可获得包含服务器响应内容的 HttpEntity 对象,通过该对象可以获取服务器的响应内容。

10.2.4 HttpClient 实例

下面通过一个实例来演示使用 HttpClient 实现网络图片查看器的示例。

（1）创建 EX10_4 项目。

（2）主 Activity 的布局文件 activity_main.xml 与 EX10_3 项目相同，只修改图片资源。

（3）编写 MainActivity 的类文件，代码如下：

```
01    package com.example.ex10_4;
02
03    public class MainActivity extends Activity {
04        protected static final int UPDATE_UI = 1;
05        protected static final int ERROR = 2;
06        private EditText et;
07        private ImageView iv;
08
09        private Handler handler = new Handler() {
10            public void handleMessage(android.os.Message msg) {
11                if (msg.what == UPDATE_UI) {
12                    Bitmap bitmap = (Bitmap) msg.obj;
13                    iv.setImageBitmap(bitmap);
14                } else if (msg.what == ERROR) {
15                    Toast.makeText(MainActivity.this, "显示图片错误", 0).show();
16                }
17            };
18        };
19
20        @Override
21        protected void onCreate(Bundle savedInstanceState) {
22            super.onCreate(savedInstanceState);
23            setContentView(R.layout.activity_main);
24            et = (EditText) findViewById(R.id.et);
25            iv = (ImageView) findViewById(R.id.iv);
26        }
27
28        public void click(View view) {
29            final String path = et.getText().toString().trim();
30            if (TextUtils.isEmpty(path)) {
31                Toast.makeText(this, "图片路径不能为空", 0).show();
32            } else {
33                new Thread() {
34                    public void run() {
35                        getImageByClient(path);
36                    }
37                }.start();
38            }
39        }
40
```

```
41          protected void getImageByClient(String path) {
42              HttpClient client = new DefaultHttpClient();
43              HttpGet httpGet = new HttpGet(path);
44              try {
45                  HttpResponse httpResponse = client.execute(httpGet);
46                  if (httpResponse.getStatusLine().getStatusCode() == 200) {
47                      HttpEntity entity = httpResponse.getEntity();
48                      InputStream content = entity.getContent();
49                      Bitmap bitmap = BitmapFactory.decodeStream(content);
50                      Message message = new Message();
51                      message.what = UPDATE_UI;
52                      message.obj = bitmap;
53                      handler.sendMessage(message);
54                  } else {
55                      Message message = new Message();
56                      message.what = ERROR;
57                      handler.sendMessage(message);
58                  }
59              } catch (Exception e) {
60                  e.printStackTrace();
61                  Message message = new Message();
62                  message.what = ERROR;
63                  handler.sendMessage(message);
64              }
65          }
66      }
```

说明：
- 第 4~5 行：定义常量 UPDATE_UI 和 ERROR，代表消息的类型。
- 第 9~18 行：主线程创建消息处理器。
- 第 33 行：开启子线程请求网络，连接服务器 get 请求获取图片。
- 第 35 行：调用方法 getImageByClient(String path)，使用 HttpClient 访问网络。
- 第 42 行：获取 HttpClient 对象。
- 第 43 行：用 get 方式请求网络。
- 第 45 行：调用 HttpClient 对象的 execute()方法发送请求,获取返回的 HttpResponse 对象。
- 第 46 行：检验服务器返回的状态码是否为 200。
- 第 47 行：获取 HttpEntity 对象。
- 第 48 行：获取输入流对象。
- 第 49 行：获取 bitmap 对象。
- 第 51~53 行：通知主线程更改 Ui 界面。
- 第 54~58 行：状态码不为 200，访问服务器不成功，则发送出错的消息给主线程。

（4）在 AndroidManifest.xml 中设置网络访问权限。

```
<uses-permission android:name="android.permission.INTERNET"/>
```

本实例运行结果如图 10-5 所示。

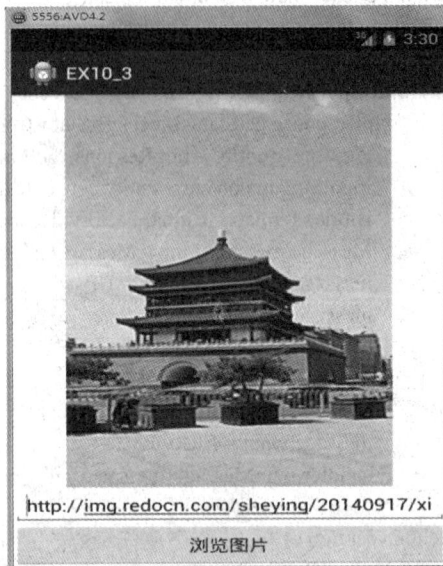

图 10-5   网络图片查看器

10.3   数据提交方式

Android 应用开发中，会经常提交数据到服务器和从服务器得到数据，向服务器提交请求常用 GET 和 POST 两种方法。GET 和 POST 这两种方法的区别是什么？

GET 请求方法是将提交的参数拼接在 URL 地址后面，例如 http://www.baidu.com/index.jsp?name=zhangsan&password=123456，但是这种形式对于那种比较隐私的参数是不适合的，而且参数的大小也是有限制的，一般是小于 1KB，对于上传文件就不是很适合。

POST 请求方法是将参数放在消息体内将其发送到服务器，所以对大小没有限制，对于隐私的内容也比较合适。

下面通过一个综合实例来演示使用 Http 的两种请求方式 HttpURLConnection 和 HttpClient，来实现提交数据到 Web 服务器，这两种数据提交方式共有 4 种方法，分别是 HttpURLConnection 的 GET 和 POST 方法以及 HttpClient 的 GET 和 POST 方法。

（1）创建 EX10_5 项目。

（2）修改主 Activity 的布局文件 activity_main.xml。源代码如下：

```
01    <LinearLayout xmlns:android="http://schemas.android.com/apk/res/android"
02          xmlns:tools="http://schemas.android.com/tools"
03          android:layout_width="match_parent"
04          android:layout_height="match_parent"
05          android:orientation="vertical" >
06
07    <TextView
```

```
08              android:layout_width="fill_parent"
09              android:layout_height="wrap_content"
10              android:text="姓名: " />
11
12         <EditText
13              android:id="@+id/name"
14              android:layout_width="match_parent"
15              android:layout_height="wrap_content" />
16
17         <TextView
18              android:layout_width="wrap_content"
19              android:layout_height="wrap_content"
20              android:text="电话: " />
21
22         <EditText
23              android:id="@+id/phone"
24              android:layout_width="match_parent"
25              android:layout_height="wrap_content" />
26
27         <Button
28              android:layout_width="wrap_content"
29              android:layout_height="wrap_content"
30              android:onClick="get_save"
31              android:text="Http_GET 方式提交" />
32
33         <Button
34              android:layout_width="wrap_content"
35              android:layout_height="wrap_content"
36              android:onClick="post_save"
37              android:text="Http_POST 方式提交" />
38
39         <Button
40              android:layout_width="wrap_content"
41              android:layout_height="wrap_content"
42              android:onClick="httpClient_getSave"
43              android:text="Httpclient_GET 方式提交" />
44
45         <Button
46              android:layout_width="wrap_content"
47              android:layout_height="wrap_content"
48              android:onClick="httpClient_postSave"
49              android:text="Httpclient_POST 方式提交" />
50    </LinearLayout>
```

说明:
❑ 第 7~25 行: 定义了两个 TextView,用于提示文字; 两个文本框 EditText,用于输入姓名和电话。
❑ 第 27~49 行: 设置了 4 个按钮,分别用于调用 4 种方法。

（3）编写 MainActivity 的类文件，代码如下：

```
01      package com.example.ex10_5;
02
03      public class MainActivity extends Activity {
04          private EditText name_view;
05          private EditText phone_view;
06          private String name;
07          private String phone;
08
09          @Override
10          protected void onCreate(Bundle savedInstanceState) {
11              super.onCreate(savedInstanceState);
12              setContentView(R.layout.activity_main);
13              name_view = (EditText) findViewById(R.id.name);
14              phone_view = (EditText) findViewById(R.id.phone);
15          }
16
17          public void get_save(View v) {
18              name = name_view.getText().toString();
19              phone = phone_view.getText().toString();
20              new Thread() {
21                  @Override
22                  public void run() {
23                      final String result = Service.get_save(name, phone);
24                      if (result != null) {
25                          runOnUiThread(new Runnable() {
26                              @Override
27                              public void run() {
28                                  Toast.makeText(MainActivity.this, result,
                                          Toast.LENGTH_LONG).show();
29                              }
30                          });
31                      }
32                  }
33              }.start();
34          }
35
36          public void post_save(View v) {
37              name = name_view.getText().toString();
38              phone = phone_view.getText().toString();
39              new Thread() {
40                  @Override
41                  public void run() {
42                      final String result = Service.post_save(name, phone);
43                      if (result != null) {
44                          runOnUiThread(new Runnable() {
45                              @Override
46                              public void run() {
```

```
47                                         Toast.makeText(MainActivity.this, result,
                                              Toast.LENGTH_LONG).show();
48                                      }
49                               });
50                            }
51                        }
52                    }.start();
53                }
54
55        public void httpClient_getSave(View v) {
56            name = name_view.getText().toString();
57            phone = phone_view.getText().toString();
58            new Thread() {
59                @Override
60                public void run() {
61                    final String result = Service.httpClient_getSave(name, phone);
62                    if (result != null) {
63                        runOnUiThread(new Runnable() {
64                            @Override
65                            public void run() {
66                                Toast.makeText(MainActivity.this, result,
                                              Toast.LENGTH_LONG).show();
67                            }
68                        });
69                    }
70                }
71            }.start();
72        }
73
74        public void httpClient_postSave(View v) {
75            name = name_view.getText().toString();
76            phone = phone_view.getText().toString();
77            new Thread() {
78                @Override
79                public void run() {
80                    final String result =Service.httpClient_postSave(name, phone);
81                    if (result != null) {
82                        runOnUiThread(new Runnable() {
83                            @Override
84                            public void run() {
85                                Toast.makeText(MainActivity.this, result,
                                              Toast.LENGTH_LONG).show();
86                            }
87                        });
88                    }
89                }
90            }.start();
91        }
92    }
```

说明：

❑ 第 13、14 行：定义了两个文本框对象 name_view 和 phone_view。

❑ 第 17 行：定义 HttpURLConnection 请求方式的 GET 方法为 get_save(View v)。

❑ 第 18、19 行：获取用户输入的用户名和电话。

❑ 第 20~22 行：开启新线程，重写 run()方法。

❑ 第 23 行：调用 Service 里面的方法 get_save(name,phone)访问服务器，并获取服务器返回的信息。

❑ 第 24 行：判断服务器返回的信息是否为 null。

❑ 第 25 行：使用 runOnUiThread()方法来保证更新界面的 UI 操作是在 UI 线程中进行的。

❑ 第 28 行：弹出服务器返回的信息。

❑ 第 36 行：定义 HttpURLConnection 请求方式的 POST 方法为 post_save(View v)。

❑ 第 55 行：定义 HttpClient 请求方式的 GET 方法为 httpClient_getSave(View v)。

❑ 第 74 行：定义 HttpClient 请求方式的 POST 方法为 httpClient_postSave (View v)。

（4）编写访问网络的 Service 类文件，代码如下：

```
001    package com.example.ex10_5;
002
003    public class Service {
004        public static final String path =
                    "http://192.168.1.101:8080/ServletForService/ServletForAndroid";
005        public static String get_save(String name, String phone) {
006            Map<String, String> params = new HashMap<String, String>();
007            try {
008                params.put("name", name);
009                params.put("phone", phone);
010                return sendGetRequest(path, params, "UTF-8");
011            } catch (Exception e) {
012                e.printStackTrace();
013            }
014            return "提交失败";
015        }
016
017        private static String sendGetRequest(String path,
018                Map<String, String> params, String encoding) throws Exception {
019            StringBuilder sb = new StringBuilder(path);
020            sb.append("?");
021            for (Map.Entry<String, String> entry : params.entrySet()) {
022                sb.append(entry.getKey()).append("=");
023                sb.append(URLEncoder.encode(entry.getValue(), encoding));
024                sb.append("&");
025            }
026            sb.deleteCharAt(sb.length() - 1);
027            URL url = new URL(sb.toString());
```

```
028                    HttpURLConnection conn = (HttpURLConnection) url.openConnection();
029                    conn.setConnectTimeout(5000);
030                    conn.setRequestMethod("GET");
031                    if (conn.getResponseCode() == 200) {
032                        InputStream instream = conn.getInputStream();
033                        String text = StreamToString.readInputStream(instream);
034                        return text;
035                    }
036                    return "连接失败";
037            }
038
039    public static String post_save(String name, String phone) {
040            Map<String, String> params = new HashMap<String, String>();
041            try {
042                params.put("name", name);
043                params.put("phone", phone);
044                return sendPostRequest(path, params, "UTF-8");
045            } catch (Exception e) {
046                e.printStackTrace();
047            }
048            return "提交失败";
049    }
050
051     private static String sendPostRequest(String path,
052             Map<String, String> params, String encoding) throws Exception {
053         StringBuilder sb = new StringBuilder();
054         if (params != null && !params.isEmpty()) {
055             for (Map.Entry<String, String> entry : params.entrySet()) {
056                 sb.append(entry.getKey()).append("=");
057                 sb.append(URLEncoder.encode(entry.getValue(), encoding));
058                 sb.append("&");
059             }
060             sb.deleteCharAt(sb.length() - 1);
061         }
062         byte[] entity = sb.toString().getBytes();
063         URL url = new URL(path);
064         HttpURLConnection conn = (HttpURLConnection) url.openConnection();
065         conn.setReadTimeout(5000);
066         conn.setRequestMethod("POST");
067         conn.setDoOutput(true);
068         conn.setRequestProperty("Content-Type","application/x-www-form-urlencoded");
069         conn.setRequestProperty("Content-Length", String.valueOf(entity.length));
070         OutputStream outstream = conn.getOutputStream();
071         outstream.write(entity);
072         if (conn.getResponseCode() == 200) {
073             InputStream instream = conn.getInputStream();
074             String text = StreamToString.readInputStream(instream);
075             return text;
076         }
```

```
077             return "连接失败";
078         }
079
080     public static String httpClient_getSave(String name, String phone) {
081             Map<String, String> params = new HashMap<String, String>();
082             try {
083                 params.put("name", name);
084                 params.put("phone", phone);
085                 return sendHttpclient_getRequest(path, params);
086             } catch (Exception e) {
087                 e.printStackTrace();
088             }
089             return "提交失败";
090         }
091
092         private static String sendHttpclient_getRequest(String path,
093                 Map<String, String> map_params) {
094             List<NameValuePair> params = new ArrayList<NameValuePair>();
095             for (Map.Entry<String, String> entry : map_params.entrySet()) {
096                 params.add(new BasicNameValuePair(entry.getKey(), entry.getValue()));
097             }
098             String param = URLEncodedUtils.format(params, "UTF-8");
099             HttpGet getmethod = new HttpGet(path + "?" + param);
100             HttpClient httpclient = new DefaultHttpClient();
101             try {
102                 HttpResponse response = httpclient.execute(getmethod);
103                 if (response.getStatusLine().getStatusCode() == 200) {
104                     return EntityUtils.toString(response.getEntity(), "UTF-8");
105                 }
106             } catch (ClientProtocolException e) {
107                 e.printStackTrace();
108             } catch (IOException e) {
109                 e.printStackTrace();
110             }
111             return "连接失败";
112         }
113
114     public static String httpClient_postSave(String name, String phone) {
115             Map<String, String> params = new HashMap<String, String>();
116             try {
117                 params.put("name", name);
118                 params.put("phone", phone);
119                 return sendHttpclient_postRequest(path, params);
120             } catch (Exception e) {
121                 e.printStackTrace();
122             }
123             return "提交失败";
124         }
125
```

Note

```
126              private static String sendHttpclient_postRequest(String path,
127                      Map<String, String> params) {
128                  List<NameValuePair> pairs = new ArrayList<NameValuePair>();
129                  for (Map.Entry<String, String> entry : params.entrySet()) {
130                      pairs.add(new BasicNameValuePair(entry.getKey(), entry.getValue()));
131                  }
132                  try {
133                      UrlEncodedFormEntity entity = new UrlEncodedFormEntity(pairs,
134                              "UTF-8");
135                      HttpPost httppost = new HttpPost(path);
136                      httppost.setEntity(entity);
137                      HttpClient client = new DefaultHttpClient();
138                      HttpResponse response = client.execute(httppost);
139                      if (response.getStatusLine().getStatusCode() == 200) {
140                          return EntityUtils.toString(response.getEntity(), "UTF-8");
141                      }
142                  } catch (Exception e) {
143                      e.printStackTrace();
144                  }
145                  return "连接失败";
146              }
147          }
```

说明：

❑ 第 4 行：定义服务器请求路径 path 的值，其中 IP 地址根据实际服务器 IP 地址配置。注意：在 Android 中用 GET 和 POST 方法向服务器提交请求，使用 Android 模拟器中访问本机中的 Tomcat 服务器时，不能写 localhost，因为模拟器是一个单独的手机系统，所以要写真实的 IP 地址，否则无法访问到服务器。

❑ 第 5 行：实现 HttpURLConnection 请求方式的 GET 方法 get_save(name, phone)。

❑ 第 6 行：定义 HashMap 对象用于传递 url 参数。

❑ 第 10 行：调用 sendGetRequest()方法，3 个参数分别是请求的 URL、map 形式封装的参数和指定的编码样式。

❑ 第 19 行：实例化 StringBuilder 类的对象,构造函数的初始值为服务器请求路径 path。

❑ 第 20~25 行：因为使用 GET 方式提交，故需要拼接出请求地址后面的参数和值。中文参数需要经过 URLEncoder.encode 编码，否则在服务器端—Web 服务器会出现接收中文参数乱码。

❑ 第 26 行：删除最后的一个"&"。

❑ 第 27 行：创建一个 URL 对象。

❑ 第 28 行：创建 HttpURLConnection 对象。

❑ 第 29 行：设置连接超时。

❑ 第 30 行：设置以 GET 方式提交数据。

❑ 第 31 行：对响应码进行判断。

❑ 第 32 行：获取输入流对象。

❑ 第 33 行：将字符流转换成字符串。

❑ 第 39 行：实现 HttpURLConnection 请求方式的 POST 方法 post_save(name, phone)。

❑ 第 44 行：调用 sendPostRequest()方法，3 个参数分别是请求的 URL、map 形式封装的参数和指定的编码样式。

❑ 第 53~61 行：使用 POST 请求时，POST 的参数不是放在 URL 字符串中，而是放在 HTTP 请求数据中，所以需要对 POST 的参数进行处理。

❑ 第 62 行：生成实体数据。

❑ 第 67 行：允许对外输出数据，将数据写给服务器。

❑ 第 68~69 行：设置请求头。

❑ 第 70 行：获取输出流对象。

❑ 第 71 行：将数据写入输出流中。

❑ 第 80 行：实现 HttpClient 请求方式的 GET 方法为 httpClient_getSave(String name, String phone)。

❑ 第 85 行：调用 sendHttpclient_getRequest()方法，两个参数分别是请求的 URL 和 map 形式封装的参数。

❑ 第 94 行：定义了一个 list，该 list 的数据类型是 NameValuePair（简单名称值对节点类型），建立一个创建参数队列 params，用于存储要传送的参数。

❑ 第 95~97 行：用 foreach 对 params 添加参数。

❑ 第 98 行：对参数进行编码。

❑ 第 99 行：拼装路径。将 URL 与参数拼接，并发起 GET 方式请求。

❑ 第 100 行：创建 HttpClient 对象。

❑ 第 102 行：获取服务器返回的 HttpResponse 对象。

❑ 第 103 行：获取响应码并判断是否访问成功。

❑ 第 104 行：获取服务器响应内容。

❑ 第 114 行：实现 HttpClient 请求方式的 POST 方法为 httpClient_postSave(String name, String phone)。

❑ 第 119 行：调用 sendHttpclient_postRequest()方法，两个参数分别是请求的 URL 和 map 形式封装的参数。

❑ 第 135 行：发起 POST 方式请求。

❑ 第 137 行：创建 HttpClient 对象。

❑ 第 138 行：请求服务器并获取服务器返回信息。

❑ 第 139 行：获取响应码并判断是否访问成功。

❑ 第 140 行：获取服务器响应内容。

（5）编写将输入流转换成字符串的工具类 StreamToString.java，代码如下：

```
01      package com.example.ex10_5;
02
03      public class StreamToString {
04              public static String readInputStream(InputStream instream)
```

```
05                throws IOException {
06                ByteArrayOutputStream outstream = new ByteArrayOutputStream();
07                int len = 0;
08                byte[] buffer = new byte[1024];
09                while ((len = instream.read(buffer)) != -1) {
10                    outstream.write(buffer, 0, len);
11                }
12                instream.close();
13                outstream.close();
14                byte[] result = outstream.toByteArray();
15                String temp = new String(result);
16                return temp;
17            }
18        }
```

说明：

❑ 第 6 行：创建一个字节数组缓冲区。

❑ 第 8 行：定义一个字节数组，作为缓冲区。

❑ 第 9~11 行：循环读取缓冲区中的数据。

❑ 第 14 行：将缓冲区中的数据一次性写入 result。

❑ 第 15 行：解析 result 里面的字符串。

（6）在 AndroidManifest.xml 中设置网络访问权限。

```
<uses-permission android:name="android.permission.INTERNET"/>
```

（7）创建服务器接收手机提交的参数。

本例使用 Tomcat 服务器，在打开的 Eclipse 菜单中选择 Window→Preferences 命令，在弹出的 Preferences 对话框中，选择 Server→Runtime Environments 选项进行如下配置，如图 10-6 所示。

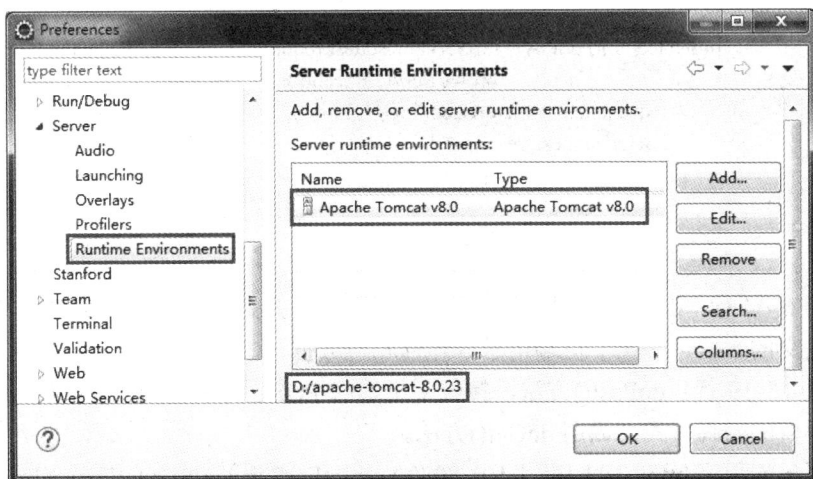

图 10-6　Tomcat 服务器配置

之后，新建 Dynamic Web Project 项目 ServletForService，在该项目下新建 ServletForAndroid，文档结构图如 10-7 所示。

- ▲ 🦟 ServletForService
  - ▲ 🦟 src
    - ▲ 🔳 com.example.ex10_5
      - ▲ 🗊 ServletForAndroid.java
        - ▲ 🔗 ServletForAndroid
          - 🔹 doGet(HttpServletRequest, HttpServletResponse) : void
          - 🔹 doPost(HttpServletRequest, HttpServletResponse) : void
  - 📂 build
  - ▷ 📂 WebContent

图 10-7　Web 服务器文档结构图

ServletForAndroid 代码如下：

```
01    package com.example.ex10_5;
02
03    @WebServlet("/ServletForAndroid")
04    public class ServletForAndroid extends HttpServlet {
05
06        protected void doGet(HttpServletRequest request, HttpServletResponse response)
                            throws ServletException, IOException {
07            String name = request.getParameter("name");
08            String phone = request.getParameter("phone");
09            System.out.println("name: " + name);
10            System.out.println("phone: " + phone);
11            if (name!=null){
12                response.getOutputStream().write((name +"登录成功").getBytes("UTF-8"));
13            }
14        }
15
16        protected void doPost(HttpServletRequest request, HttpServletResponse response)
                            throws ServletException, IOException {
17            request.setCharacterEncoding("UTF-8");
18            doGet(request, response);
19        }
20    }
```

说明：

- ❑ 第 6~14 行：doGet()方法，接收手机端的 GET 方式请求，获取手机端参数，校验提交的数据，响应手机端请求并返回相应数据。
- ❑ 第 16~19 行：doPost()方法，接收手机端的 POST 方式请求，设置从 request 中取得值的编码样式，调用 doGet()方法。

运行服务端程序 http://192.168.1.101:8080/ServletForService/ServletForAndroid。启动模拟器，输入姓名和电话，单击任意一种提交方式，观察输出结果，如图 10-8 所示。

图 10-8　EX10_5 运行结果

10.4　习　　题

1. 简述 Handler 机制 4 个关键对象的作用。

2. 简述 AsyncTask 类指定 3 个泛型参数的用途。

3. 简述使用 HttpClient 访问网络的步骤。

4. 实现一个网页源码查看器，在页面输入框中输入网页的地址，单击访问按钮，可以读取网页并显示在界面上。

5. 使用 ListView 控件实现一个新闻客户端，新闻信息以 XML 文件的格式存储，通过网络访问存放新闻信息的 XML 文件，解析此 XML 文件，逐条信息生成 ListView 组件的列表项，添加到 ListView 组件中，然后在界面上呈现出来。

第 **11** 章

广播和服务

【本章内容】

- ❑ 广播机制
- ❑ 常用的广播接收者
- ❑ 服务
- ❑ 服务和广播综合实例

在很多应用程序中，都会通过广播形式发送和接收消息。当操作系统中产生事件时，可以产生一个广播。例如，收到一条短信就会产生一个收到短信息的事件。而 Android 操作系统一旦内部产生了这些事件，就会向所有的广播接收器对象来广播这些事件。BroadcastReceiver（广播接收器）是为了实现系统广播而提供的一种组件，并且广播事件处理机制是系统级别的。当应用程序接收到消息后，一般会启动一个 Activity 或者一个 Service 进行处理。

Service 是在一段不定的时间运行在后台，不和用户交互应用组件。当应用程序不需要和用户进行交互，或者要占用前台很长时间的话，则可以放到后台进行。本章将介绍 Android 平台下广播、服务组件的使用以及综合应用。

11.1 广 播 机 制

简单地说，广播机制是一种广泛运用在程序之间的传输信息的一种方式。例如，手机电量不足 10%，此时系统会发出一个通知，这就是运用到了广播机制。

11.1.1 为何使用广播

广播（Broadcast）是 Android 中的四大组件之一，其重要性显而易见，它的用途也很大，例如一些系统的广播：电量低、开机、锁屏等一些操作，都是使用了广播。

在 Android 系统中，广播（Broadcast）是在组件之间传播数据（Intent）的一种机制；这些组件甚至是可以位于不同的进程中，起到进程间通信的作用。在 Android 系统中，为什么需要广播机制呢？广播机制，本质上它就是一种组件间的通信方式，广播的发送者和接收者事先是不需要知道对方存在的，这样带来的好处便是，系统的各个组件可以松耦合地组织在一起，这样系统就具有高度的可扩展性，容易与其他系统进行集成。本节将通过一个实例来介绍消息广播的使用。

11.1.2　消息广播运行原理

Android 广播机制包含 3 个基本要素。

❑　广播（Broadcast）：用于发送广播。

❑　广播接收器（BroadcastReceiver）：用于接收广播。

❑　意图内容（Intent）：用于保存广播相关信息的媒介。

BroadcastReceiver 类是对广播消息过滤并响应的类，其运行原理非常简单：应用程序注册了 BroadcastReceiver 之后，当系统或者其他应用程序发送广播时，所有已经注册的 BroadcastReceiver 会检查注册时的 IntentFilter 是否与发送的 Intent 匹配，若匹配则调用 BroadcastReceiver 的 OnReceive()方法进行处理。所以在开发与 BroadcastReceiver 相关程序时，主要实现 OnReceive()方法。

1. 发送广播方式

在 Android 中，发送广播有 3 种方式。

（1）sendBroadcast 方式：主要是用来广播无序事件，即所有的接收者在理论上是同时接收到事件，同时执行的，对消息传递的效率而言这是比较好的做法。即所有满足条件的 BroadcastReceiver 都会执行其 OnReceive()方法来处理响应，但若有多个满足条件的 BroadcastReceiver 时，其执行 OnReceive()方法的顺序是不固定的。

（2）sendOrderedBroadcast 方式：用来向系统广播有序事件（Ordered broadcast），接收者按照在 Manifest.xml 文件中设置的接收顺序依次接收 Intent，顺序执行的，接收的优先级可以在系统配置文件中设置（声明在 intent-filter 元素的 android:priority 属性中），数值越大优先级别越高，其取值范围为-1000~1000。对于有序广播而言，前面的接收者可以对接收到的广播意图（Intent）进行处理，并将处理结果放置到广播意图中，然后传递给下一个接收者，当然前面的接收者有权终止广播的进一步传播。如果广播被前面的接收者终止后，后面的接收器就再也无法接收到广播了。即根据 BroadcastReceiver 注册时 IntentFilter 设置的优先级顺序来执行 OnReceive()方法，而相同优先级的 BroadcastReceiver 执行 OnReceive()方法的顺序是不固定的。

（3）sendStickyBroadcast 方式：与 sendBroadcast 类似，不同之处在于 Intent 在发送之后会一直存在，在以后调用 registerReceiver 注册相匹配的 BroadcastReceiver 时会把这个 Intent 直接返回给先注册的 BroadcastReceiver。使用 sendStickyBroadcast 发送广播需要获得 BROADCAST_STICKY permission，如果没有这个 permission 则会抛出异常。

2. 注册 BroadcastReceiver

注册 BroadcastReceiver 的两种方法：

（1）静态注册在 AndroidManifest.xml 中用<receiver>标签声明注册，并在标签内用<intent-filter>标签注册过滤器。

（2）动态注册在代码中先定义并设置一个 IntentFilter 对象，然后在需要注册的地方调用 Context.registerReceiver()方法，如果取消时就调用 Context.unregisterReceiver()方法。如果用动态方式注册的 BroadcastReceiver 的 Context 对象被销毁，BroadcastReceiver 也就自动取消注册。

3. 广播接收程序开发过程

广播接收程序的开发过程需要以下几个步骤：

（1）构建 BroadcastReceiver 类的子类，主要重写 OnReceive()方法。

（2）在主程序中发送广播。

（3）为应用程序添加适当的权限。

（4）注册 BroadcastReceive 对象，可以在 AndroidManifest.xml 中静态注册，也可以在类文件中动态注册。

11.1.3 广播接收者实例

下面通过一个实例来介绍 BroadcastReceiver 的使用方法，其中 BroadcastReceiver 在 AndroidManifest.xml 中静态注册。本实例开发步骤如下：

（1）创建 EX11_1 项目。

（2）修改主 Activity-BroadcastActivity 的布局文件 main.xml。源代码如下：

```
01    <RelativeLayout xmlns:android="http://schemas.android.com/apk/res/android"
02        xmlns:tools="http://schemas.android.com/tools"
03        android:layout_width="match_parent"
04        android:layout_height="match_parent">
05
06        <TextView
07            android:id="@+id/textView1"
08            android:layout_width="wrap_content"
09            android:layout_height="wrap_content"
10            android:text="@string/hello_world" />
11
12        <Button
13            android:id="@+id/btn"
14            android:layout_width="wrap_content"
15            android:layout_height="wrap_content"
16            android:layout_below="@+id/textView1"
17            android:layout_marginLeft="14dp"
18            android:layout_marginTop="76dp"
19            android:layout_toRightOf="@+id/textView1"
20            android:text="发送广播" />
21    </RelativeLayout>
```

说明：

❑ 第 1~4 行：声明一个相对布局，其大小为整个手机屏幕。该布局包含一个 TextView 控件和一个 Button 控件。

❏　第 6~10 行：声明一个 TextView 控件，id 为 textView1。

❏　第 12~20 行：声明一个 Button 控件，id 为 btn。单击该按钮，将发送一个广播。

（3）修改 BroadcastActivity.java，实现发送广播。编写代码如下：

```
01    package com.example.ex11_1;
02
03    import android.app.Activity;
04    import android.content.Intent;
05    import android.os.Bundle;
06    import android.util.Log;
07    import android.view.View;
08    import android.widget.Button;
09
10
11    public class BroadcastActivity extends Activity {
12
13        @Override
14        protected void onCreate(Bundle savedInstanceState) {
15            super.onCreate(savedInstanceState);
16            setContentView(R.layout. activity_main);
17
18            Button btn = (Button) findViewById(R.id.btn);
19            btn.setOnClickListener(new Button.OnClickListener() {
20
21                @Override
22                public void onClick(View v) {
23                    String Intent_action = "BroadcastReceiverDemo";
24                    Intent intent = new Intent( Intent_action);
25                    sendBroadcast(intent);
26                    Log.i("BroadcastReceiver","sendbroadcast");
27                }
28            });
29        }
30    }
```

说明：

❏　第 18 行：声明一个 Button 类对象，获取 Button 按钮控件的引用。

❏　第 19~28 行：为按钮添加单击监听事件。

❏　第 23 行：为 BroadcastReceiver 指定 action，内容为 BroadcastReceiverDemo，使之用于接收相同 action 的广播。

❏　第 24 行：定义一个 Intent 对象，设置 Intent 的 Action 属性。

❏　第 25 行：设定日志信息。

（4）新建 BroadcastReceiverActivity.java 文件，用来接收广播消息。编写代码如下：

```
01    package com.example.ex11_1;
02
03    import android.content.BroadcastReceiver;
```

```
04        import android.content.Context;
05        import android.content.Intent;
06        import android.util.Log;
07
08        public class BroadcastReceiverActivity extends BroadcastReceiver {
09
10            @Override
11            public void onReceive(Context context, Intent intent) {
12                String Intent_action = intent.getAction();
13                if("BroadcastReceiverDemo".equals(Intent_action)){
14                    Log.i("BroadcastReceiver","onReceive");
15                }
16            }
17        }
```

说明：

❑   第 8 行：定义一个继承 BroadcastReceiver 类，来实现接收广播消息。

❑   第 11 行：覆盖 BroadcastReceiver 类的 onReceiver()方法，并在该方法中响应事件。

❑   第 13~14 行：判断接收 action 的广播是否为 BroadcastReceiverDemo，如果满足条件，设定日志信息。

（5）在 AndroidManifest.Xml 文件中注册 BroadcastReceiver，编写代码如下：

```
01    <?xml version="1.0" encoding="utf-8"?>
02    <manifest xmlns:android="http://schemas.android.com/apk/res/android"
03        package="com.example.ex11_1"
04        android:versionCode="1"
05        android:versionName="1.0" >
06
07        <uses-sdk
08            android:minSdkVersion="8"
09            android:targetSdkVersion="21" />
10
11        <application
12            android:allowBackup="true"
13            android:icon="@drawable/ic_launcher"
14            android:label="@string/app_name"
15            android:theme="@style/AppTheme" >
16            <activity
17                android:name=".BroadcastActivity"
18                android:label="@string/app_name" >
19                <intent-filter>
20                    <action android:name="android.intent.action.MAIN" />
21                    <category android:name="android.intent.category.LAUNCHER" />
22                </intent-filter>
23            </activity>
24            <receiver android:name=".BroadcastReceiverActivity" android:exported="false">
25                <intent-filter>
26                    <action android:name="BroadcastReceiverDemo" />
```

```
27              </intent-filter>
28          </receiver>
29      </application>
30  </manifest>
```

说明：

- ❑ 第 24~28：注册 BroadcastReceiver。
- ❑ 第 24 行："android:name=". BroadcastReceiverActivity ""为处理广播消息的类名。
- ❑ 第 26 行：设置广播接收器的过滤事件。在本例中，当单击 FirstActivity 的 Button 按钮时，将发送 Intent 广播。接收器接收到该广播时，IntentFilter 与发送的 Intent 匹配，则使用 BroadcastReceiverActivity 类进行处理，从而发送一个日志信息。

本实例运行结果输出的日志信息如图 11-1 所示。

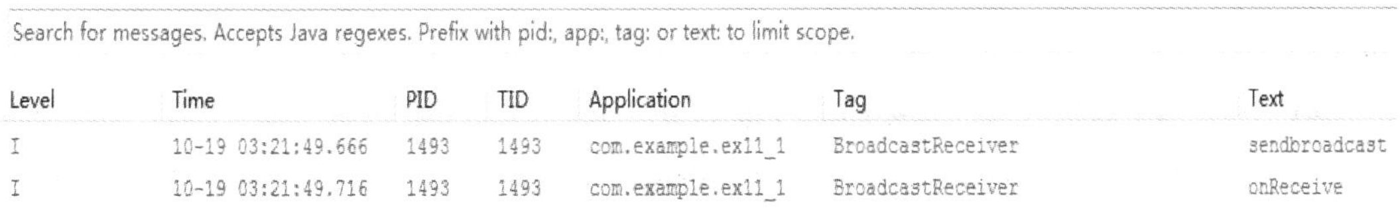

Search for messages. Accepts Java regexes. Prefix with pid:, app:, tag: or text: to limit scope.

Level	Time	PID	TID	Application	Tag	Text
I	10-19 03:21:49.666	1493	1493	com.example.ex11_1	BroadcastReceiver	sendbroadcast
I	10-19 03:21:49.716	1493	1493	com.example.ex11_1	BroadcastReceiver	onReceive

图 11-1 输出的日志信息

11.2 常用的广播接收者

Android 系统中自带了很多广播，为了监听这些广播事件，经常需要定义一些广播接收者。本节将通过一个开机启动软件实例讲解这种方式。

在 Windows 系统中，有一些软件开机后自动启动，同样在 Android 系统下也可以实现这种功能，例如杀毒软件、版本更新软件等。原理是当 Android 启动时，会发出一个系统广播，内容为 ACTION_BOOT_COMPLETED，它的字符串常量表示为 android.intent.action. BOOT_COMPLETED。只要在程序中"捕捉"到这个消息，启动应用程序即可实现开机后自动启动软件。

下面通过一个实例来演示如何监听开机启动的示例。本实例开发步骤如下：

（1）创建 EX11_2 项目。

（2）修改主 Activity 的布局文件 activity_main.xml。源代码如下：

```
01  <RelativeLayout xmlns:android="http://schemas.android.com/apk/res/android"
02          xmlns:tools="http://schemas.android.com/tools"
03          android:layout_width="match_parent"
04          android:layout_height="match_parent"
05          tools:context=".MainActivity" >
06      <Button
07          android:layout_width="wrap_content"
08          android:layout_height="wrap_content"
09          android:layout_below="@+id/textView1"
10          android:layout_centerHorizontal="true"
```

```
11          android:layout_marginTop="74dp"
12          android:text="主界面 MainActivity" />
13
14      <TextView
15          android:id="@+id/textView1"
16          android:layout_width="match_parent"
17          android:layout_height="wrap_content"
18          android:layout_alignParentLeft="true"
19          android:layout_alignParentTop="true"
20          android:layout_marginTop="20dp"
21          android:layout_marginLeft="20dp"
22          android:text="主界面 MainActivity！"
23          android:textSize="20dp" />
24  </RelativeLayout>
```

说明：

❑ 第 6~12 行：设置一个按钮，文字为"主界面 MainActivity"。

❑ 第 14~23 行：设置一个文本标签，设置文字为"主界面 MainActivity！"。

（3）编写 SecondActivity 的布局文件 second.xml。源代码如下：

```
01  <RelativeLayout xmlns:android="http://schemas.android.com/apk/res/android"
02      xmlns:tools="http://schemas.android.com/tools"
03      android:layout_width="match_parent"
04      android:layout_height="match_parent"
05      tools:context=".SecondActivity" >
06      <Button
07          android:layout_width="wrap_content"
08          android:layout_height="wrap_content"
09          android:layout_below="@+id/textView1"
10          android:layout_centerHorizontal="true"
11          android:layout_marginTop="74dp"
12          android:text="开机自动启动 SecondActivity" />
13
14      <TextView
15          android:id="@+id/textView1"
16          android:layout_width="match_parent"
17          android:layout_height="wrap_content"
18          android:layout_alignParentLeft="true"
19          android:layout_alignParentTop="true"
20          android:layout_marginTop="20dp"
21          android:layout_marginLeft="20dp"
22          android:text="开机自动启动 SecondActivity！"
23          android:textSize="20dp" />
24  </RelativeLayout>
```

说明：

❑ 第 6~12 行：设置一个按钮，文字为"开机自动启动 SecondActivity"。

- □　第 14~23 行：设置一个文本标签，设置文字为"开机自动启动 SecondActivity！"。

（4）编写 SecondActivity 的类文件，代码如下：

```
1    package com.example.ex11_2;
2
3    public class SecondActivity extends Activity {
4        @Override
5        protected void onCreate(Bundle savedInstanceState) {
6            super.onCreate(savedInstanceState);
7            setContentView(R.layout.second);
8        }
9    }
```

（5）编写 BootReceiver 的类文件，代码如下：

```
01   package com.example.ex11_2;
02
03   public class BootReceiver extends BroadcastReceiver {
04       @Override
05       public void onReceive(Context context, Intent intent) {
06           Intent activityIntent = new Intent(context, SecondActivity.class);
07           activityIntent.setFlags(Intent.FLAG_ACTIVITY_NEW_TASK);
08           context.startActivity(activityIntent);
09       }
10   }
```

说明：

- □　第 6 行：实例化 Intent，设置 Intent 启动的组件名称，第一个参数不能为 this，因为 BroadcastReceiver 不是 Context 的子类，因此需要使用 context。
- □　第 7 行：要想在广播中启动 Activity，必须设置标志 Intent.FLAG_ACTIVITY_NEW_TASK，否则启动会失败。
- □　第 8 行：指定 Activity 运行在任务栈中，启动 Activity 显示通知。

（6）在 AndroidManifest.xml 中设置网络访问权限，代码如下：

```
01   <?xml version="1.0" encoding="utf-8"?>
02   <manifest xmlns:android="http://schemas.android.com/apk/res/android"
03       package="com.example.ex11_2"
04       android:versionCode="1"
05       android:versionName="1.0" >
06
07       <uses-sdk
08           android:minSdkVersion="8"
09           android:targetSdkVersion="21" />
10
11       <uses-permission android:name=
12           "android.permission.RECEIVE_BOOT_COMPLETED" />
13
14       <application
```

```
15          android:allowBackup="true"
16          android:icon="@drawable/ic_launcher"
17          android:label="@string/app_name"
18          android:theme="@style/AppTheme" >
19          <activity
20              android:name=".MainActivity"
21              android:label="@string/app_name" >
22              <intent-filter>
23                  <action android:name="android.intent.action.MAIN" />
24                  <category android:name="android.intent.category.LAUNCHER" />
25              </intent-filter>
26          </activity>
27          <activity
28              android:name=".SecondActivity"    android:label="@string/app_name" >
29          <receiver android:name="com.example.ex11_2.BootReceiver" >
30              <intent-filter>
31                <action android:name="android.intent.action.BOOT_COMPLETED" />
32              </intent-filter>
33          </receiver>
34      </application>
35  </manifest>
```

说明：

- 第 11、12 行：配置开机启动权限，添加权限代码。
- 第 29~33 行：该节点向系统注册了一个 receiver，子节点 intent-filter 表示接收 android.intent.action.BOOT_COMPLETED 消息。

本实例运行结果如图 11-2 所示。

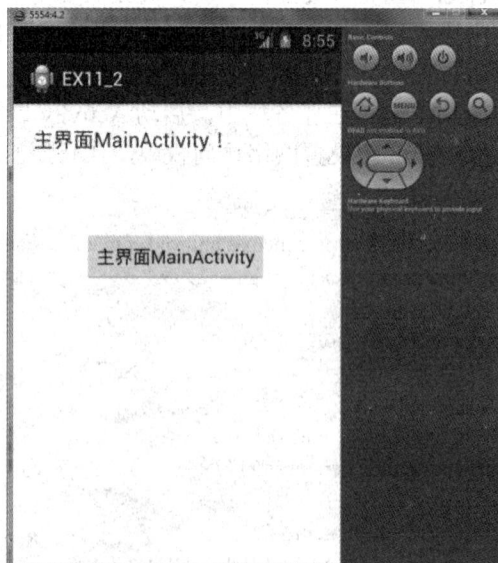

图 11-2　开机启动界面

> Run as 是相当于先启动模拟器，然后再安装应用程序，虽然这种情况有时也会成功，但失败的情况也不少。在测试这种开机启动的应用时不应该直接 Run as，应该在 AVD 中启动模拟器。

11.3　服　　务

服务（Service）是 Android 系统中 4 个应用程序组件之一，主要用于两个目的：后台运行和跨进程访问。通过启动一个服务，可以在不显示界面的前提下后台运行指定的任务，这样既可以不占用前台，又可以不影响用户做其他事情。一般使用 Service 为应用程序提供一些服务，或不需要界面的功能，例如，从 Internet 下载文件、播放音乐、计时器等。本节主要介绍 Service 的生命周期以及启动 Service 的两种方法，然后通过一个实例来介绍 Service 的使用方法。

11.3.1　Service 生命周期及启动方法

1. Service 模式及生命周期

Service 有本地服务与远程服务两种模式。

（1）本地服务

本地服务的生命周期不像 Activity 那么复杂，它只继承了 onCreate()、onStart()、onDestroy() 3 个方法。当第一次启动 Service 时，先后调用了 onCreate()、onStart() 这两个方法；当停止 Service 时，则执行 onDestroy() 方法。这里需要注意的是，如果 Service 已经启动了，当再次启动 Service 时，不会再执行 onCreate() 方法，而是直接执行 onStart() 方法。其生命周期过程为：context.startService()→onCreate()→onStart()→Service running→调用 context.stopService()→onDestroy()。

（2）远程服务

远程服务用于 Android 系统内部的应用程序之间，可以把定义好的接口暴露出来，以便其他应用进行调用操作。客户端建立到服务对象的连接，并通过该连接来调用服务。使用者可以通过调用 Context.bindService() 方法建立连接、启动服务，调用 Context.unbindService() 关闭连接。多个客户端可以绑定同一个服务，如果服务还没有加载，bindService() 会先加载它。其生命周期过程为：context.bindService()→onCreate()→onBind()→Service running→调用 onUnbind()→onDestroy()。

2. Service 启动方法

服务不能自己运行，需要通过调用 Context.startService() 或 Context.bindService() 方法启

动。这两个方法都可以启动 Service，但是它们的使用场合有所不同。

（1）使用 startService()方法启用服务，调用者与服务之间没有关联，即使调用者退出了，服务仍然运行。如果采用 Context.startService()方法启动服务，在服务没有被创建时，系统会先调用服务的 onCreate()方法，接着调用 onStart()方法。如果调用 startService()方法前服务已经被创建，多次调用 startService()方法并不会导致多次创建服务，但会导致多次调用 onStart()方法。采用 startService()方法启动的服务，只能调用 Context.stopService()方法结束服务，服务结束时会调用 onDestroy()方法。其过程如图 11-3 所示。

（2）使用 bindService()方法启用服务，调用者与服务绑定在了一起，调用者一旦退出，服务也就终止。onBind()只有采用 Context.bindService()方法启动服务时才会回调该方法，该方法在调用者与服务绑定时被调用。当调用者与服务已经绑定，多次调用 Context.bindService()方法并不会导致该方法被多次调用。采用 Context.bindService()方法启动服务时只能调用 onUnbind()方法解除调用者与服务的绑定，服务结束时会调用 onDestroy()方法。其过程如图 11-4 所示。

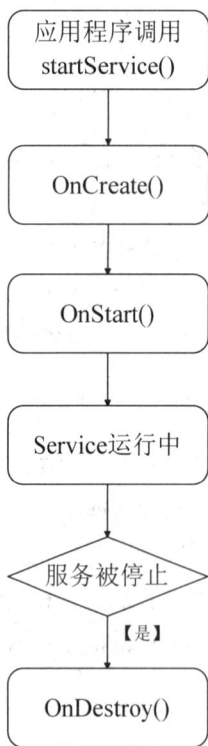

图 11-3　使用 startService()方法启用服务　　图 11-4　使用 bindService()方法启用服务

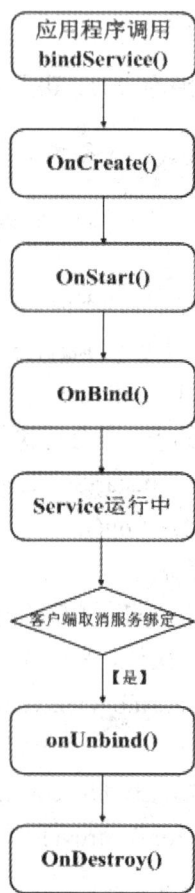

11.3.2 Start 方式启动 Service 实例

在 11.3.1 节中，介绍了服务的生命周期及启动方法，本节将通过实例来介绍 Service 的使用方法。在本实例中，将介绍 Service 的第一种启动方法：Start 方式启动服务。

（1）创建 EX11_3 项目。

（2）修改主 Activity 的布局文件 activity_main.xml。源代码如下：

```
01    <LinearLayout xmlns:android="http://schemas.android.com/apk/res/android"
02         xmlns:tools="http://schemas.android.com/tools"
03         android:layout_width="match_parent"
04         android:layout_height="match_parent"
05         android:orientation="vertical">
06
07         <Button
08             android:id="@+id/btn_start"
09             android:layout_width="wrap_content"
10             android:layout_height="wrap_content"
11             android:onClick="start"
12             android:text="开启服务" />
13
14         <Button
15             android:id="@+id/btn_stop"
16             android:layout_width="wrap_content"
17             android:layout_height="wrap_content"
18             android:onClick="stop"
19             android:text="关闭服务" />
20
21    </LinearLayout>
```

说明：

❑ 第 1~5 行：定义一个线性布局，设置为垂直方向显示。

❑ 第 7~12 行：设置一个按钮，定义开启服务方法 start，用于开启服务。

❑ 第 14~19 行：设置一个按钮，定义关闭服务方法 stop，用于关闭服务。

（3）编写 MyService 类，该类继承自 Service，代码如下：

```
01    package com.example.ex11_3;
02
03    public class MyService extends Service {
04         @Override
05         public IBinder onBind(Intent intent) {
06             return null;
07         }
08
09         @Override
10         public void onCreate() {
11             super.onCreate();
```

```
12              Log.i("StartService", "onCreate()");
13          }
14
15          @Override
16          public int onStartCommand(Intent intent, int flags, int startId) {
17              Log.i("StartService", "onStartCommand()");
18              return super.onStartCommand(intent, flags, startId);
19          }
20
21          @Override
22          public void onDestroy() {
23              super.onDestroy();
24              Log.i("StartService", "onDestroy()");
25          }
26      }
```

说明：

- ❑ 第 10~13 行：重写服务生命周期的 onCreate()方法，写入 Log 信息。
- ❑ 第 16~19 行：重写服务生命周期的 onStartCommand()方法，写入 Log 信息。

注意

onStart()方法是在 Android 2.0 版本之前的平台使用，在 Android 2.0 版本之后，则需重写 onStartCommand()方法，同时，旧的 onStart()方法则不会再被直接调用。

- ❑ 第 22~25 行：重写服务生命周期的 onDestroy()方法，写入 Log 信息。

（4）编写 MainActivity 的类文件，代码如下：

```
01      package com.example.ex11_3;
02
03      public class MainActivity extends Activity {
04          private Button start;
05          private Button stop;
06
07          @Override
08          protected void onCreate(Bundle savedInstanceState) {
09              super.onCreate(savedInstanceState);
10              setContentView(R.layout.activity_main);
11
12              start = (Button) findViewById(R.id.btn_start);
13              stop = (Button) findViewById(R.id.btn_stop);
14          }
15
16          public void start(View view) {
17              Intent intent = new Intent(this, MyService.class);
18              startService(intent);
19          }
20
```

```
21          public void stop(View view) {
22              Intent intent = new Intent(this, MyService.class);
23              stopService(intent);
24          }
25      }
```

说明：

❑ 第 16~19 行：实现页面按钮单击事件，定义开启服务的方法，启动服务。

❑ 第 21~24 行：实现页面按钮单击事件，定义关闭服务的方法，关闭服务。

（5）在 AndroidManifest.xml 中注册服务，因为服务也是 Android 的四大组件。

```
<service android:name="com.example.ex11_3.MyService"/>
```

运行程序，单击"开启服务"按钮，观察 LogCat 输出的结果，如图 11-5 所示。从日志中可以看出，服务创建时首先执行的是 onCreate()方法，服务启动时执行 onStartCommand()方法。需要注意的是，onCreate()方法是在服务创建时执行，而 onStartCommand()方法是在每次启动服务时调用。

接着单击"关闭服务"按钮，服务执行 onDestroy()方法销毁。

以上所有 startService()方法开启服务所执行的方法，需要注意的是，如果不调用 stopService()或 stopSelf()方法，这种开启服务的方式会长期在后台运行，除非用户强制停止程序。

本实例运行结果如图 11-5 所示。

Level	Time	PID	TID	Application	Tag	Text
I	09-04 14:45:47.210	806	806	com.example.ex11_3	StartService	onCreate()
I	09-04 14:45:47.242	806	806	com.example.ex11_3	StartService	onStartCommand()
I	09-04 14:45:48.580	806	806	com.example.ex11_3	StartService	onDestroy()

图 11-5　startService()方法启用服务

11.3.3　Bind 方式启动 Service 实例

11.3.2 节介绍了 Service 的一种启动方法：Start 方式启动服务。本节将介绍 Service 的另一种启动方法：bind 方式启动服务。本实例开发步骤如下：

（1）创建 EX11_4 项目。

（2）修改主 Activity 的布局文件 activity_main.xml。源代码如下：

```
01      <LinearLayout xmlns:android="http://schemas.android.com/apk/res/android"
02          xmlns:tools="http://schemas.android.com/tools"
03          android:layout_width="match_parent"
04          android:layout_height="match_parent"
05          android:orientation="vertical" >
06
07          <Button
08              android:id="@+id/btn_bind"
09              android:layout_width="wrap_content"
10              android:layout_height="wrap_content"
```

```
11          android:onClick="bind"
12          android:text="绑定服务" />
13
14      <Button
15          android:id="@+id/btn_call"
16          android:layout_width="wrap_content"
17          android:layout_height="wrap_content"
18          android:onClick="call"
19          android:text="调用服务中的方法" />
20
21      <Button
22          android:id="@+id/btn_unbind"
23          android:layout_width="wrap_content"
24          android:layout_height="wrap_content"
25          android:onClick="unbind"
26          android:text="解绑服务" />
27  </LinearLayout>
```

说明：
- 第 1~5 行：定义一个线性布局，设置为垂直方向显示。
- 第 7~12 行：设置一个按钮，定义绑定服务方法 bind，用于绑定服务。
- 第 14~19 行：设置一个按钮，定义调用服务中的方法 call，用于调用服务中的方法。
- 第 21~26 行：设置一个按钮，定义解绑服务的方法 unbind，用于解绑服务。

（3）编写服务类 MyService，该类继承自 Service，实现了绑定服务生命周期中 3 个方法以及自定义的一个方法，代码如下：

```
01  package com.example.ex11_4;
02
03  public class MyService extends Service {
04      class MyBinder extends Binder {
05          public void callMethodInService() {
06              methodInService();
07          }
08      }
09
10      @Override
11      public IBinder onBind(Intent intent) {
12          Log.i("MyService", "绑定服务,调用 onBind()");
13          return new MyBinder();
14      }
15
16      @Override
17      public void onCreate() {
18          super.onCreate();
19          Log.i("MyService", "创建服务，调用 onCreate()");
20      }
21
```

```
22        public void methodInService() {
23              Log.i("MyService", "自定义方法，methodInService()");
24        }
25
26        @Override
27        public boolean onUnbind(Intent intent) {
28              Log.i("MyService", "解绑服务，调用 onUnbind()");
29              return super.onUnbind(intent);
30        }
31    }
```

说明：

❑　第 4~8 行：定义服务的代理 MyBinder，该类中定义方法 callMethodInService()，在此方法中调用服务中的方法 methodInService()。

❑　第 11~14 行：重写服务生命周期的 onBind ()方法，写入 Log 信息，返回 MyBinder() 对象。

❑　第 17~20 行：重写服务生命周期的 onCreate()方法，写入 Log 信息。

❑　第 22~24 行：自定义 methodInService()方法，写入 Log 信息。

❑　第 27~30 行：重写服务生命周期的 onUnbind ()方法，写入 Log 信息。

（4）编写 MainActivity 的类文件，代码如下：

```
01    package com.example.ex11_4;
02
03    public class MainActivity extends Activity {
04        private MyBinder myBinder;
05        private MyConn myconn;
06
07        @Override
08        protected void onCreate(Bundle savedInstanceState) {
09              super.onCreate(savedInstanceState);
10              setContentView(R.layout.activity_main);
11        }
12
13        public void bind(View view) {
14              if (myconn == null) {
15                    myconn = new MyConn();
16              }
17              Intent intent = new Intent(this, MyService.class);
18              bindService(intent, myconn, BIND_AUTO_CREATE);
19        }
20
21        public void call(View view) {
22              myBinder.callMethodInService();
23        }
24
25        public void unbind(View view) {
```

```
26              if (myconn != null) {
27                  unbindService(myconn);
28                  myconn = null;
29              }
30          }
31
32      private class MyConn implements ServiceConnection {
33          @Override
34          public void onServiceConnected(ComponentName name, IBinder service) {
35              myBinder = (MyBinder) service;
36              Log.i("MainActivity", "服务成功绑定,内存地址为： " + myBinder.toString());
37          }
38
39          @Override
40          public void onServiceDisconnected(ComponentName name) {
41          }
42      }
43  }
```

说明：

- ❏ 第 13~19 行：实现页面按钮单击事件，定义绑定服务的方法，绑定服务。
- ❏ 第 18 行：bindService 用于绑定一个服务。这样当 bindService(intent,conn,flags)后，就会绑定一个服务。这样做可以获得这个服务对象本身，而用 startService(intent) 的方法只能启动服务。bindService 的 3 个参数分别是 Intent，连接对象，flags 表示如果服务不存在就创建（BIND_AUTO_CREATE）。
- ❏ 第 21~23 行：实现页面按钮单击事件，定义调用服务中的方法，即调用 MyService 类中的 callMethodInService()方法，这样就可以调用到服务中的方法进行操作。
- ❏ 第 25~30 行：实现页面按钮单击事件，定义解绑服务的方法，调用 unbindService() 方法进行解绑服务。
- ❏ 第 32~42 行：创建 MyConn 类，用于连接服务。
- ❏ 第 34~37 行：当成功绑定到服务时调用的方法，返回 MyService 里面的 IBinder 对象。
- ❏ 第 40~41 行：当服务失去连接时调用的方法。

（5）在 AndroidManifest.xml 中注册服务，因为服务也是 Android 的四大组件。

```
<service android:name="com.example.ex11_4.MyService"/>
```

运行程序，单击"绑定服务"按钮，观察 LogCat 输出的结果，如图 11-6 所示。从日志中看出，绑定服务成功了，并且在服务绑定时会依次调用 onCreate()方法、onBind()方法。

接着当单击"调用服务中的方法"按钮，此时控制台会打印调用自定义的方法 methodInService()。

最后单击"解绑服务"按钮，此时会调用 onUnbind()方法解绑服务。

本实例运行结果如图 11-6 所示。

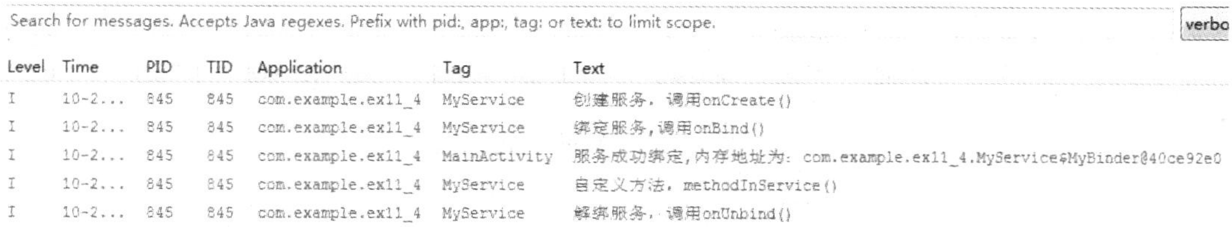

Search for messages. Accepts Java regexes. Prefix with pid:, app:, tag: or text: to limit scope.   verbo

Level	Time	PID	TID	Application	Tag	Text
I	10-2...	845	845	com.example.ex11_4	MyService	创建服务，调用onCreate()
I	10-2...	845	845	com.example.ex11_4	MyService	绑定服务，调用onBind()
I	10-2...	845	845	com.example.ex11_4	MainActivity	服务成功绑定，内存地址为：com.example.ex11_4.MyService$MyBinder@40ce92e0
I	10-2...	845	845	com.example.ex11_4	MyService	自定义方法，methodInService()
I	10-2...	845	845	com.example.ex11_4	MyService	解绑服务，调用onUnbind()

图 11-6　bindService()方法启用服务

11.4　服务和广播综合实例

本节介绍一个基于 Service 组件的音乐播放器，程序的音乐将会由后台的 Service 组件负责播放，当后台的播放状态改变时，程序将会通过发送广播通知前台 Activity 更新界面；当用户单击前台 Activity 的界面按钮时，系统通过发送广播通知后台 Service 来改变播放状态和播放指定的音乐。

（1）创建 EX11_5 项目。

（2）修改主 Activity 的布局文件 activity_main.xml。源代码如下：

```
01    <LinearLayout xmlns:android="http://schemas.android.com/apk/res/android"
02        android:layout_width="fill_parent"
03        android:layout_height="wrap_content"
04        android:orientation="horizontal" >
05
06        <ImageButton
07            android:id="@+id/start"
08            android:layout_width="wrap_content"
09            android:layout_height="wrap_content"
10            android:src="@drawable/png2" />
11
12        <ImageButton
13            android:id="@+id/stop"
14            android:layout_width="wrap_content"
15            android:layout_height="wrap_content"
16            android:src="@drawable/png1" />
17
18        <LinearLayout
19            android:layout_width="fill_parent"
20            android:layout_height="fill_parent"
21            android:orientation="vertical" >
22
23            <TextView
24                android:id="@+id/textView1"
25                android:layout_width="wrap_content"
26                android:layout_height="wrap_content"
27                android:layout_weight="1"
28                android:text="南山南"
29                android:textSize="45px" />
```

Note

```
30
31              <TextView
32                  android:id="@+id/textView2"
33                  android:layout_width="wrap_content"
34                  android:layout_height="wrap_content"
35                  android:layout_weight="1"
36                  android:gravity="center_vertical"
37                  android:text="马頓"
38                  android:textSize="25px" />
39          </LinearLayout>
40      </LinearLayout>
```

说明：

❑ 第 6~10 行：设置一个图片按钮 ImageButton，作为播放器的音乐的播放和暂停按钮。

❑ 第 12~16 行：设置一个图片按钮 ImageButton，作为播放器的音乐的停止按钮。

❑ 第 23~29 行：设置一个文本标签，设置播放音乐的曲目。

❑ 第 31~38 行：设置一个文本标签，设置音乐的演唱者或作者。

（3）编写 MainActivity 的类文件，代码如下：

```
01      package com.example.ex11_5;
02
03      public class MainActivity extends Activity implements OnClickListener {
04          private ImageButton start;
05          private ImageButton stop;
06          ActivityReceiver activityReceiver;
07          int status = 1;
08
09          @Override
10          protected void onCreate(Bundle savedInstanceState) {
11              super.onCreate(savedInstanceState);
12              setContentView(R.layout.activity_main);
13
14              start = (ImageButton) this.findViewById(R.id.start);
15              stop = (ImageButton) this.findViewById(R.id.stop);
16              start.setOnClickListener(this);
17              stop.setOnClickListener(this);
18
19              activityReceiver = new ActivityReceiver();
20              IntentFilter filter = new IntentFilter();
21              filter.addAction("mymusic.update");
22              registerReceiver(activityReceiver, filter);
23              Intent intent = new Intent(this, MyService.class);
24              startService(intent);
25          }
26
27          public class ActivityReceiver extends BroadcastReceiver {
28              @Override
```

```
29                  public void onReceive(Context context, Intent intent) {
30                      int update = intent.getIntExtra("update", -1);
31                      switch (update) {
32                      case 1:
33                      start.setImageResource(R.drawable.png2);
34                          status = 1;
35                          break;
36                      case 2:
37                          start.setImageResource(R.drawable.png3);
38                          status = 2;
39                          break;
40                      case 3:
41                          start.setImageResource(R.drawable.png2);
42                          status = 3;
43                          break;
44                      }
45                  }
46              }
47
48          public void onClick(View v) {
49              Intent intent = new Intent("mymusic.control");
50              switch (v.getId()) {
51              case R.id.start:
52                  intent.putExtra("ACTION", 1);
53                  sendBroadcast(intent);
54                  break;
55              case R.id.stop:
56                  intent.putExtra("ACTION", 2);
57                  sendBroadcast(intent);
58                  break;
59              }
60          }
61      }
```

说明：

❑ 第 7 行：定义当前播放状态。没有声音播放为 1，正在播放声音为 2，暂停为 3。

❑ 第 14 行：实例化播放、暂停按钮。

❑ 第 15 行：实例化停止按钮。

❑ 第 16、17 行：为播放和停止按钮添加监听。

❑ 第 19 行：创建自定义广播接收者 ActivityReceiver 的对象。

❑ 第 20 行：创建 IntentFilter 过滤器对象。

❑ 第 21 行：添加 Action，指定了广播事件类型为 mymusic.update。

❑ 第 22 行：用 registerReceiver()函数注册监听。

❑ 第 23 行：创建 Intent 对象。

❑ 第 24 行：启动后台 Service。

❑ 第 27 行：自定义广播接收者为 ActivityReceiver。

❑ 第 29 行：重写的 onReceive()方法。

❑ 第 30 行：获得 intent 中的数据。若未获取到，则取 defaultValue 的值-1 赋给变量。

❑ 第 31 行：分支判断。

❑ 第 32~35 行：没有声音播放，更换按钮图片，设置当前播放状态为 1。

❑ 第 36~39 行：正在播放声音，更换按钮图片，设置当前播放状态为 2。

❑ 第 40~43 行：暂停中，更换按钮图片，设置当前播放状态为 3。

❑ 第 48 行：实现接口 OnClickListener 中的 onClick()方法。

❑ 第 49 行：创建 Intent 对象，使用 Intent(String action)构造函数指定了广播事件类型为 mymusic.control。

❑ 第 50 行：分支判断。

❑ 第 51~54 行：单击"播放""暂停"按钮，设置键 ACTION 对应的值为 1，发送广播。

❑ 第 55~58 行：单击"停止"按钮，设置键 ACTION 对应的值为 2，发送广播。

（4）编写服务类 MyService，该类继承自 Service，实现了绑定服务生命周期中 3 个方法以及自定义的一个自定义广播接收者，代码如下：

```
01    package com.example.ex11_5;
02
03    public class MyService extends Service {
04        private MediaPlayer mp;
05            ServiceReceiver serviceReceiver;
06            int status = 1;
07
08        @Override
09        public IBinder onBind(Intent intent) {
10            return null;
11        }
12
13        @Override
14        public void onCreate() {
15            status = 1;
16            serviceReceiver = new ServiceReceiver();
17            IntentFilter filter = new IntentFilter();
18            filter.addAction("mymusic.control");
19            registerReceiver(serviceReceiver, filter);
20            super.onCreate();
21        }
22
23        @Override
24        public void onDestroy() {
25            unregisterReceiver(serviceReceiver);
26            super.onDestroy();
27        }
28
29        public class ServiceReceiver extends BroadcastReceiver {
```

```
30              @Override
31              public void onReceive(Context context, Intent intent) {
32                  int action = intent.getIntExtra("ACTION", -1);
33                  switch (action) {
34                  case 1:
35                      if (status == 1) {
36                          mp = MediaPlayer.create(context, R.raw.nsn);
37                          status = 2;
38                          Intent sendIntent = new Intent("mymusic.update");
39                          sendIntent.putExtra("update", 2);
40                          sendBroadcast(sendIntent);
41                          mp.start();
42                      } else if (status == 2) {
43                          mp.pause();
44                          status = 3;
45                          Intent sendIntent = new Intent("mymusic.update");
46                          sendIntent.putExtra("update", 3);
47                          sendBroadcast(sendIntent);
48                      } else if (status == 3) {
49                          mp.start();
50                          status = 2;
51                          Intent sendIntent = new Intent("mymusic.update");
52                          sendIntent.putExtra("update", 2);
53                          sendBroadcast(sendIntent);
54                      }
55                      break;
56                  case 2:
57                      if (status == 2 || status == 3) {
58                          mp.stop();
59                          status = 1;
60                          Intent sendIntent = new Intent("mymusic.update");
61                          sendIntent.putExtra("update", 1);        //存放数据
62                          sendBroadcast(sendIntent);               //发送广播
63                      }
64                  }
65              }
66          }
67      }
```

说明:

- 第 6 行: 定义当前播放状态。没有声音播放为 1, 正在播放声音为 2, 暂停为 3。
- 第 9、11 行: 重写的 onBind()方法。
- 第 14 行: 重写的 onCreate()方法。
- 第 15 行: 设置当前播放状态。
- 第 16 行: 创建自定义的广播接收者 ServiceReceiver 的对象。
- 第 17 行: 创建过滤器对象。
- 第 18 行: 添加 Action, 指定了广播事件类型 mymusic.control。

- 第 19 行：用 registerReceiver() 函数注册监听。
- 第 24 行：重写的 onDestroy() 方法。
- 第 25 行：用 unregisterReceiver() 函数取消注册。
- 第 29 行：自定义广播接收者为 ServiceReceiver。
- 第 31 行：重写的响应方法 onReceive()。
- 第 32 行：获得 intent 中的数据。若未获取到，则取 defaultValue 的值-1 赋给变量。
- 第 33 行：分支判断。
- 第 34 行：单击"播放""暂停"按钮。
- 第 35 行：如果当前没有声音播放。
- 第 36 行：媒体播放器 MediaPlayer 对象从指定资源文件中来装载音乐文件。
- 第 37 行：改变播放状态为播放 2。
- 第 38 行：创建 Intent 对象，使用 Intent(String action) 构造函数指定了广播事件类型为 mymusic.update。
- 第 39、40 行：设置键 update 对应的值为 2，发送广播。
- 第 41 行：播放音频文件。
- 第 42 行：如果正在播放声音。
- 第 43 行：播放声音停止。
- 第 44 行：改变播放状态为停止 3。
- 第 45~47 行：创建 Intent 对象，使用 Intent(String action) 构造函数指定了广播事件类型为 mymusic.update。设置键 update 对应的值为 3，发送广播。
- 第 48 行：如果播放暂停中。
- 第 49 行：播放声音。
- 第 50 行：改变播放状态为播放 2。
- 第 51~53 行：创建 Intent 对象，使用 Intent(String action) 构造函数指定了广播事件类型为 mymusic.update。设置键 update 对应的值为 2，发送广播。
- 第 56 行：单击"停止"按钮。
- 第 57 行：如果播放中或暂停中。
- 第 58 行：停止播放。
- 第 59 行：改变播放状态为没有声音播放 1。
- 第 60~62 行：创建 Intent 对象，使用 Intent(String action) 构造函数指定了广播事件类型为 mymusic.update。设置键 update 对应的值为 1，发送广播。

（5）在 AndroidManifest.xml 中注册服务，因为服务也是 Android 的四大组件。

```
<service android:name=".MyService"/>
```

运行程序，单击"播放"按钮，播放音乐，按钮变为"暂停"状态；如要暂停播放，单击"暂停"按钮，按钮变为"无播放"状态；如要停止播放，单击"停止"按钮，按钮变为"无播放"状态。音乐播放器的运行界面如图 11-7 所示。

本实例运行结果如图 11-7 所示。

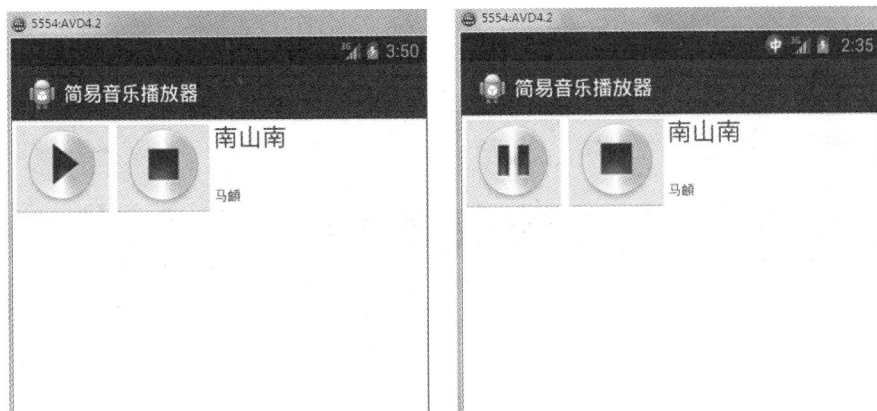

图 11-7 音乐播放器的运行界面

11.5 习 题

1. 简述注册广播的两种形式。
2. 简述 Service 启动的两种方式。
3. 实现一个程序，监控手机电量，当电量小于 15%时进行提示。
4. 编写程序，要求程序关闭 10 秒后重启该程序。

第 *12* 章
基于高德地图的物流车辆轨迹 APP

【本章内容】

- ❏ 基于位置服务
- ❏ 高德地图 API
- ❏ 系统总体设计
- ❏ 申请高德地图 Key
- ❏ 系统实现

在本章之前，介绍了 Android 手机软件开发的相关知识，利用这些知识可以完成一些简单的安卓应用程序设计。对于现在的手机应用软件，位置服务成为当前的热点，也成为大部分应用 APP 不可缺少的一部分，例如打车软件、O2O 软件、QQ、微信等。目前，提供位置服务的地图厂商很多，例如百度地图、高德地图、腾讯地图等。本章将以高德地图的物流车辆轨迹 APP 为例，介绍在 Android 应用程序中如何使用高德地图，从而让读者了解基于位置服务的手机软件的开发过程。

12.1　基于位置服务

基于位置服务（LBS），它是通过电信移动运营商的无线电通信网络（如 3G 网络、4G 网络）或外部定位方式（如 GPS）获取移动终端用户的地理坐标位置信息，在地理信息系统（GIS）平台的支持下，为用户提供相应服务的一种增值业务。它包括两层含义：首先是确定移动设备或用户所在的地理位置；其次是提供与位置相关的各类信息服务，即与定位相关的各类服务系统，简称"定位服务"，也称为"移动定位服务"系统，例如找到手机用户的当前地理位置，然后寻找手机用户当前位置处 1 公里范围内的宾馆、影院、图书馆、银行、加油站等的名称和地址。所以说 LBS 就是要借助互联网或无线网络，在固定用户或移动用户之间，完成定位和服务两大功能。1994 年，美国学者 Schilit 首先提出了位置服务的三大目标：你在哪里（空间信息）、你和谁在一起（社会信息）、附近有什么资源（信息查询），这也成为了 LBS 最基础的内容。

总体上看，LBS 由移动通信网络和计算机网络结合而成，两个网络之间通过网关实现交互。移动终端通过移动通信网络发出请求，经过网关传递给 LBS 服务平台；服务平台根据用户请求和用户当前位置进行处理，并将结果通过网关返回给用户。其中移动终端可以是移动电话、个人数字助理（Personal Digital Assistant，PDA）、手持计算机（Pocket PC），也可以是通过 Internet 通信的台式计算机（desktop PC）。服务平台主要包括 Web 服务器（Web Server）、定位服务器（Location Server）和 LDAP（Lightweight Directory Access Protocol）服务器。

目前，常用的基于位置服务的应用有以下几个方面：附近搜索、LBS+团购、优惠信息推送服务、会员卡与票务模式、定位导航、公交乘车路线等。

12.2 高德地图 API

高德地图是高德提供的一项网络地图搜索服务，覆盖了国内近 400 个城市、数千个区县。在高德地图里，用户可以查询街道、商场、楼盘的地理位置，也可以找到离您最近的所有餐馆、学校、银行、公园等。高德地图拥有导航功能、实时公交到站信息功能、优化路线算法功能、实时路况功能；与此同时，高德地图还提供丰富的周边生活信息，自动定位团购、优惠信息，查外卖，呈现丰富的商家信息。

高德地图可以在 Web、Android、iOS 等不同的开发平台上使用。在这里主要介绍在 Android 平台上的使用，主要有以下几个方面：

（1）定位功能。高德地图 Android 定位 SDK 是为 Android 移动端应用提供的一套简单易用的 LBS 定位服务接口，专注于为广大开发者提供最好的综合定位服务，通过使用高德定位 SDK，开发者可以轻松为应用程序实现智能、精准、高效的定位功能。

（2）鹰眼轨迹。高德鹰眼轨迹 Android SDK 是一套基于 Android 2.1 及以上版本设备的轨迹服务应用程序接口。配合鹰眼轨迹产品，可以开发适用于移动设备的轨迹追踪应用，轻松实现实时轨迹追踪、历史轨迹查询、地理围栏报警等功能。

（3）导航功能。高德 Andriod 导航 SDK 为 Android 移动端应用提供了一套简单易用的导航服务接口，适用于 Android 2.1 及以上版本。专注于为广大开发者提供最好的导航服务，通过使用高德导航 SDK，开发者可以轻松为应用程序实现专业、高效、精准的导航功能。

（4）基础地图。高德地图 Android SDK 是一套基于 Android 2.1 及以上版本设备的应用程序接口。可以使用该套 SDK 开发适用于 Android 系统移动设备的地图应用；通过调用地图 SDK 接口，可以轻松访问高德地图服务和数据，构建功能丰富、交互性强的地图类应用程序。

（5）LBS 云检索。高德地图 LBS 云是高德地图针对 LBS 开发者全新推出的平台级服务，不仅适用 PC 应用开发，同时适用移动设备应用的开发。使用 LBS 云，可以实现移动开发者存储海量位置数据的服务器零成本及维护压力，且支持高效检索用户数据，且实现地图展现。检索 LBS 云内开发者自有数据的步骤如下：

① 数据存储。首先开发者需要将待检索数据存入 LBS 云。

② 检索。利用 SDK 为开发者提供的接口检索自己的数据。

③ 展示。开发者可根据自己的实际需求以多种形式（如结果列表、地图模式等）展现自己的数据。

（6）检索功能。目前高德地图 SDK 所集成的检索服务包括 POI 检索、公交信息查询、线路规划、地理编码、在线建议查询等。

（7）计算工具。高德地图 SDK 目前提供的工具有：调启高德地图、空间计算、坐标转换、空间关系判断、收藏夹等功能，帮助开发者实现丰富的 LBS 功能。

（8）全景功能。高德 Android 全景 SDK 是为 Android 移动平台提供的一套全景图服务接口，面向广大开发者提供全景图的检索、显示和交互功能，从而更加清晰方便地展示目标位置的周边环境。

12.3　系统总体设计

对于物流公司来说，如何有效地管理每一辆物流车辆，了解车辆的形式轨迹，从而有效地进行车辆的调度，是一件非常重要的事情。对于 PC 端的管理系统，已经日渐丰富、成熟，但是 PC 端系统的使用受限于移动性差，不能随时随地的查看掌握。而随着智能手机及 4G 网络的发展，通过手机来查看、掌握物流车辆轨迹成为现实，也成为目前系统的极大需求。

12.3.1　系统结构设计

基于高德地图的物理车辆轨迹 APP 的功能主要包括用户登录、车辆监控、车辆轨迹回放、里程统计等。

- 用户登录：用来检测是否为合法用户。
- 车辆监控：在高德地图中显示车辆位置，并每 10 秒自动刷新车辆位置；并能够按照车牌号或者 Sim 号查询车辆。
- 车辆轨迹：根据时间段查询某一辆车的轨迹，在地图中画出车辆行驶的轨迹，并且能够进行回放。
- 里程统计：对某个车队或者单位在一定时间段内行驶的里程统计。

本系统结构图如图 12-1 所示。

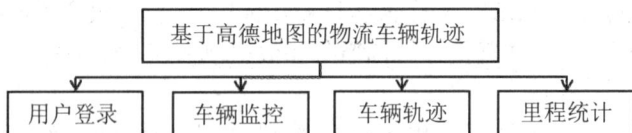

图 12-1　系统结构图

12.3.2　系统网络设计

本系统针对 Android 手机进行开发，通过本 APP 进行物流车辆轨迹跟踪。为了满足本 APP 的实际需求，需要对系统的网络架构进行良好的设计。对于本系统的网络结构设计如下。

（1）数据库服务器：存放本系统的数据库。

（2）WebService 服务器：通过 WebService 访问数据库服务器，获取车辆及车辆轨迹的数据；提供访问数据库的接口函数。

（3）手机 APP：手机 APP 通过 3G/4G 网络访问 WebService 服务器，调用 WebService 提供的数据库访问接口获取数据，然后在手机 APP 中显示数据。

本系统网络结构设计如图 12-2 所示。

图 12-2　系统网络结构设计图

12.3.3　数据库设计

根据系统需求，对系统的数据库设计如下：

（1）用户表，结构如表 12-1 所示。

表 12-1　用户表

列　　名	数 据 类 型	长　　度	备　　注
userID	Int		用户 ID，主键
userName	nvarchar	20	用户姓名
password	nvarchar	50	密码
Company	nvarchar	50	用户单位
phoneNum	nvarchar	15	电话号码
Email	nvarchar	20	电子信箱

（2）组织结构表，结构如表 12-2 所示。

表 12-2　组织结构表

列　　名	数 据 类 型	长　　度	备　　注
CATEGORY_ID	Int		主键，机构 ID
PARENT_CATEGORY_ID	Int		上级机构 ID
CATEGORY_NAME	nvarchar	255	机构名称
TOP_CATEGORY_ID	int		最上级机构 ID

（3）位置信息表，结构如表 12-3 所示。

表 12-3　位置信息表

列　　名	数 据 类 型	长　　度	备　　注
locationID	bigint		主键，自增列
vehicleno	varchar	30	车牌号
simNo	varchar	20	Sim 号

续表

列　名	数据类型	长　度	备　注
longitude	float		经度
latitude	float		纬度
locationDate	datetime		定位时间
tMileage	float		总里程

（4）车辆信息表，结构如表 12-4 所示。

表 12-4　车辆信息表

列　名	数据类型	长　度	备　注
vehicleID	Int		主键，自增列
simNo	nvarchar		Sim 号
vehicleNo	nvarchar		车牌号
vehicleUnit	Int		车辆所在单位编号

12.4　申请高德地图 Key

高德地图 Android SDK 是一套地图开发调用接口，供开发者在自己的 Android 应用中加入地图相关的功能。开发者可以轻松地开发出地图显示与操作、室内外一体化地图查看、兴趣点搜索、地理编码、离线地图等功能。在使用高德地图之前，需要先申请相应的 Key。

申请高德地图 Key 的过程如下：

（1）按照高德地图官方网站说明，注册成为高德地图用户。

（2）注册成功后，按照提示申请成为高德开发者。

（3）申请 Key。

① 创建应用，如图 12-3 所示。

图 12-3　创建应用

② 为应用添加 Key，如图 12-4 所示。

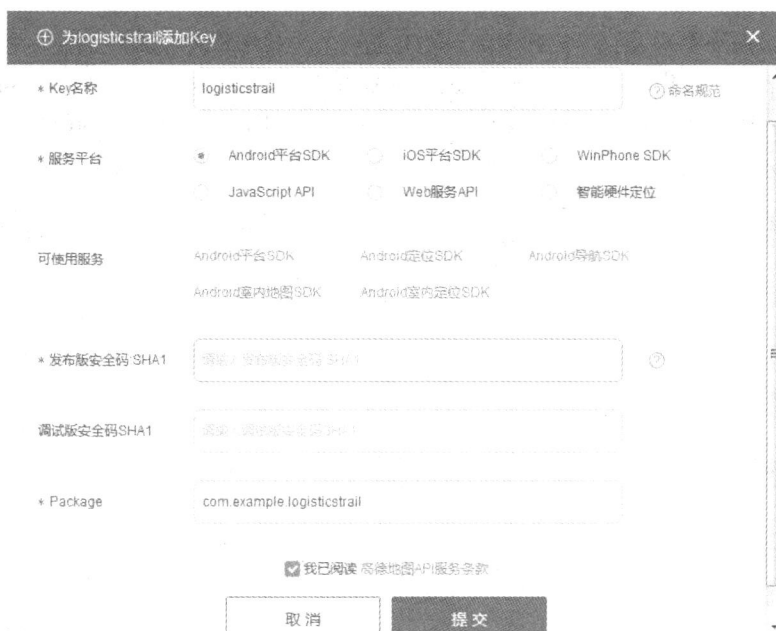

图 12-4　为应用添加 Key

注意

① 发布版安全码 SHA1 获取方法。将项目导出（右击项目，在快捷菜单中选择导出），按照步骤提示，可以获取发布版安全码 SHA1，如图 12-5 所示。

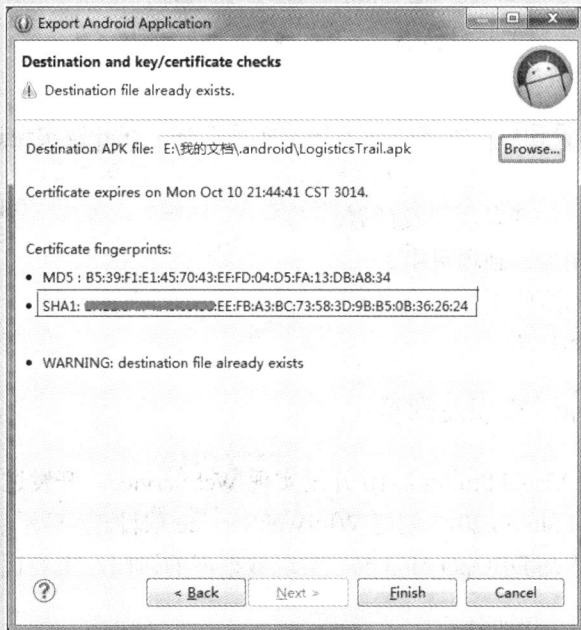

图 12-5　获取发布版安全码 SHA1

② 调试版安全码 SHA1 获取方法。使用 adt 22 以上版本，可以在 eclipse 中直接查看。依次在 eclipse 中选择 Window→Preferences→Android→Build 命令，在弹出的 Build 对话框的 SHA1 fingerprint 中的值，即为 Android 签名证书的 Sha1 值，如图 12-6 所示。

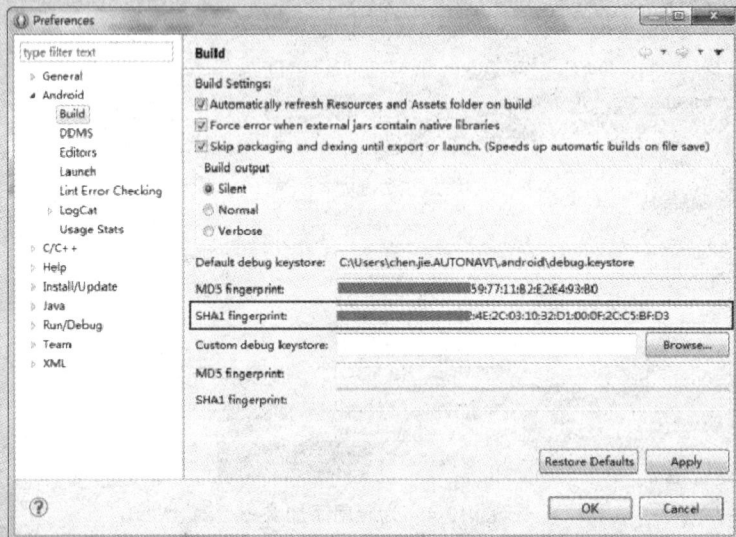

图 12-6　获取调试版安全码 SHA1

③ Package：填写本项目的包名"com.example.logisticstrail"。

12.5　系 统 实 现

经过上面的总体设计后，本节开始系统的实现工作。在开发实现过程中，主要完成以下工作：

（1）WebService 的开发实现及部署。

（2）将高德地图加入到项目中。

（3）实现数据库访问类。

（4）实现手机客户端。

12.5.1　WebService 实现及部署

在本项目中使用 Visual Studio 2010 开发实现 WebService。开发过程如下：

（1）使用 Visual Studio 2010 创建 WlgjWebService 项目。

（2）在项目中增加 DBOperation.cs，实现数据库的访问，主要代码如下：

```
001 namespace WlgjWebService
002 {
003     public class DBOperation
```

```
004     {
005         public SqlConnection sqlCon;   //用于连接数据库
006         private String ConServerStr = ConfigurationManager.ConnectionStrings["SqlConnStr"].
                                     ConnectionString;
007         //默认构造函数
008         public DBOperation()
009         {
010         }
011         //连接数据库
012         public void ConnectDb()
013         {
014             sqlCon = new SqlConnection();
015             sqlCon.ConnectionString = ConServerStr;
016             sqlCon.Open();
017         }
018         //根据用户名和密码查询验证用户合法
019         public Boolean QueryUserInfo(string userName,string password)
020         {
021             Boolean flag=false;
022             try
023             {
024                 ConnectDb();
025                 string sql = "select userName from userInfo where userName='" + userName +
                            "'and password='" + password + "'";
026                 SqlCommand cmd = new SqlCommand(sql,sqlCon);
027                 SqlDataReader reader = cmd.ExecuteReader();
028                 while (reader.Read())
029                 {
030                     flag= true;
031                 }
032                 reader.Close();
033                 sqlCon.Close();
034             }
035             catch(Exception e)
036             {
037                 flag= false;
038                 sqlCon.Close();
039             }
040             return flag;
041         }
042         //根据机动车号或者 SIM 号查询车牌号
043         public List<string> QueryVehicleInfo(string simNo,string vehicleNo)
044         {
045             List<string> list = new List<string>();
046             try
047             {
048                 ConnectDb();
049                 string sql = "select vehicleNo,simNo,latitude,longitude from locationInfo"+
050                         " where (vehicleNo is not null) and (latitude between -90 and 90) "+
```

```
051                " and (longitude between -180 and 180) and (simNo like '%"+simNo+
                       "%' or vehicleNo like '%"+vehicleNo+"%')";
052            SqlCommand cmd = new SqlCommand(sql, sqlCon);
053            SqlDataReader reader = cmd.ExecuteReader();
054            while (reader.Read())
055            {
056                list.Add(reader[0].ToString());
057                list.Add(reader[1].ToString());
058                list.Add(reader[2].ToString());
059                list.Add(reader[3].ToString());
060            }
061            reader.Close();
062            sqlCon.Close();
063        }
064        catch (Exception e)
065        {
066            list.Add(e.Message);
067        }
068        return list;
069    }
070    //根据 Sim 号查询车辆轨迹
071    public List<string> QueryTrailInfo(string simNo,string beginDate,string endDate)
072    {
073        List<string> list = new List<string>();
074        try
075        {
076            ConnectDb();
077            SqlCommand cmd = new SqlCommand();
078            cmd.CommandType = CommandType.StoredProcedure;
079            cmd.CommandText = "p_QueryTrailInfo";
080            cmd.Connection = sqlCon;
081            cmd.Parameters.Add(new SqlParameter("@simno", simNo));
082            cmd.Parameters.Add(new SqlParameter("@begindate", beginDate));
083            cmd.Parameters.Add(new SqlParameter("@enddate", endDate));
084            SqlDataReader reader = cmd.ExecuteReader();
085            while (reader.Read())
086            {
087                //将结果集信息添加到返回向量中
088                list.Add(reader[0].ToString());
089                list.Add(reader[1].ToString());
090                list.Add(reader[2].ToString());
091            }
092            reader.Close();
093            sqlCon.Close();
094        }
095        catch (Exception e)
096        {
097            list.Add(e.Message);
098        }
```

```
099             return list;
100         }
101         //查询企业单位
102         public List<string> QueryTopOrganize()
103         {
104             List<string> list = new List<string>();
105             try
106             {
107                 ConnectDb();
108                 string sql = "select CATEGORY_ID,CATEGORY_NAME from organizestruct
                            where   PARENT_CATEGORY_ID=0 ";
109                 SqlCommand cmd = new SqlCommand(sql, sqlCon);
110                 SqlDataReader reader = cmd.ExecuteReader();
111                 while (reader.Read())
112                 {
113                     list.Add(reader[0].ToString());
114                     list.Add(reader[1].ToString());
115                 }
116                 reader.Close();
117                 sqlCon.Close();
118             }
119             catch (Exception e)
120             {
121                 list.Add(e.Message);
122             }
123             return list;
124         }
125         //查询企业车队
126         public List<string> QueryOrganize(String parentID)
127         {
128             List<string> list = new List<string>();
129             try
130             {
131                 ConnectDb();
132                 string sql = "select CATEGORY_ID,CATEGORY_NAME from organizestruct
                            where   PARENT_CATEGORY_ID= '" + parentID+"'";
133                 SqlCommand cmd = new SqlCommand(sql, sqlCon);
134                 SqlDataReader reader = cmd.ExecuteReader();
135                 while (reader.Read())
136                 {
137                     list.Add(reader[0].ToString());
138                     list.Add(reader[1].ToString());
139                 }
140                 reader.Close();
141                 sqlCon.Close();
142             }
143             catch (Exception e)
144             {
145                 list.Add(e.Message);
```

```
146              }
147          return list;
148      }
149      //查询车队里程
150      public List<string> QueryOrganizeMile(int category_id,int days)
151      {
152          List<string> list = new List<string>();
153          try
154          {
155              ConnectDb();
156              SqlCommand cmd = new SqlCommand();
157              cmd.CommandType = CommandType.StoredProcedure;
158              cmd.CommandText = "p_cntMile";
159              cmd.Connection = sqlCon;
160              cmd.Parameters.Add(new SqlParameter("@org_category_id", category_id));
161              cmd.Parameters.Add(new SqlParameter("@day",days));
162              SqlDataReader reader = cmd.ExecuteReader();
163              while (reader.Read())
164              {
165                  list.Add(reader[0].ToString());
166                  list.Add(reader[1].ToString());
167                  list.Add(reader[2].ToString());
168              }
169              reader.Close();
170              sqlCon.Close();
171          }
172          catch (Exception e)
173          {
174              list.Add(e.Message);
175          }
176          return list;
177      }
178  }
179 }
```

说明：

❑ 第 6 行：从 WebConfig 中获取数据库连接字符串。

❑ 第 19~41 行：根据用户名和密码验证用户是否合法，如果合法，返回真；否则，返回假。第 24 行，调用 ConnectDb()方法，连接数据库。

❑ 第 43~69 行：根据机动车号或者 SIM 号查询车牌号，通过 SqlDataReader 读取查询结果放到 List 中进行返回。第 53 行执行第 49 行的 SQL 命令。

❑ 第 71~100 行：调用存储过程 p_QueryTrailInfo 查询车辆轨迹，参数为 Sim 号，并将查询结果放入到 List 中进行返回。

❑ 第 102~124 行：查询企业单位信息，并将查询结果放入到 List 中进行返回。

❑ 第 126~148 行：根据企业单位的 ID 号，查询其所属车队，并将查询结果放入到 List 中进行返回。

❑　第 150~178 行：根据单位 ID（企业或者车队）调用存储过程 p_cntMile 统计车辆里程，并将统计结果放入到 List 中进行返回。

（3）在 DBOperateService.asmx 文件中，进行函数接口声明，主要代码如下：

```
01 namespace WlgjWebService
02 {
03     [WebService(Namespace = "http://tempuri.org/")]
04     [WebServiceBinding(ConformsTo = WsiProfiles.BasicProfile1_1)]
05     [System.ComponentModel.ToolboxItem(false)]
06     public class DBOperateService : System.Web.Services.WebService
07     {
08         DBOperation dbOperation = new DBOperation();
09         [WebMethod(Description = "根据用户名与密码获取用户信息")]
10         public Boolean QueryUserInfo(string userName, string password)
11         {
12             return dbOperation.QueryUserInfo(userName,password);
13         }
14         [WebMethod(Description = "根据车牌号或 SIM 号获取车辆信息")]
15         public List<string> QueryVehicleInfo(string simNo, string vehicleNo)
16         {
17             return dbOperation.QueryVehicleInfo(simNo,vehicleNo);
18         }
19         [WebMethod(Description = "根据车牌号查询 7 天内车辆轨迹")]
20         public List<string> QueryTrailInfo(string simNo, string beginDate, string endDate)
21         {
22             return dbOperation.QueryTrailInfo(simNo,beginDate,endDate);
23         }
24         [WebMethod(Description = "查询企业")]
25         public List<string> QueryTopOrganize()
26         {
27             return dbOperation.QueryTopOrganize();
28         }
29         [WebMethod(Description = "查询车队")]
30         public List<string> QueryOrganize(String parentID)
31         {
32             return dbOperation.QueryOrganize(parentID);
33         }
34         [WebMethod(Description = "统计车队里程")]
35         public List<string> QueryOrganizeMile(int category_id, int days)
36         {
37             return dbOperation.QueryOrganizeMile(category_id, days);
38         }
39     }
40 }
```

（4）在 WebConfig 文件的<connectionStrings>节点中，增加数据库连接字符串的声明，代码如下：

```
<connectionStrings>
    <add name="SqlConnStr" connectionString="Data Source=(localhost);Initial Catalog=logisticstrail;
Persist Security Info=True;User ID=sa;Password=123456" />
</connectionStrings>
```

（5）将该项目发布在 IIS 服务器中。

12.5.2　将高德地图加入项目中

将高德地图加入项目的步骤如下：

1. 下载开发包

从网站相关下载开发包并解压。

（1）3D 地图包解压后得到：3D 地图显示包"AMap_3DMap_VX.X.X_时间.jar"和库文件夹（包含 armeabi、arm64-v8a 等库文件）。

（2）2D 地图包解压后得到：2D 地图显示包"AMap_2DMap_VX.X.X_时间.jar"。

（3）搜索包解压后得到："AMap_Search__VX.X.X_时间.jar"。

2. 申请 API Key

为保证服务可以正常使用，开发人员需要注册成为开发者并申请 Key。每个账户，最多可以申请 30 个 Key。

3. 配置工程

开发工程中新建 libs 文件夹，将地图包（2D 或 3D）、搜索包复制到 libs 的根目录下。若选择 3D 地图包，还需要将各库文件夹一起复制。复制完成后的工程目录（以 3D V2.2.0 为例）如图 12-7 所示。

图 12-7　工程目录

> **注意**
>
> 若在 Eclipse 上使用 adt 22 版本插件，则需要在 Eclipse 上进行如下配置：选中 Eclipse 的工程，右击，在弹出的快捷菜单中选择 Properties | Java Build Path | Order and Export 命令，选中 Android Private Libraries 复选框。

4. 配置 AndroidManifest.xml

（1）添加用户 key。在工程的 AndroidManifest.xml 文件如下代码中添加前面申请的用户 Key。

```
<application android:icon="@drawable/icon" android:label="@string/app_name">
    <meta-data android:name="com.amap.api.v2.apikey" android:value="请输入您的用户
        Key"></meta-data>
    <activity android:name="com.amap.map3d.demo.MainActivity">
        <intent-filter>
```

```
        <action android:name="android.intent.action.MAIN">
        <category android:name="android.intent.category.LAUNCHER">
        </category></action></intent-filter>
    </activity>
</application>
```

（2）添加所需权限。在工程的 AndroidManifest.xml 文件中进行添加。

```
<uses-permission android:name="android.permission.INTERNET" />
<uses-permission android:name="android.permission.WRITE_EXTERNAL_STORAGE" />
<uses-permission android:name="android.permission.ACCESS_NETWORK_STATE" />
<uses-permission android:name="android.permission.ACCESS_WIFI_STATE" />
<uses-permission android:name="android.permission.READ_PHONE_STATE" />
<uses-permission android:name="android.permission.ACCESS_COARSE_LOCATION" />
//定位包、导航包需要的额外权限（基础权限也需要）
<uses-permission android:name="android.permission.ACCESS_FINE_LOCATION" />
<uses-permission
    android:name="android.permission.ACCESS_LOCATION_EXTRA_COMMANDS" />
<uses-permission android:name="android.permission.ACCESS_MOCK_LOCATION" />
<uses-permission android:name="android.permission.CHANGE_WIFI_STATE" />
```

（3）在布局 xml 文件中添加地图控件。

```
<com.amap.api.maps.MapView
    android:id="@+id/map"
    android:layout_width="match_parent"
    android:layout_height="match_parent">
</com.amap.api.maps.MapView>
```

12.5.3　实现数据库访问类

12.5.1 节实现了本系统所需要的 WebService。本数据库访问类的作用是通过调用该 WebService 的数据库访问接口，来访问数据库。本节需要增加两个类：HttpConnSoap 和 DBUtil。HttpConnSoap 类将 DBUtil 类中方法传递的参数以 POST 方法访问 WebService 提供的接口，同时对返回的结果进行解析，获取到数据。

在创建数据库访问类时，在项目中增加 com.example.DbUtil 包，在该包中增加 HttpConnSoap.java 与 DBUtil.java 类文件。其中 DBUtil 类文件代码如下：

```
001 package com.example.DbUtil;
002 import java.sql.Connection;
003 import java.util.ArrayList;
004 import java.util.HashMap;
005 import java.util.List;
006 public class DBUtil {
007     private ArrayList<String> arrayList = new ArrayList<String>();
008     private ArrayList<String> brrayList = new ArrayList<String>();
009     private ArrayList<String> crrayList = new ArrayList<String>();
010     private HttpConnSoap Soap = new HttpConnSoap();
011     public static Connection getConnection() {
```

```
012        Connection con = null;
013        try {
014        } catch (Exception e) {
015            //e.printStackTrace();
016        }
017        return con;
018    }
019    public int QueryUserInfo(String userName,String password)
020    {
021        int flag=0;
022        try
023        {
024            arrayList.clear();
025            brrayList.clear();
026            crrayList.clear();
027            arrayList.add("userName");
028            arrayList.add("password");
029            brrayList.add(userName);
030            brrayList.add(password);
031            crrayList=Soap.GetWebServre("QueryUserInfo", arrayList, brrayList);
032            if(crrayList.get(0).toString().equals("false"))
033            {
034                flag=0;
035            }
036            else if(crrayList.get(0).toString().equals("true"))
037            {
038                flag=1;
039            }
040            else if(crrayList.get(0).toString().contains("ConnectNetworkFail"))
041            {
042                flag=2;
043            }
044        }
045        catch(Exception e){
046            System.out.println(e.getMessage());
047            flag=2;
048        }
049        return flag;
050    }
051    public  List<HashMap<String, String>>  QueryVehicleInfo(String value)
052    {
053        List<HashMap<String, String>> list = new ArrayList<HashMap<String, String>>();
054        arrayList.clear();
055        brrayList.clear();
056        crrayList.clear();
057        list.clear();
058        arrayList.add("simNo");
059        arrayList.add("vehicleNo");
060        brrayList.add(value);
```

```
061            brrayList.add(value);
062            crrayList=Soap.GetWebServre("QueryVehicleInfo", arrayList, brrayList);
063            if(crrayList!=null)
064            {
065                for (int j = 0; j < crrayList.size(); j +=4) {
066                    HashMap<String, String> hashMap = new HashMap<String, String>();
067                    hashMap.put("vehicleNo", crrayList.get(j));
068                    hashMap.put("simNo", crrayList.get(j+1));
069                    hashMap.put("latitude", crrayList.get(j + 2));
070                    hashMap.put("longitude", crrayList.get(j + 3));
071                    list.add(hashMap);
072                }
073            }
074            return list;
075        }
076    public   List<HashMap<String, String>>   QueryTrailInfo( String simNo,String beginDate,
           String endDate)
077        {
078        List<HashMap<String, String>> list = new ArrayList<HashMap<String, String>>();
079        arrayList.clear();
080        brrayList.clear();
081        crrayList.clear();
082        list.clear();
083        arrayList.add("simNo");
084        arrayList.add("beginDate");
085        arrayList.add("endDate");
086        brrayList.add(simNo);
087        brrayList.add(beginDate);
088        brrayList.add(endDate);
089        crrayList=Soap.GetWebServre("QueryTrailInfo", arrayList, brrayList);
090        if(crrayList!=null)
091        {
092            for (int j = 0; j < crrayList.size(); j +=3) {
093                HashMap<String, String> hashMap = new HashMap<String, String>();
094                hashMap.put("locationDate", crrayList.get(j));
095                hashMap.put("latitude", crrayList.get(j + 1));
096                hashMap.put("longitude", crrayList.get(j + 2));
097                list.add(hashMap);
098            }
099        }
100        return list;
101    }
102    public List<HashMap<String, String>> QueryTopOrganize()
103    {
104        List<HashMap<String, String>> list = new ArrayList<HashMap<String, String>>();
105        arrayList.clear();
106        brrayList.clear();
107        crrayList.clear();
108        crrayList=Soap.GetWebServre("QueryTopOrganize", arrayList, brrayList);
```

```
109        if(crrayList!=null)
110          {
111             for (int j = 0; j < crrayList.size(); j +=2) {
112
113                 HashMap<String, String> hashMap = new HashMap<String, String>();
114                 hashMap.put("CATEGORY_ID", crrayList.get(j));
115                 hashMap.put("CATEGORY_NAME", crrayList.get(j + 1));
116                 list.add(hashMap);
117             }
118          }
119      return list;
120  }
121  public List<HashMap<String, String>> QueryOrganize(String parentID)
122  {
123      List<HashMap<String, String>> list = new ArrayList<HashMap<String, String>>();
124      arrayList.clear();
125      brrayList.clear();
126      crrayList.clear();
127      arrayList.add("parentID");
128      brrayList.add(parentID);
129      crrayList=Soap.GetWebServre("QueryOrganize", arrayList, brrayList);
130       if(crrayList!=null)
131          {
132             for (int j = 0; j < crrayList.size(); j +=2) {
133                 HashMap<String, String> hashMap = new HashMap<String, String>();
134                 hashMap.put("CATEGORY_ID", crrayList.get(j));
135                 hashMap.put("CATEGORY_NAME", crrayList.get(j + 1));
136                 list.add(hashMap);
137             }
138          }
139      return list;
140  }
141  public ArrayList <String> QueryOrganizeMile(String category_id,String days)
142  {
143      arrayList.clear();
144      brrayList.clear();
145      crrayList.clear();
146      arrayList.add("category_id");
147      arrayList.add("days");
148      brrayList.add(category_id);
149      brrayList.add(days);
150      crrayList=Soap.GetWebServre("QueryOrganizeMile", arrayList, brrayList);
151      return crrayList;
152  }
153 }
```

说明：

❑ 第 7~9 行：定义 3 个 ArrayList 对象，其中 arrayList、brrayList 用来传递调用 WebService 方法所需要的参数，crrayList 存放返回的结果。

❑ 第 10 行：定义 HttpConnSoap 对象，用来调用 WebService 方法。

❑ 第 19~50 行：根据用户名与密码验证用户是否合法。第 24~26 行，清空 3 个字符串 List，避免以前传递的参数影响程序的执行；第 27~30 行，将参数加入到字符串 List 中，其中 27~28 行为参数的名字，29~30 行为参数对应的值。第 31 行通过 Soap 对象调用 WebService 的方法 QueryUserInfo()。第 32~44 行，根据 WebService 方法的返回值进行相应的处理。

❑ 第 51~75 行：查询车辆位置信息。第 62 行调用 WebService 的方法 QueryVehicleInfo()。从 12.5.1 节中可以看到，QueryVehicleInfo()方法将车辆信息的查询结果（包含机动车号、Sim 号、经度、纬度）放到一个 List 中，即在 List 中 4 项表示一个完整车辆位置信息，所以在第 65 行循环的增量为 4。第 65~71 行，从 List 中取 4 项形成一个车辆位置信息的 hashMap，并将该 haspMap 加入到 List 中。

❑ 第 76~101 行：根据 Sim 号、开始时间、结束时间查询车辆的轨迹信息。详细的实现过程与查询车辆位置信息相似，不再详述。

❑ 第 102~120 行：查询企业单位信息。

❑ 第 121~140 行：查询企业单位下所属车队信息。

❑ 第 141~152 行：查询单位及其下属车队的里程统计信息。

12.5.4　手机客户端实现

在手机客户端中主要实现以下功能：用户登录、系统主界面、车辆监控、轨迹回放及里程统计。下面对每一个功能模块进行介绍，并对其中的核心代码进行解释说明。

1. 用户登录

本模块主要对登录用户进行身份验证，用户输入用户名和密码后，通过调用 DBUtil 类的 QueryUserInfo()方法对用户进行身份验证。从 12.5.3 节中可以看到，DBUtil 调用了 WebService 的 QueryUserInfo()方法，并根据执行情况返回 3 种不同的结果，如果返回 0 说明验证成功，返回 1 说明验证失败，返回 2 说明网络连接失败。主要代码如下：

```
01 bt_Login.setOnClickListener(new Button.OnClickListener()
02     {
03         @Override
04         public void onClick(View arg0) {
05             try
06             {
07                 EditText et_userName=(EditText)findViewById(R.id.et_userName);
08                 EditText et_password=(EditText)findViewById(R.id.et_password);
09                 String userName=et_useName.getText().toString();
10                 String password=et_password.getText().toString();
11                 if(userName.equals("") || password.equals(""))
12                 {
13                     Toast.makeText(LoginActivity.this, "请输入用户名与密码",
                                Toast.LENGTH_LONG).show();
14                     return;
```

```
15                    }
16                else
17                {
18                    if(dbUtil.QueryUserInfo(userName, pwd)==1)
19                    {
20                        Intent intent=new Intent();
21                        intent.setClass(LoginActivity.this,MainActivity.class);
22                        startActivity(intent);
23                    }
24                    else if(dbUtil.QueryUserInfo(userName, pwd)==0)
25                    {
26                        Toast.makeText(LoginActivity.this, "用户名密码错误",
                                    Toast.LENGTH_LONG).show();
27                        return;
28                    }
29                    else if(dbUtil.QueryUserInfo(userName, pwd)==2)
30                    {
31                        Toast.makeText(LoginActivity.this, "网络连接失败",
                                    Toast.LENGTH_LONG).show();
32                        return;
33                    }
34                }
35            }
36            catch(Exception e)
37            {
38                System.out.println(e.getMessage());
39            }
40        }
41    });
```

说明：

第18~33行：调用数据库访问类 DBUtil 的 QueryUserInfo()方法。

登录界面运行结果如图12-8所示。

2. 系统主界面

本系统主界面采用时下流行的选项卡来完成，类似于微信界面，方便在不同的功能界面之间进行切换。在主界面中，实现了4个选项卡：监控、分组、统计和更多。对于本系统来说，要实现的功能在监控与统计选项卡中。在主界面中，选择屏幕底部的选项卡（使用RadioButton实现），显示相应选项卡的界面，默认显示的是监控界面。主界面主要代码如下：

```
01 package com.example.logisticstrail;
02
03 public class MainActivity extends TabActivity implements OnCheckedChangeListener{
04     private TabHost mTabHost;
05     private Intent monitorIntent;
06     private Intent groupIntent;
07     private Intent countIntent;
08     private Intent moreIntent;
```

```
09    /** Called when the activity is first created. */
10    @Override
11    public void onCreate(Bundle savedInstanceState) {
12        super.onCreate(savedInstanceState);
13        requestWindowFeature(Window.FEATURE_NO_TITLE);
14        setContentView(R.layout.mainactivity);
15        this.monitorIntent = new Intent(this,MonitorActivity.class);
16        this.groupIntent = new Intent(this,GroupActivity.class);
17        this.countIntent = new Intent(this,CountActivity.class);
18        this.moreIntent = new Intent(this,MoreActivity.class);
19        ((RadioButton) findViewById(R.id.rb_monitor)).setOnCheckedChangeListener(this);
20        ((RadioButton) findViewById(R.id.rb_group)).setOnCheckedChangeListener(this);
21        ((RadioButton) findViewById(R.id.rb_count)).setOnCheckedChangeListener(this);
22        ((RadioButton) findViewById(R.id.rb_more)).setOnCheckedChangeListener(this);
23        setupIntent();
24    }
25    @Override
26    public void onCheckedChanged(CompoundButton buttonView, boolean isChecked) {
27        if(isChecked){
28            switch (buttonView.getId()) {
29            case R.id.rb_monitor:
30                this.mTabHost.setCurrentTabByTag("Monitor_TAB");
31                break;
32            case R.id.rb_group:
33                this.mTabHost.setCurrentTabByTag("Group_TAB");
34                break;
35            case R.id.rb_count:
36                this.mTabHost.setCurrentTabByTag("Count_TAB");
37                break;
38            case R.id.rb_more:
39                this.mTabHost.setCurrentTabByTag("More_TAB");
40                break;
41            }
42        }
43    }
44    private void setupIntent() {
45        this.mTabHost = getTabHost();
46        TabHost localTabHost = this.mTabHost;
47        localTabHost.addTab(buildTabSpec("Monitor_TAB", "监控", R.drawable.icon_1_n,
                                    this.monitorIntent));
48        localTabHost.addTab(buildTabSpec("Group_TAB", "分组",R.drawable.icon_2_n,
                                    this.groupIntent));
49        localTabHost.addTab(buildTabSpec("Count_TAB","统计", R.drawable.icon_3_n,
                                    this.countIntent));
50        localTabHost.addTab(buildTabSpec("More_TAB", "更多",R.drawable.icon_4_n,
                                    this.moreIntent));
51    }
52    private TabHost.TabSpec buildTabSpec(String tag, String label, int resIcon, final Intent content)
53    {
```

```
54                        return this.mTabHost.newTabSpec(tag).setIndicator(label,getResources().
                                 getDrawable(resIcon)).setContent(content);
55    }
56 }
```

说明:

- 第 13 行: requestWindowFeature(featrueId)，它的功能是启用窗体的扩展特性。参数是 Window 类中定义的常量。常量取值如下。
  - DEFAULT_FEATURES: 系统默认状态，一般不需要指定。
  - FEATURE_CONTEXT_MENU: 启用 ContextMenu，默认该项已启用，一般无须指定。
  - FEATURE_CUSTOM_TITLE: 自定义标题。当需要自定义标题时必须指定，如标题是一个按钮时。
  - FEATURE_INDETERMINATE_PROGRESS: 不确定的进度。
  - FEATURE_LEFT_ICON: 标题栏左侧的图标。
  - FEATURE_NO_TITLE: 没有标题。
  - FEATURE_OPTIONS_PANEL: 启用"选项面板"功能，默认已启用。
  - FEATURE_PROGRESS: 进度指示器功能。
  - FEATURE_RIGHT_ICON: 标题栏右侧的图标。
- 第 26~43 行: 实现 RadioButton 的 OnCheckedChange 监听事件，单击 RadioButton 将相应的 Activity 设置为当前选项卡的界面。
- 第 44~51 行: 为 TabHost 增加选项卡。通过调用 buildTabSpec()方法（第 52~55 行），为选项卡设置图标、标题等。

系统主界面运行结果如图 12-9 所示。

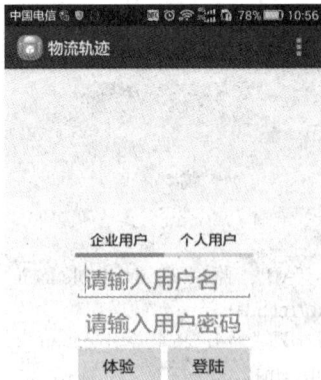

图 12-8　用户登录界面

图 12-9　系统主界面

3. 车辆监控

本模块主要对车辆的位置进行跟踪，并在地图中显示车辆的位置。为了能够跟踪、显示车辆的位置，每过 1 分钟，对车辆的位置进行刷新。由于需要获取的车辆数据较多，在本模块中，通过后台线程进行网络访问，从而能够提高读取数据的效率。除了动态显示车辆位置之外，还支持通过车牌号或者 Sim 号查找车辆，并显示该车辆的位置。本模块的主要代码如下：

（1）通过在线程中访问网络，获取车辆位置信息，在 handler 类中接收数据。

```
01 Handler handler = new Handler() {
02          public void handleMessage(Message msg) {
03              if (msg.what == 1) {
04                  SearchVechicle(str_search);
05              }
06          };
07      };
08      class ThreadShow extends Thread implements Runnable {
09          public boolean stopFlag = false;
10          @Override
11          public void run() {
12              // TODO Auto-generated method stub
13              while (!stopFlag) {
14                  try {
15                      Thread.sleep(60000);
16                      Message msg = new Message();
17                      msg.what = 1;
18                      handler.sendMessage(msg);
19                  } catch (Exception e) {
20                      // TODO Auto-generated catch block
21                      e.printStackTrace();
22                  }
23              }
24          }
25          public void stopShow() {
26              stopFlag = true;
27          }
28          public void ReShow() {
29              stopFlag = false;
30          }
31      }
```

说明：

❑　第 4 行：调用 SearchVechicle()方法，搜索车辆位置。

❑　第 15 行：线程休息 1 分钟，即每 1 分钟，线程获取一次数据，动态刷新车辆位置。

（2）根据输入的车牌号或者 Sim 号搜索车辆。

```
01 private void SearchVechicle(String str_search)
02     {
```

```
03              vehicleList = dbUtil.QueryVehicleInfo(str_search);
04              if(vehicleList.size()!=0)
05              {
06                  addMarkersToMap(vehicleList);
07              }
08              else
09              {
10                  Toast.makeText(MonitorActivity.this, "没有获取到数据",
                            Toast.LENGTH_LONG).show();
11              }
12      }
```

说明：

❑ 第 3 行：调用 DBUtil 类的 QueryVehicleInfo()方法，根据所输入的车牌号或者 Sim 号搜索车辆位置信息，并返回 vehicleList。QueryVehicleInfo()方法详细代码参见 12.5.3 节。

❑ 第 6 行：调用 addMarkersToMap()，根据车辆的位置在地图中增加车辆图标。

（3）在地图中增加车辆标记。

```
01 private void addMarkersToMap(List<HashMap<String, String>> list) {
02      try
03      {
04          aMap.clear();
05          for(Map<String,   String> q :list)
06          {
07              LatLng   latlng = new LatLng(Double.parseDouble(q.get("latitude").toString()),
                            Double.parseDouble(q.get("longitude").toString()));
08              Marker marker = aMap.addMarker(new MarkerOptions()
09                      .position(latlng)
10                      .title(q.get("vehicleNo"))
11                      .icon(BitmapDescriptorFactory.fromResource(R.drawable.qiche))
12                      );
13              marker.showInfoWindow();
14              marker.setSnippet(q.get("simNo"));
15          }
16      LatLng latlng2=new LatLng(Double.parseDouble(list.get(0).get("latitude").toString()),
                        Double.parseDouble(list.get(0).get("longitude").toString()));
17      aMap.moveCamera(CameraUpdateFactory.changeLatLng(latlng2));
18      }
19      catch(Exception e)
20      {
21          System.out.println(e.getMessage());
22      }
23  }
```

说明：

❑ 第 4 行：清空地图原有标记。

❑ 第 7 行：生成坐标位置（经纬度）。

- 第 8 行：根据第 7 行的坐标位置在地图上增加汽车标记，同时设置标记的 title 及 icon。
- 第 13 行：单击汽车标记，在 InfoWindow 显示汽车的车牌号。
- 第 14 行：将 Sim 号设置 InfoWindows 的 Snippet 属性。
- 第 16 行：生成第一辆车的坐标位置。
- 第 17 行：将地图的中心点移动到第一辆车的位置。

（4）为 InfoWindows 增加单击事件，将车辆的 simNO 作为参数，传递到时间选择界面，用来查询某个车辆在某段时间的轨迹。

```
01    public void onInfoWindowClick(Marker arg0) {
02        //TODO Auto-generated method stub
03        Intent intent=new Intent();
04        intent.setClass(this, SelectDateActivity.class);
05        Bundle b=new Bundle();
06        b.putString("simNo", arg0.getSnippet());
07        intent.putExtras(b);
08        startActivity(intent);
09    }
```

说明：

- 第 4 行：为 intent 设置类，用于跳转到时间选择界面。
- 第 6 行：在前面将 SimNO 设置为 InfoWindow 的 Snippet 的属性，所以通过 getSnippet()可以获取到车辆的 SimNO 值。

本模块运行结果如图 12-8 所示。

4. 轨迹回放

在监控界面，选择一个车辆后，选择时间段后，可以显示该车辆在该时间段内的轨迹（用红色线条表示），并且可以回放该车辆的行驶轨迹。在读取车辆轨迹数据时，需要通过获取大量的位置数据，这个需要较长的时间。为了避免长时间的获取数据，对主程序造成影响，获取车辆的轨迹数据，放在后台进程中进行。本模块主要代码如下：

（1）获取数据。

```
01 private void InitTrailList(final String simNO,final String begindatetime,final String enddatetime)
02    {
03        mapview.getMap().clear();
04        progressDialog = ProgressDialog.show(TrailActivity.this, "请稍等...",
                                                "获取数据中...", true);
05        new Thread(new Runnable(){
06            @Override
07            public void run() {
08                trailList=dbUtil.QueryTrailInfo(simNO,begindatetime,enddatetime);
09                ShowTrail(trailList);
10                progressDialog.dismiss();
11            }}).start();
12    }
```

说明：

- ❑ 第 3 行：清空地图。
- ❑ 第 4 行：在获取数据期间，显示进度条对话框，避免界面长时间没有反应，导致用户误以为程序停止运行。
- ❑ 第 5~11 行：在线程中，获取车辆轨迹数据。第 8 行调用 QueryTrailInfo()获取车辆轨迹信息；第 9 行显示轨迹信息；第 10 行数据获取完毕后，隐藏进度条对话框。

（2）在后台线程更新轨迹回放进度条。

```
01 private Runnable runnable=new Runnable() {
02         @Override
03         public void run() {
04             ReplayTrailhandler.sendMessage(Message.obtain(ReplayTrailhandler, 1));
05         }
06     };
07     private Handler ReplayTrailhandler =new Handler()
08     {
09         public void handleMessage(android.os.Message msg) {
10             if(msg.what==1)
11             {
12                 int curProgress=processBar.getProgress();
13                 if(curProgress!=processBar.getMax())
14                 {
15                     processBar.setProgress(curProgress+1);
16                     timer.postDelayed(runnable, 500);
17                 }else
18                 {
19                     processBar.setProgress(0);
20                     Button button = (Button) findViewById(R.id.btn_replay);
21                     button.setText(" 回放 ");
22                 }
23             }
24         };
25     };
```

说明：

- ❑ 第 4 行：调用 ReplayTrailhandler 类的 sendMessage()方法，发送线程信息。
- ❑ 第 7~15 行：实现 ReplayTrailhandler，并根据所接收的消息值决定是否进行轨迹回放。轨迹回放的过程是：轨迹回放暂停结束后，从当前进度继续回放；当轨迹回放完毕，将按钮重新设置为"回放"。

（3）显示轨迹。

```
01 public void ShowTrail(final List<HashMap<String, String>> tl){
02         handler.post(new Runnable() {
03         public void run() {
04             if(tl.size()==0)
05             {
```

Note

```
06            LatLng latlng2=new LatLng(34.259424,108.947038);
07            aMap.moveCamera(CameraUpdateFactory.changeLatLng(latlng2));
08              return;
09          }
10        LatLng latlng2=
             new LatLng(Double.parseDouble(tl.get(0).get("latitude").toString()),
                       Double.parseDouble(tl.get(0).get("longitude").toString()));
11        aMap.moveCamera(CameraUpdateFactory.changeLatLng(latlng2));
12        for(int i=0;i<tl.size();i=i+3)
13        {
14            HashMap<String, String> temp=new HashMap<String, String>();
15            temp=tl.get(i);
16            list.add(new LatLng(Double.parseDouble(temp.get("latitude").toString()),
                       Double.parseDouble(temp.get("longitude").toString())));
17        }
18        processBar.setMax(list.size());
19        mapview.getMap().addPolyline(new PolylineOptions().addAll(list).
                                      color(Color.RED).width(3));
20        if (list.size() > 0) {
21            bt_replay.setText(" 停止 ");
22            timer.postDelayed(runnable, 10);
23        }
24      }
25    });
26  }
```

说明：

❑ 第 4~9 行：如果没有车辆的轨迹数据，则将地图的中心点设置为第 6 行的地理位置。

❑ 第 10 行：生成车辆轨迹的第一个地理位置。

❑ 第 11 行：将地图的中心点设置为第 10 行的地理位置。

❑ 第 12~17 行：形成车辆轨迹数据列表。因为轨迹数据较多，所以从 3 个轨迹数据中取出其中一条形成轨迹位置。

❑ 第 18 行：设置轨迹回放进度条的最大值。

❑ 第 19 行：在地图中增加折线显示轨迹线路，并设置折线颜色及宽度。

（4）回放按钮单击事件。

```
01 bt_replay.setOnClickListener(new View.OnClickListener() {
02      @Override
03      public void onClick(View arg0) {
04        if (bt_replay.getText().toString().trim().equals("回放")) {
05          if (list.size() > 0) {
06            if (processBar.getProgress() == processBar.getMax()) {
07              processBar.setProgress(0);
08            }
09            bt_replay.setText(" 停止 ");
10            timer.postDelayed(runnable, 10);
11          }
```

```
12          } else {
13              timer.removeCallbacks(runnable);
14              bt_replay.setText("回放");
15          }
16      }
17  });
```

说明：

❑ 第 4~15 行：当按钮文字为"回放"时，开始回放车辆轨迹，并且 10 微秒改变一次车辆的位置。当按钮文字为"停止"时，则 Runnable 对象，使线程对象停止运行。

（5）根据进度条的进度，在地图中增加车辆标记，使车辆位置动态变化，从而达到车辆按照轨迹移动的效果。

```
01 public void onProgressChanged(SeekBar seekBar, int progress,boolean fromUser) {
02      if(progress!=0)
03      {
04          AddCarMarker(progress);
05      }
06      try {
07          Thread.sleep(100);
08      } catch (InterruptedException e) {
09          e.printStackTrace();
10      }
11
12  }
13  private void AddCarMarker(int current)
14  {
15      if(marker!=null)
16      {
17          marker.destroy();
18      }
19      LatLng position=list.get(current-1);
20      MarkerOptions markerOptions=new MarkerOptions();
21      markerOptions.position(position).visible(true).draggable(false).icon
            (BitmapDescriptorFactory.fromResource(R.drawable.qiche)).anchor(0.5f, 0.5f);
22      marker=aMap.addMarker(markerOptions);
23      aMap.moveCamera(CameraUpdateFactory.changeLatLng(position));
24
25  }
```

说明：

❑ 第 19 行：获取位置信息。

❑ 第 21 行：形成车辆标注选项，设置了标注的位置、图标等。

❑ 第 22 行：在地图中增加车辆标注。

❑ 第 23 行：将车辆的当前位置设置为地图的中心点。

本模块运行结果如图 12-10 所示。

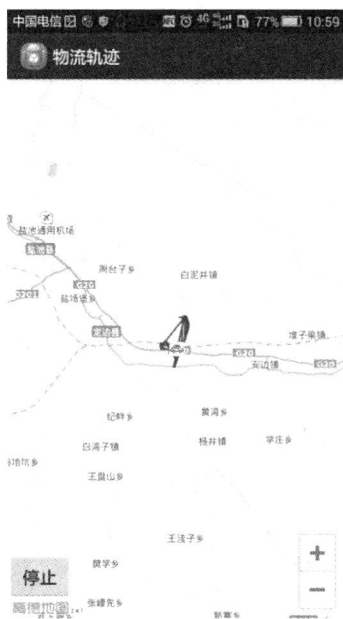

图 12-10　轨迹回放

5．里程统计

在统计里程时，先选择统计单位（某个单位或者单位下的某几个车队），然后进行统计。在本模块中，要显示所有的单位及其下属车队，需要使用 ExpandableListView 控件。对于 ExpandableListView 控件的使用，需要创建相应的适配器、Group 类及 Child 类，实现过程请参考系统源代码（可以自行下载）。同样为了避免长时间获取数据，对主程序造成影响，获取里程的统计数据，放在后台进程中进行。本模块主要代码如下：

（1）初始化数据列表。

```
01 private void InitListView(final ArrayList<Group> checkedList,final int days)
02    {
03        progressDialog = ProgressDialog.show(CountResultActivity.this, "请稍等...",
                           "获取数据中...", true);
04        adapter=null;
05        listView.setAdapter(adapter);
06        new Thread(new Runnable(){
07            @Override
08            public void run() {
09            GetOrganizeMile(checkedList,days+"");
10            adapter = new ExpandableResultListViewAdapter(CountResultActivity.this, groups);
11            setListAdapter();
12            progressDialog.dismiss();
13            }})
14            .start();
15    }
16    public void setListAdapter(){
17        handler.post(new Runnable() {
```

```
18        public void run() {
19            listView.setAdapter(adapter);
20        }
21     });
22 }
```

说明：

❑　第9行：调用 GetOrganizeMile()方法，获取单位里程统计结果。

❑　第10行：生成 ExpandableResultListView 控件适配器。

❑　第11行：调用 setListAdapter()方法，为 ExpandableResultListView 设置设配器。

（2）获取车队里程统计结果，然后将某个公司所属车队的里程数进行相加，来获得该公司的里程统计结果。

```
01 private void GetOrganizeMile(ArrayList<Group> list,String days)
02 {
03    try
04    {
05      groups.clear();
06      for(Group q :list)
07      {
08          Group g=new Group();
09          float groupMile=0;
10          if(q.getChildrenCount()>0)
11          {
12              for(int i=0;i<q.getChildrenCount();i++)
13              {
14                  List<String> childMileList = new ArrayList<String>();
15                  childMileList=dbUtil.QueryOrganizeMile(q.getChildItem(i).getUserid(),days);
16                  Child c=new Child(childMileList.get(1),childMileList.get(2));
17                  groupMile=groupMile+Float.parseFloat(childMileList.get(2));
18                  g.addChildrenItem(c);
19              }
20              g.id=q.getTitle();
21              g.title=groupMile+"";
22          }
23          else
24          {
25              g.id=q.getTitle();
26              g.title=Float.parseFloat(dbUtil.QueryOrganizeMile(q.getId(),days).get(2))+"";
27          }
28          groups.add(g);
29       }
30    }
31    catch(Exception e)
32    {
33    }
34 }
```

说明：

❑　第 12~22 行：获取公司下属的每个车队的里程统计结果。

❑　第 15 行：调用 DBUtil 类的 QueryOrganizeMile() 方法，获取车队的里程统计结果。其中 q.getChildItem(i).getUserid() 为调用 Group 类的相应方法获取到车队的 ID 号。

❑　第 16 行：调用 Child 类的构造函数，生成统计结果中 ExpandableResultListView 控件的 Child 对象。

❑　第 17 行：计算公司的里程（由其下属车队的里程数相加获得）。

❑　第 18 行：将 16 行生成的 Child 对象加入到 Group 对象中。

本模块运行结果如图 12-11 所示。

图 12-11　里程统计

12.6　本章小结

本章通过物流轨迹跟踪 APP 的开发，介绍了 Android 手机 APP 通过 WebService 的方式访问远程数据库的方法以及高德地图在手机 APP 中的使用。因为篇幅有限，不能将整个 APP 的源代码进行展示，读者可以从清华大学出版社网站自行下载整个 APP 的源代码进行学习。

参考文献

[1] 吴亚峰，索依娜. Android 核心技术与实例详解[M]. 北京：电子工业出版社，2010.

[2] 杨丰盛. Android 应用开发解密[M]. 北京：机械工业出版社，2010.

[3] 张波，高朝琴，杨越. Google Android 解密[M]. 北京：人民邮电出版社，2010.

[4] 李刚. 疯狂 Android 讲义[M]. 北京：电子工业出版社，2011.

[5] 任玉刚. Android 开发艺术探索[M]. 北京：电子工业出版社，2015.

[6] （美）菲利普斯，哈迪，（中）王明发. Android 编程权威指南[M]. 北京：人民邮电出版社，2014.

[7] 何红辉，关爱民. Android 源码设计模式解析与实战[M]. 北京：人民邮电出版社，2015.

[8] 高德地图 API 文档：htpp://lbs.amap.com/api/android-sdk/summary/.